高等职业学校烹饪工艺与营养专业教材

校企双元职业教育特色教材

烹饪原料基础知识

Pengren Yuanliao Jichu Zhishi

李 铭 陈 恒◎主编

中国轻工业出版社

图书在版编目（CIP）数据

烹饪原料基础知识 / 李铭，陈恒主编. —北京：中国轻工业出版社，2024.8

高等职业学校烹饪工艺与营养专业教材

ISBN 978-7-5184-3800-6

Ⅰ.①烹… Ⅱ.①李… ②陈… Ⅲ.①烹饪—原料—加工—高等职业教育—教材 Ⅳ.①TS972.111

中国版本图书馆 CIP 数据核字（2021）第 269428 号

责任编辑：方　晓　　责任终审：高惠京　　设计制作：锋尚设计

策划编辑：史祖福　方　晓　　责任校对：吴大朋　　责任监印：张　可

出版发行：中国轻工业出版社（北京鲁谷东街5号，邮编：100040）

印　　刷：艺堂印刷（天津）有限公司

经　　销：各地新华书店

版　　次：2024年8月第1版第2次印刷

开　　本：787 × 1092　1/16　印张：14

字　　数：300千字

书　　号：ISBN 978-7-5184-3800-6　定价：49.00元

邮购电话：010-85119873

发行电话：010-85119832　010-85119912

网　　址：http：//www.chlip.com.cn

Email：club@chlip.com.cn

241479J2C102ZBW

编委会

主　编：李　铭（三亚中瑞酒店管理职业学院）

陈　恒（海南省酒店与餐饮行业协会）

副主编：李则均（三亚中瑞酒店管理职业学院）

曲亚男（三亚中瑞酒店管理职业学院）

钟文梓（三亚中瑞酒店管理职业学院）

编　委：李建涛（三亚中瑞酒店管理职业学院）

赵　宁（三亚中瑞酒店管理职业学院）

黄　泽（海南软件职业技术学院）

许晓涛（三亚中瑞酒店管理职业学院）

侯　萍（三亚航空旅游职业学院）

钟小荣（三亚中瑞酒店管理职业学院）

杨亚雯（三亚中瑞酒店管理职业学院）

前 言

2019年国务院发布的《国家职业教育改革实施方案》中明确指出职业教育改革应深化教师、教材、教法“三教”改革。2020年9月教育部等印发的《职业教育提质培优行动计划（2020—2023）》中强调加强职业教育教材建设，教材要对接主流生产技术，注重吸收行业发展的新知识、新技术、新工艺、新方法。教育要为社会经济发展服务，教材建设更要紧随时代行业发展。近年来餐饮业迅猛发展、消费者兴趣需求不断提高、烹饪技术不断创新、中西餐饮文化深度交融，都在推动烹饪从原料到技法的不断改革。“烹饪原料”作为中餐和西餐烹饪专业必修的专业核心课程，一本同时适用于中餐、西餐高职烹饪专业人才培养需求、紧跟行业发展趋势的专业教材尤为重要。本教材通过对酒店餐饮业厨师岗位工作流程和胜任岗位工作能力进行分析确定教材框架；教材内容编写对接职业标准、融合课程思政；以项目教学、案例教学、工作过程导向教学为教学模式；由餐饮行业实践经验丰富的行政总厨、餐饮经理等专业管理技术教师参与编写指导；结合高职专业院校教学特点编写本教材。

本教材编写过程中参考部分高校教学安排，最终按照32～48学时设计教学内容。本教材主要具有以下特点。

一、基于工作过程和典型工作岗位分析的课程开发，突出教材的实用性

根据烹饪食材常用分类共划分四个教学模块。通过调研中餐、西餐食材市场和酒店餐饮业烹饪常用食材，在教学烹饪食材选择上进行取舍，注重让学生能够较全面掌握不同种类烹饪原料的共性知识，但又不面面俱到。通过分析烹饪食材进货、验收、储藏流程，采取流程化、递进的关系设置每个模块工作任务。对所选的每一种烹饪原料一般从种类特征、品种产地和产季、采购验收的质量标准、贮藏条件、营养价值、烹饪应用方面详细介绍，力求“模拟实际工作场景、以工作任务为驱动”。本教材的架构采用“创设情境、任务驱动”进行编写，根据厨师不同岗位需要的工作能力和工作情景进行分析，根据工作流程安排工作任务，循序渐进，最后每个模块设置实践活动和课外延展阅读。教材框架见图1。

二、紧随行业发展，突出教材的新颖性

烹饪原料种类庞杂，既涉猎中西内外高端贵重知名食材，又涵盖普通常见食材。因此教材设计要从教学对象的心理和实际需求出发，力争做到活泼新颖、通俗易懂、深入浅出、循序渐进。每种食材讲解选取介绍图片、实践技能项目和案例，同时针对教学对象，在每个教学任务中设置基础理论知识、项目实践、易混淆食材案例辨析、珍贵食材知识扩展等多个栏目。在每个教学模块后面特别建立易混淆食材辨析和模块练习。学习者可以按照计划科学训

图1　教材组织框架

练，使自己在有限的时间内掌握基本要领，所以该教材既是学生学习烹饪食材的工具书，更是岗位实习指导手册和课后训练册。

三、精准对接“1+X”证书制度改革，推进课程思政融合

本教材在编写时贴合中餐、西餐厨师职业证书考试中烹饪食材考查要求，可以作为厨师证不同等级考试的通用培训教材，促进中餐、西餐烹饪专业学生就业。本教材编写结合课程思政，每个项目的学习目标中都加入了思政目标，在编写教材内容时也润物细无声地带入了思政元素内容。帮助教师在进行“课程思政”教学设计中达成事半功倍的效果。本教材主要模块及课时、思政目标如表1所示。

表 1　教学目标

学习模块		学习项目		学习任务		思政目标	课时
1	烹饪原料基础知识	1	烹饪原料概述	1	熟悉烹饪原料的分类与辨别	• 遵守《中华人民共和国食品安全法》及相关法律，禁止使用超过保质期的食品原料 • 遵守《中华人民共和国消费者权益保护法》，食品生产经营者向消费者提供有关商品或者服务的质量，应当真实、全面，不得作虚假或者引人误解的宣传，提倡诚信经营，货真价实	2
				2	掌握烹饪原料的选择标准、品质鉴别		
				3	掌握烹饪原料的保管		

续表

学习模块		学习项目		学习任务		思政目标	课时
2	动物性原料	2	畜类原料	1	了解畜类原料的分类、特点及市场情况	• 遵守《中华人民共和国野生动物保护法》，禁止滥捕滥杀野生动物，有效遏制野生动物资源被破坏 • 遵守《中华人民共和国食品安全法》及相关法律，杜绝使用伪劣、腐败变质的动物原料，坚持使用合规饲养的优质食材，诚信经营 • 遵守《中华人民共和国环境保护法》，以保护水环境为前提，饲养、捕捞水产品，避免过度捕捞引起环境污染、资源枯竭	2
				2	掌握畜类原料的分割与烹饪应用		
				3	掌握畜肉制品的食用安全与采购标准、品质鉴别		1
		3	禽类原料	1	了解禽类原料的分类、特点及市场情况		2
				2	掌握禽类原料的品质鉴别与贮藏		
				3	两栖类、爬行类和昆虫原料		2
		4	乳与蛋制品	1	液体乳制品		2
				2	酸奶及奶油		
				3	芝士		2
				4	禽蛋类		
		5	水产类原料	1	了解水产品的分类、特点、市场情况		2
				2	掌握淡水鱼、海水鱼和洄游鱼的烹饪应用及特点		
				3	掌握虾、蟹、软体、贝类等常用水产原料的烹饪应用及特点		2
				4	掌握水产制品与人造水产品的区别与特点		1
3	植物性原料	6	粮食类原料	1	了解谷类原料	• 具有节约粮食的意识 • 提高食品安全意识 • 引导注重日常合理饮食，培养健康的生活理念	2
				2	了解豆类原料		
				3	薯类烹饪原料		2
				4	粮食的品质检验与贮存方法		
		7	蔬果类烹饪原料	1	蔬菜原料概述		2
				2	常用蔬菜类与制品		
				3	果品原料概述		2
				4	常用果品原料与制品		
				5	菌、藻类分类与烹饪应用		2
4	调辅类烹饪原料	8	调辅类烹饪原料	1	了解常用调料	• 食品相关产品的致病性微生物、农药残留、兽药残留、重金属、污染物质以及其他危害人体健康物质的限量规定	2
				2	掌握不同种类食用油的成分、特点及烹饪应用		2
				3	熟悉常用食品添加剂的种类、特点及烹饪应用		

教材在编写过程中，得到很多同行和业界精英的协助和指导，向各位老师表示真诚的感谢；另外还得到三亚中瑞酒店管理职业学院领导同人的大力支持和帮助，在此向他们深表谢意！在编写过程中参考、引用一些书籍、学术期刊、论文、报刊内容，在此向相关作者表示诚挚的谢意。

由于时间仓促，编者知识水平有限，书中难免存在不足之处，恳请各位专家、同行和读者批评、指正。

本书系2020年度海南省高等学校教育教学改革研究项目“中外合作背景下酒店管理专业产教融合人才培养模式的研究与实践——以三亚中瑞酒店管理专业为例”（项目编号：Hnjg2020ZD-53）的阶段性研究成果。

编者

2022年4月

目　录

模块一　烹饪原料基础知识

学习目标

知识目标

1. 了解烹饪原料的概念及营养价值。
2. 熟知烹饪原料的分类及选择的原则。
3. 掌握烹饪原料的品质鉴别方法。
4. 了解影响烹饪原料储存保管的因素。
5. 掌握烹饪原料常用的保藏方法。

能力目标

1. 根据不同的烹调要求，选择适合的烹饪原料。
2. 懂得采用适宜的鉴定方法对烹饪原料进行品质鉴定，确保原料的安全性。
3. 根据不同烹饪原料的特性，选择适合的保藏方法。

思政目标

1. 遵守《中华人民共和国食品安全法》及相关法律，禁止使用超过保质期的食品原料，同时，食品生产经营者要建立食品安全自查制度，定期对食品安全状况进行检查评价。
2. 遵守《中华人民共和国消费者权益保护法》，食品生产经营者向消费者提供有关商品或者服务的质量，应当真实、全面，不得作虚假或者使用引人误解的宣传，提倡诚信经营，货真价实。

教学重点

1. 熟悉知识点：烹饪原料的选择原则。
2. 理解知识点：根据不同的分类标准，了解烹饪原料的具体分类。
3. 掌握知识点：烹饪原料的品质鉴别方法及常用的保藏方法。

项目一　烹饪原料概述

案例导入

烹饪初加工师——烹饪原料的选择

吴老板在外打工十几年，赚到了些钱，就回到老家做点小生意，因其会做一些家常菜，所以就在镇上开了一个餐馆。为了节省成本，从采购原料到烹饪菜肴都由他一个人负责。最近，听镇上人说有一道湘菜叫作“剁椒鱼头”，很受大家欢迎。于是吴老板来到镇上一家生意比较好的餐馆，点了一份“剁椒鱼头”，津津有味地吃了起来，边吃边想：“这个菜做起来不难，我准能做出来，味道比这里还要好”。吴老板回到自己的餐馆后，就开始尝试烹调“剁椒鱼头”，经过几次尝试，他认为自己烹调的“剁椒鱼头”已经达到市面售卖的味道了，于是就把“剁椒鱼头”这道菜写到了菜单上，并向新老食客介绍这道新菜。然而，没想到的是，食客对于这道菜肴的反馈都不太好，大家普遍反映吴老板家的鱼头太小了，肉太少了。原来，吴老板在采购原料的过程中，不知道“剁椒鱼头”这道菜是需要采购鳙鱼的鱼头的。俗语有云“鳙鱼头草鱼尾，鲢鱼肚皮鲤鱼嘴”，意思是鱼头还得是鳙鱼的好吃，看来烹调一道菜肴，原材料的选择是至关重要的。

任务一　熟悉烹饪原料的分类与辨别

一、烹饪原料的概念

“烹”指的是煮，“饪”指的是熟，“烹饪”一词有狭义和广义之分。狭义烹饪是指将食物原料经过加热处理，将生食变成熟食的过程，而广义的烹饪不单单是一个热处理食材的方式，还需通过对食物原料进行科学的选择及合理的调配加工，使其成为色、香、味俱全的美食，在满足人们口福的同时，向人体提供不可缺少的营养物质。

烹饪是门膳食的艺术，更是一种味觉艺术。味，是烹饪艺术的核心。人们通过舌头的味觉来享受食物的美味，若味不美，即使形态、色调再美也不能称之为佳肴，更算不得精妙的艺术品。烹饪的过程，实则就是味觉艺术的创造过程，将各种丰富多彩的食材经过一系列的加工处理，使食物的味、形、色达到和谐统一的境界，让人们的味觉在就餐时得到极大满足的同时，还能让食物的营养更易被人体吸收。

民以食为天。我们一日三餐都离不开吃，离不开烹饪。要想烹饪就得需要原料，也称之为食材。优质新鲜的食材才能烹饪出一道佳肴。原料是烹饪的物质基础。烹饪原料是指既符合饮食安全要求，又能满足人体生理机能的营养需求，通过各种烹饪方式制作食品的可食性食物原材料，如常见的禽畜肉、鱼虾贝蟹、粮食蔬菜、果品调料等。

随着现代商业物流的不断发展，烹饪原料的种类越来越多，据不完全统计，中国烹饪所使用原料已高达上万种，其中除了常见的禽畜、水产、蛋奶、蔬果等传统品种之外，还有反季节原料、绿色原料、人工合成的调辅料、新奇原料等，对很多陌生原料，从事烹饪工作的人员不仅需要了解它们的质地、营养、风味、适合的烹调方法，还要特别注重食用的安全性，这就涉及烹饪原料的“可食性”问题。

二、烹饪原料的营养价值

人们之所以离不开吃，是因为人体生长发育、修补机体组织、调节生理功能都需要营养物质，同时人体的各种生理活动还需要能量来源。因此，烹饪原料中所含营养素的种类、含量及在烹饪过程中的变化，决定了烹饪原料的营养价值。

（一）蛋白质

蛋白质是烹饪原料中的重要营养素之一，它不仅可提供人体合成蛋白质所需的氨基酸，而且对菜肴的色、香、味也具有重要作用。蛋白质普遍存在于生物界，它是生命的物质基础，是动物体内含量最多的固体成分。了解烹饪原料中蛋白质的组成、种类及其在烹饪加工过程中所产生的变化，具有很重要的意义。

1．烹饪原料中蛋白质的化学组成

蛋白质是一种生物大分子，由碳、氢、氧、氮这4种元素构成，氨基酸是组成蛋白质的基本单位，自然界中存在的氨基酸有300多种，构成人体蛋白质的氨基酸有20种，对成人而言有8种氨基酸人体不能合成，必须由食物供给，称为必需氢基酸，它们分别是苏氨酸、色氨酸、甲硫氨酸、苯丙氨酸、缬氨酸、赖氨酸、亮氨酸、异亮氨酸，对婴幼儿而言，组氨酸和精氨酸也是必需氨基酸，由于婴儿的肾脏功能发育不完全，组氨酸和精氨酸的合成量不能满足机体生长所需，因此需要从外界中获取。等到婴儿发育成长之后，体内就可以自行合成了，这时候这两种氨基酸就不属于必需氨基酸了。

另外一些氨基酸，如谷氨酸、丙氨酸、甘氨酸、胱氨酸、脯氨酸、丝氨酸等，人体能够合成，不一定要食物供给，称为非必需氨基酸。

2．烹饪原料中蛋白质的含量

在植物性原料中，一些豆科植物的种子蛋白质含量较高，谷类粮食中也含有一定的蛋白质，如黄豆的蛋白质含量为36%、蚕豆为28%、核桃为15%。动物性原料中的蛋白质比植物性原料含量丰富，质量更好。这是由于动物性原料中的蛋白质所含必需氨基酸和非必需氨基酸的种类和比例更符合人体所需，因此动物性蛋白质比植物性蛋白质具有更高的营养价值。

3．烹饪原料中蛋白质的种类

根据营养价值的不同，可将蛋白质分为三类，分别是完全蛋白质、半完全蛋白质和不完全蛋白质。完全蛋白质又称优质蛋白质，是指食物所含必需氨基酸种类齐全、数量充足、配比合理的蛋白质。它不仅能维持动物生存，还能促进生长发育，如牛奶、蛋、肉、鱼及黄豆等食物中所含的蛋白质都属于完全蛋白质。

半完全蛋白质是指其所含必需氨基酸种类不全，虽可维持生命，但单独食用，不能促进机体生长发育。

大多数植物性原料中所含的蛋白质都为半完全蛋白质。

不完全蛋白质是指所含氨基酸种类不全，用作机体唯一蛋白质来源时，既不能维持生命，又不能促进生长，如动物皮和蹄筋中的胶原蛋白、玉米胶蛋白、豆球蛋白等。

4．烹饪原料中蛋白质在烹调中的变化

（1）变性作用　当蛋白质受到物理、化学或酶的作用后，特定的空间结构被破坏，形成无规则的肽链，从而使蛋白质的理化性质也随之发生变化，这个过程称为蛋白质的变性作用。有些蛋白质在加热后不仅发生变性，还会发生凝固现象。在烹饪过程中要留意蛋白质的这些变化，比如蛋清受热凝固、瘦肉受热收缩等，都是蛋白质发生的热变性作用引起的。因此，在焯制动物性原料时可选择冷水下锅，就能有效地防止表面蛋白质变性凝固。

（2）水解作用　蛋白质在酸、碱、酶作用或长时间加热情况下，会发生水解作用，逐步水解为氨基酸。在烹饪过程中常利用这些原理对蛋白质原料进行处理。如加入食碱或嫩肉粉对肉类进行嫩化处理，或采用长时间加热方法使原料中的蛋白质水解为鲜味物质。

（3）美拉德反应　蛋白质在加热过度，特别是有糖类物质存在的情况下，会发生美拉德反应，引起食物的褐变。如焙烤面包、制作烤鸭和烤肉以及工业上酿造啤酒、酱油等，都是利用了这种反应。但美拉德反应也会造成营养成分的损失，因此蛋白质含量高的原料不宜长时间在高温下煎炸。

（二）脂类

脂类，脂肪和类酯的总称，是一类不溶于水而易溶于有机溶剂的有机化合物，也是人体需要的重要营养素之一。

1．烹饪原料中脂类的含量

脂类包括脂肪和类酯。脂肪是由一分子甘油和三分子脂肪酸组成，故称甘油三酯，约占脂类的95%。在植物性原料中，脂肪主要存在于植物种子和果实中，其中以坚果类（如栗子、花生、核桃、开心果等）含量最高，可高达50%以上，不过它们的脂肪组成多以亚油酸为主，是多不饱和脂肪酸的重要来源。此外，油料作物的种子含量也很高，如核桃、花生米、黄豆的脂肪含量分别为65%、52%、19%。在动物性原料中，脂肪主要存在于皮下、腹腔内和肌肉间的结缔组织中。如猪肉的脂肪含量为30%～33%、鸡肉35%、鸭41%、蛋类11%～15%。

2．烹饪原料中脂类的主要种类

（1）油脂　油脂即甘油三酯，或称之为脂酰甘油，是油和脂肪的统称。在常温下，植物油脂多数呈液态，人们习惯上称为油，动物油脂多为固态或半固态，习惯上称为脂。脂肪在一定条件下能水解成甘油和脂肪酸。构成脂肪的脂肪酸种类很多，通常分为饱和脂肪酸和不饱和脂肪酸。动物性原料中多含饱和脂肪酸，植物性原料中多含不饱和脂肪酸。

（2）类脂　类脂包括磷脂、糖脂和胆固醇三大类。

含有磷酸的脂类称为磷脂。动物磷脂主要来源于蛋黄、牛奶、内脏及部分肌肉组织。植物磷脂主要存在于油料种子内，并与蛋白质、糖类、脂肪酸、维生素等物质以结合状态存在，是一类重要的油脂伴随物。在制油过程中，磷脂随油而出，毛油中磷脂含量以大豆毛油含量最高，所以大豆磷脂是最主要的植物磷脂来源。

糖脂，属脂类化合物，广泛存在于各种生物体中。

固醇也是一类脂类化合物，可分为动物固醇和植物固醇。动物固醇中最具代表性的就是胆固醇，它具有重要的生理功能，广泛存在于动物性食品之中。人体自身也可以利用内源性胆固醇，一般不会缺乏胆固醇。因此，长期食用大量动物性原料，很容易让人患上高脂血症、动脉粥样硬化等疾病。植物性食物中不含胆固醇，却含有丰富的植物固醇，植物固醇对人体健康也发挥着重要作用。植物固醇主要存在于麦胚油、大豆油、菜籽油等植物油中。

3．烹饪原料中脂类在烹调中的变化和影响

（1）热水解作用　烹调过程中，在油水混合加热时，会引起油脂的水解，最终水解为甘油和脂肪酸，致使油脂的烟点降低。因此，在烹调过程中油很容易产生大量的油烟。

（2）热分解作用　油脂中游离的脂肪酸，经加热或在金属离子的催化作用下，会产生分解作用分解为低分子的酮类和醛类物质。其中丙烯醛具有强烈的气味，常伴有刺鼻、催泪的蓝色烟雾释放出来。

（3）热氧化聚合作用　在高温情况下，油脂的黏度增加，形成聚合物，引起气泡。热变性的油脂不仅味感变劣，而且丧失营养价值，甚至还有毒性。

（4）油脂的酸败　油脂在加工和贮藏过程中，受空气、温度、微生物、酶的作用，发生一系列化学变化，导致油脂出现变色、变味现象，甚至具有毒性，这种现象称为油脂的酸败。油脂的酸败不仅使油脂的味感变坏，而且营养价值也降低，特别是不饱和脂肪酸和脂溶性维生素，都会在酸败过程中因氧化而失去生理作用。因此，烹调过程中应严禁使用酸败的油脂。

（三）糖类

糖类，由碳、氢、氧3种元素组成的一类化合物，因分子中氢和氧的比例和水分子中氢、氧比例相同，都是2∶1，故又称碳水化合物，它是生物的重要能源和有机体的主要结构物质。烹饪原料中的糖类，主要存在于植物性的原料中。

1．烹饪原料中糖的种类

（1）单糖　单糖是最简单的糖类，通常条件下不能再被直接水解为分子更小的糖。烹饪原料中含有的单糖主要有葡萄糖、果糖、半乳糖等。

（2）双糖　双糖又称二糖，是由两个相同或不相同的单糖分子经过缩合脱水而成。自然界中最常见的双糖是蔗糖、乳糖和麦芽糖。此外，还有海藻糖、纤维二糖、壳二糖等。蔗糖和麦芽糖是烹饪中最常用的糖。

（3）多糖　多糖，是经过水解后可以得到许多单糖或单糖衍生物的聚合物，它是一类天然的高分子物质。植物纤维素和植物淀粉是最常见的多糖。动物多糖几乎全部存在于动物组织中，如肌肉中的肌糖原和肝脏中的肝糖原，故又称动物淀粉。烹饪原料中的糖原，主要有同多糖和杂多糖两类。同多糖，是指水解后可产生多个同一单糖，如淀粉、纤维素。杂多糖，是指水解后可产生多个不同的单糖或单糖衍生物，如果胶、琼脂等。

2．烹饪原料中糖类物质的变化与应用

（1）淀粉在烹饪中的应用　淀粉是人类的主要食物，是植物原料中最重要的多糖，是由很多葡萄糖聚合形成的长链大分子物质。

根据聚合方式的不同可以分为直链淀粉和支链淀粉。淀粉常温下不溶于水，但将淀粉液加热到一定温度时，淀粉粒被破坏而形式均匀糊状溶液，这种现象称为淀粉的糊化。烹饪过程中的上浆、挂糊、勾芡等操作过程，都是利用淀粉糊化这一特点，可以使菜肴变得鲜嫩、饱满，口感更佳。糊化后的淀粉在常温下放置一段时间后，会出现变硬、变稠，产生凝固甚至沉淀的现象，称为淀粉的老化。“老化”是“糊化”的逆过程，值得注意的是淀粉老化的过程是不可逆的。食物中的淀粉老化后，不仅口感变硬，消化率也随之降低。但粉丝、粉皮的制作却是利用了淀粉老化这一特点。

（2）蔗糖在烹饪中的应用　蔗糖是烹饪中常用的主要食糖，由一分子葡萄糖和一分子果糖组成。蔗糖的许多化学反应在烹饪过程中应用广泛。

①蔗糖可以水解为葡萄糖和果糖的混合物，该混合物甜度大、黏度低、吸湿性强，因此以此转化糖制作糕点，能使糕点松软爽口，甜度增加。

②蔗糖的过饱和溶液能重新形成晶体，烹饪过程中能以此特性制作挂霜菜肴。如酥白肉、挂霜丸子等。

③在蔗糖溶液过饱和程度稍低的情况下，熬制至含水量低于2%左右时，快速冷却，会形成无定性体，这种无定性体在低温下呈透明状、具有一定脆性。烹饪过程中能利用此性质制作拔丝菜肴。如拔丝地瓜、拔丝香蕉、拔丝莲子等。

④蔗糖直接加热到150～200℃时，发生脱水或降解，然后进一步缩合生成黏稠状的黑褐色物质，这类反应称为蔗糖的焦糖化反应，又称卡拉蜜尔作用。这个反应能给食品带来悦人的色泽和风味。烹饪过程中常据此性质制作红烧类菜肴。

（3）其他糖类在烹饪中的应用　属于多糖的纤维素在蔬菜和粗粮中含量较多，含纤维素多的蔬菜吃起来口感粗老，但它可使蔬菜具有一定的硬度和脆度。

（四）维生素

维生素是人和动物为维持正常的生理功能所必需的一类有机化合物。这类物质在体内既不参与机体组织的构成，也不提供能量，而是一类调节物质，在物质代谢中起重要作用。由于维生素在人和动物体内不能直接合成或合成量不足，因此虽然它的需要量很少，但必须经常由食物供给，是生命活动不可或缺的物质，所以它又被称作维他命，即维持生命的物质。

1．烹饪原料中维生素的主要种类

烹饪原料中发现的维生素大概有30多种。按其溶解性不同，可以分为水溶性维生素和脂溶性维生素两大类。

（1）水溶性维生素　水溶性维生素的主要特点就是溶于水，包括B族维生素和维生素C两类，比较重要的有维生素B_1、维生素B_2、维生素B_3、维生素B_5、维生素C等。除维生素B_{12}外，在人体内基本上都不能储存，如果在体液中的浓度超过正常需要量，便会随尿液排出体外，所以一般不会发生维生素过多症。

（2）脂溶性维生素　脂溶性维生素只溶于脂类或脂溶剂，包括维生素A、维生素D、维生素E、维生素K等，主要存在于动物性的原料中。长期大剂量服用维生素A、维生素D可引起维生素过多症，甚至出现各种中毒症状。

2．烹饪原料中维生素在烹饪中的变化

（1）易流失　烹饪原料中水溶性的维生素，如维生素C、维生素B_1等，很容易通过扩散或者渗透作用从原料内渗析到水里。因此，烹饪过程中切洗、焯水、盐腌等处理，会导致大量水溶性维生素的流失。

（2）易氧化　有些维生素，如维生素A、维生素E、维生素K、维生素C、维生素B_1，对氧气十分敏感，在原料贮藏和烹调加工过程中，特别容易被氧化破坏，失去原有活性。

（3）易受热分解　水溶性维生素B_1、维生素B_2、维生素C和叶酸等，对热较敏感，易被热分解，特别是在碱性条件下，分解得更快。例如，在烹制蔬菜时添加碱，会使大量的维生素C被破坏。制作稀饭、馒头时，会使大量的维生素B_1分解。

（五）矿物质

矿物质是地壳中自然存在的天然元素或化合物，又被称作无机盐，是人体内无机物的总称，也是构成人体组织和维持正常生理功能必需的各种元素的总称，是人体必需的七大营养素之一。

烹饪原料中的矿物质主要来自土壤。植物从土壤中获取矿物质并储存于根、叶等组织中。动物主要通过摄入植物得到矿物质。

矿物质在生物体内具有重要的功能，主要表现为维持体液的渗透压，调节机体酸碱平衡，参与体内生化反应。

1．烹饪原料中矿物质的主要种类

按照矿物质元素在人体内的含量，可分为常量元素和微量元素。

常量元素，是指在人体内含量大于体重0.01%的元素，又称宏量元素，包括钾、钙、钠、镁、硫、磷、氯7种元素。

微量元素，是指低于上述含量的其他元素，主要有铁、铜、锌、硒、铬、碘、钼、钴、锰、硅、镍、硼、钒、氟、铅、镉、汞、砷、铝、锡和锂21种元素。

2．烹饪原料中矿物质在烹饪过程中的变化

矿物质在烹饪过程中可以发生很多变化，但主要是存在形式和存在部位的变化。烹饪过程中，动植物原料的细胞膜破裂，细胞内溶物溢出，原料中的矿物质转移到汤液中。食物原料加热时会发生收缩现象，内部的水分和矿物质一并溢出。如蔬菜中的矿物质在沸水中可以流失8%～30%；熬骨头汤时，骨头中所含的可溶性物质钙溶解到汤里。在制作“糖醋排骨”过程中，加入醋作为调料，增加了骨中钙离子的析出，便于人体吸收。

（六）水

水是一切生命活动所必需的物质，没有水就没有生命。水是人体中含最多的成分，约占成年人体重的70%，在生物体内具有重要的生理功能。烹饪原料中含水量的高低和水分的存在形态，不仅对原料的品质（如新鲜度、硬度、韧度、光滑度等）起着重要的作用，而且对原料的营养价值和保藏能力有很大的影响。

1．烹饪原料的含水量

烹饪原料的含水量主要与原料的种类有关。在植物性原料中，新鲜的蔬菜、瓜果及食用菌的含水量比较高，一般都大于70%，粮食和豆类含12%～15%。在动物性原料中，乳类含水量为87%～89%，蛋类72%～75%，鱼类67%～81%，鸡肉71%～73%，牛肉46%～76%，猪肉43%～59%。禽骨骼含水量仅为12%～15%，脂肪组织含水量更低。

2．烹饪原料中水分存在的形式

烹饪原料的水分可以分为结合水和自由水两类。

（1）结合水　主要是指以较强的水合作用与原料中亲水基团和离子相结合的水。据有关实验测定，每100克淀粉可结合30～40克结合水，每100克蛋白质可结合50克结合水。

烹饪原料中结合水的冰点低于一般的水，甚至在-20℃时还不会结冰。因此含结合水较多的原料能在低温下长期保存，而含自由水较多的原料，如水果、蔬菜则易被冻坏。

（2）自由水　又称游离水，是指原料中不与其他成分结合，而游离存在于细胞和组织间隙中的水。自由水容易结冰，能够溶解溶质，也会因蒸发散失。原料中的自由水可以被微生物所利用。因此，控制原料中自由水的含量，就能控制原料中微生物的生长，从而保证原料的品质。

3．水分变化对烹饪原料品质的影响

水分的蒸发使新鲜的蔬菜和水果的重量减轻，外观萎蔫干缩，色泽发生变化，硬度降低，直接影响其食用品质。因此保存此类原料宜采用降温、增湿的措施。如果对动物性原料的冻结温度不够低，冻结速度慢，细胞组织易受损伤，细胞质脱水导致液汁大量流失，同时会发生蛋白质变性和凝固现象，也会影响菜肴的食用品质。

干货中的含水量超过一定的范围也会引起品质的劣变。降低含水量，特别是自由水的含量，可以抑制微生物的生长，防止腐败和霉变，减少营养成分的损失。但是含水量不能降得过低，否则会影响其涨发，加快脂肪的氧化，降低其食用品质。

烹饪原料水分的变化对其所烹制菜肴的质感、形态和色泽也有很大的影响。如影响菜肴的硬度（软、硬）、脆度（脆、酥）、黏度（爽、黏）、韧度（嫩、老）等。因此在烹饪工作中，常需根据原料的特点及对菜肴的要求，选择合适的烹饪方法和其他有效措施，如挂糊、上浆、勾芡，使菜肴保持适宜的水分，以保证较好的口感。

三、中国烹饪原料应用特点

中国被誉为“烹饪王国”，在应用烹饪原料方面有着自己的鲜明特色。种类繁多的烹饪原料，经过烹饪技艺制作出花色繁多的肴馔，构成了中国特色的烹饪风格，与世界各国在烹饪原料应用方面相比，我国烹饪原料具有以下特点。

（一）选料广博、种类繁多

古有“神农尝百草，一日而遇七十二毒”的传说，便是对上古时代人们探索、发现、拓展烹饪原料的真实写照。唐代，段成式的《酉阳杂俎》记载了“物无不堪吃，唯在火候，善均五味”的论述，证明了我们的祖先在应用烹饪原料方面积累了丰富经验。我国烹饪选用原料不拘一格，形成了应用烹饪原料广采博取的特征。

（二）精工再制、特产丰富

我国地域广袤，物产丰富，除取用天然烹饪原料外，还善于将天然原料进行精细加工，制成新的烹饪原料品种。如咸鱼、香肠、干贝、火腿、腊肉、板鸭、笋干、豆腐、豆芽等。加工再制性原料是我国富有民族特色的食材品种。

（三）综合利用、物尽其利

在我国，人们常将其他国家视为废弃物或不可食的某些天然原料加以充分利用。如鱼鳞可以用来熬制鱼冻，肠可以烹制烧汤卷，鸭肝可以烹制成美人肝，各种蔬菜的根部可以腌制各种美味小菜。这是我国应用烹饪原料中又一富有特色的内容。

（四）药食同源、饮食养生

美食与养生是人们不断追求的目标。美食不仅仅是享受，最终要达到养生的目的。我国古代就有“药食同源”的说法，许多原料既是食物又是药物，它们之间并没有绝对的分界线，如山药、山楂、乌梅、木瓜等。古代医学家认为每种食物同中药一样具有“四性”“五味”，“四性”又称为“四气”，即寒、热、温、凉，“五味”即辛、甘、酸、苦、咸。

人们常常根据养生的需求，在专业人士的指导下，或者参照祖辈遗留下来的经验选用食材。这种食物与药物的巧妙结合，是我国烹饪原料应用的又一特点。

四、烹饪原料分类的意义

（一）有助于全面深入地认识烹饪原料

通过合理分类，便于了解各类烹饪原料的性能及特点，将每个烹饪原料的个性特征归纳总结为每类烹饪原料的特征。掌握了这类烹饪原料的共性特征，才能深化对烹饪原料的认识，为运输、储存与合理使用创造条件。

（二）有助于科学合理地利用烹饪原料

通过分类，可以找出烹饪原料的内在规律，合理地运用原料的性能和特点，充分发挥原料的营养价值，也可以根据分类体系编制烹饪原料名录，以进一步调查烹饪原料的资源情况，了解烹饪原料资源的利用状况，开发新的烹饪原料资源。

（三）有利于规范化的管理烹饪原料

计算机在现代化管理中得到了广泛应用，烹饪行业也不例外。计算机为烹饪原料的科学分类、编码及快速处理和存储信息创造了条件，同时对烹饪原料分类和编码提出了更高的质量要求。一些发达国家在国内外贸易中利用计算机里的信息系统查询烹饪原料的性能、生产地、生产经营者、价格、货源量、存放地等信息，加速了烹饪原料管理现代化的进程。

五、烹饪原料的分类

（一）常见烹饪原料的分类

1. 按原料的自然属性分类

（1）植物性原料　主要有粮食、蔬菜和水果等。

（2）动物性原料　主要有家禽、家畜、水产品、蛋、奶等。

（3）矿物质原料　主要有食盐、石膏等。

（4）人工合成原料　主要有人工合成的色素、香精、调味品等。

2. 按原料的加工状况分类

（1）鲜活原料　主要有鲜果、蔬菜、水产品、鲜肉、鲜奶等。

（2）加工原料　主要有腌制品、腊制品、干果制品等。

3. 按原料的烹饪作用分类

（1）主配料　构成菜点主体的烹饪原料，绝大部分品种既可作为主料又可做配料，难以截然划分，故概称为主配料。又可分为天然性主配料和加工性主配料两类。主要有粮食、鱼、肉、水果、蔬菜等。

（2）调味料　指在烹调或调配菜点口味时所加入的原料，又称调味品。包括咸味、甜味、酸味、辣味、香味、鲜味调料和其他调料。

（3）作料　指在烹调过程中帮助菜点成熟、成形、着色的原料。主要有水、油脂、色素各种食品添加剂等。

4. 按原料的性质特点分类

（1）粮食　主要有大米、小米、小麦、玉米、面粉、大豆、杂粮等。

（2）蔬菜　主要有叶片类、根茎类、果实类及食用菌、海藻等。

（3）果品　主要有各种水果、干果、蜜饯等。

（4）畜肉及其制品　主要有畜肉、禽肉、蛋、乳及其制品。

（5）水产品　主要有鱼类、虾蟹、贝类等。

（6）干货制品　主要有蹄筋、鱼翅、干贝、干菜、海参等。

（7）调味品　主要有盐、糖、味精、酱油、香料、食用油脂等。

以上四类是常用的分类方法，还有其他分类方法。比如在中国居民膳食指南中，营养学家将食物分为五类。分别是谷类；蔬菜和水果；鱼、禽、肉、蛋类；奶类和豆类；油脂类，并将这五类食物编制成平衡膳食宝塔，指导人们养成科学、合理的饮食习惯。因此，分类的角度不同，可以产生很多种不同的分类方法。

（二）烹饪原料的科学分类

利用生物学成熟的分类体系并结合烹饪原料的商品学特点及其在烹饪中的运用特点，对烹饪原料进行不同类别的划分（图1–1）。

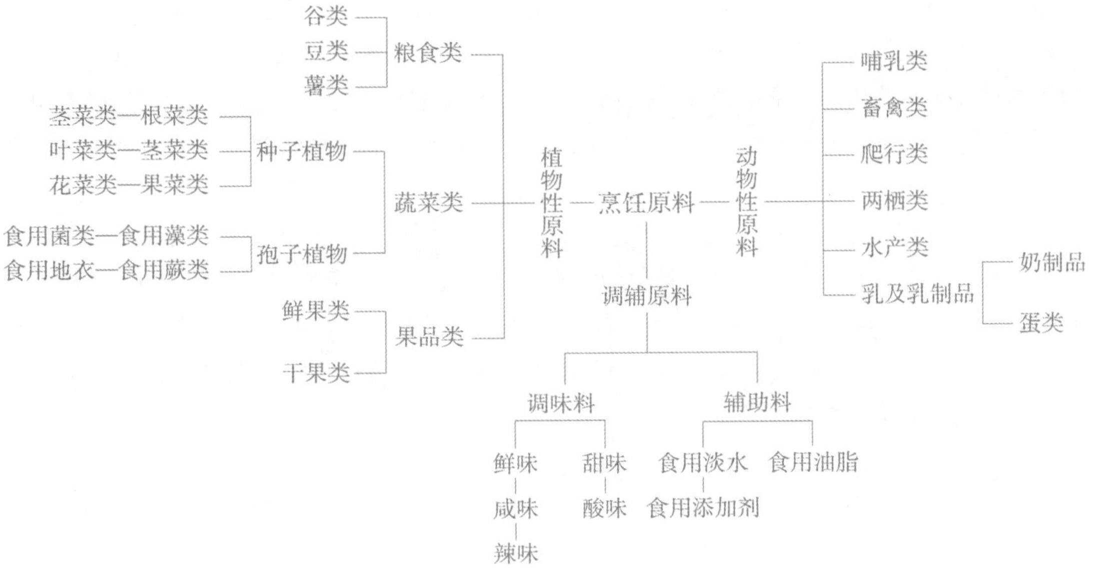

图1-1　烹饪原料的科学分类

任务二　掌握烹饪原料的选择标准、品质鉴别

烹饪行业里有句俗话叫作“厨师六分艺，用料四分功”，意思是说，厨师的技艺对烹制优质菜点起到一定的作用，但原料的选择和使用也十分重要，决定了菜肴的质量。

烹饪原料是烹饪食品加工的物质基础，无论是挑选、采购、贮存、运输，还是粗细加工、烹调等环节，都是围绕原料展开。由此可见，烹饪食品质量的好坏，首先取决于原材料质量的优劣，要想制作出让人垂涎三尺的菜肴，保证菜品的水准，就必须选择品质上好的烹饪原料。

烹饪原料的选择是烹饪工作者的基础技能，首先要对原料进行初步的外观鉴定，其次根据烹调的要求，对原料的种类、品种、部位、卫生状况等多方面综合进行挑选。

一、烹饪原料的鉴别与选择的关系

烹调工艺中第一道工序就是选择原料，原料的选择是否科学合理，不仅影响菜品的色、香、味、形，还影响人体的身体健康，而合理选择原料的前提是能准确地识别原料、鉴别原料。

二、烹饪原料的选择原则

烹饪原料的选择大致分为三个层次。

（一）烹饪选料必须具有可食性

1．食用的安全性

民以食为天，食以安为先。食品安全是关系国计民生的大事。随着时代的发展和社会的进步，人们对安全饮食、健康生活的需求越来越高。我国政府历来关注食品安全问题，重视食品安全相关政策、法律、法规的制定。自中华人民共和国成立以来，我国部级以上机关颁布了大量有关食品安全方面的法律、法规、规章、司法解释及各类规范性文件。2015年10月1日起《中华人民共和国食品安全法》开始施行，对规范食品生产经营活动、保障食品安全发挥了重要作用。

《中华人民共和国食品安全法》第十章第一百五十条规定："食品安全，指食品无毒、无害，符合应当有的营养要求，对人体健康不造成任何急性、亚急性或者慢性危害"。凡是含有有害、有毒物质且不易清除的原料，都不能用作烹饪原料，比如腐败变质的原料、病死动物原料、被污染的原料等。因此，烹饪工作者应该严格遵守《中华人民共和国食品安全法》，对消费者的饮食健康负责。

2. 具有营养价值

烹饪原料必须具备一定的营养价值，即含有一定的营养素，才能满足人体各项机能所需。烹饪原料的食用价值由原料中营养物质的含量决定，不同原料所含营养素的种类和含量有很大差异，为了满足人体的正常需求，需要通过选择不同品种和数量的原料，使原料间的营养得以互相补充，做到膳食平衡，才能保持人体健康。

3. 杜绝假冒伪劣原料

近年，我国出现过多起重大的食品安全事件，比如添加了苏丹红的鸭蛋、添加三聚氰胺的奶粉、添加瘦肉精的火腿肠、添加工业明胶的老酸奶等，这些添加了工业原料的食品对人体会造成极大的伤害，自然不能作为烹饪原料使用。那么对人体无害的假冒伪劣品能否作为烹饪原料使用呢？市面上出现的假蜂蜜、假海参、假酱油等诸多假货，尽管能够作为烹饪原料食用，但其口感、味道、营养等都与真的相去甚远。

假冒伪劣原料不仅严重扰乱了市场秩序，对人体健康造成严重威胁，还会给工农业生产造成破坏，因此，一直是工商管理部门严厉打击的对象。所以，即便能够食用的假冒伪劣原料也不宜进入餐饮企业的厨房。

4. 必须遵循法律法规

过去，熊掌、发菜都是名贵的烹饪原料，如今已退出了烹饪舞台，因为熊掌早已被列为受保护的珍贵、濒危野生动物。2000年6月，国务院下达了禁止采集、销售发菜的禁令，因为这类原料的使用严重破坏了自然生态平衡，威胁到了子孙后代的生存环境。近几年，随着人们生活水平的提高，一些商家为了吸引顾客，开起了野味餐厅，各种野生动物成为人们的盘中餐。而这些野生动物有可能来自受到化学或生物污染的地方，并且在被食用前都未经过相应的卫生安全检疫，对人体健康造成很大安全隐患，捕猎、售卖、加工和滥食野生动物都有可能对人体造成危害或引发一些疾病的传染。

2020年2月24日全国人民代表大会常务委员会通过了《关于全面禁止非法野生动物交易、革除食野生动物陋习、切实保障人民群众生命健康安全的决定》，全面禁止以食用为目的猎捕、交易、运输在野外环境自然生长繁殖的陆生野生动物，未被列入国家畜禽遗传资源目录的人工繁育、饲养的陆生野生动物，也不得作为烹饪原料使用。

（二）根据菜肴选择烹饪原料

1．选择优质的烹饪原料

我国物产丰富，烹饪原料种类繁多，品质各有不同。优质的原料是制作出高质量菜肴的物质基础，再配以厨师精湛的厨艺，上好的原料才能变成一道道色、香、味、形俱佳的菜肴。优质原料的选择可以结合品种、产季、部位、产地等因素综合考虑。

2．选择形整色艳的原料

为了保证菜肴的造型和色彩，需要挑选形态完整、色彩鲜艳有光泽的原料。但在原料加工过程中，由于人为因素会导致原料的色彩和形态发生损伤，除此之外，原料的品种、新鲜度、成熟度、产地都会影响原料的品质。

3．选择方便加工的原料

一般鲜活的烹饪原料更易加工处理，但也需要根据具体情况灵活掌握。比如猪肉、牛肉都有一个成熟的过程，如果用于肉糜类加工时就不能选择刚宰杀的肌肉，因为这时肌肉处于僵直期，硬度大、吸水性差，不易搅拌，应当选择成熟期的肌肉。再如虾仁的出肉加工，如果选择鲜活虾处理，由于活虾肉紧且黏性大，虾壳和虾肉不易被分离，加工时会影响出肉速度和出肉率，如果选择刚死不久的虾进行加工，则更容易出肉，且肉形完整，出肉率更高。

4．选择与烹调方法相适应的原料

烹调的过程是将生食做成熟食的过程，同时也是原料入色、入味的过程，为了保证菜肴的质量，突出菜肴的风味特色，所选原料要与烹调方法相适应，否则就很难达到消费者对菜品的要求。例如采用旺火爆炒的方法，应选择质地细腻、无筋膜的里脊肉；若使用小火慢炖焖的方法，则应选择风味足、质地较老的带皮肉或蹄肉等。此外，也可根据烹饪原料的特点，选择相应的加工烹调方法，使制作的菜肴发挥原料的最大优点。

（三）依据人文社会因素选择原料

1．依照人体需要和健康状况进行选择

不同的人群对营养的需求存在差异，应根据人体对营养素的需求不同合理地选择烹饪原料。首先是年龄的差异，如婴幼儿、儿童、青少年、成人和老人，他们的身体处在不同的生长时期，对营养的需求自然不同。其次是工作性质的差异，如脑力劳动、体力劳动及特殊条件下的劳动者（重体力劳动者、运动员等）对营养需求也不同。再次是性别的差异。如成年女性一般会经历怀孕、妊娠、哺乳等阶段，这些特殊时期对营养有特别的需求。此外，不同健康状况的人群也有各自的饮食要求，如高血压、高血脂患者不宜食用猪脑、猪肝等胆固醇过高的食物，糖尿病患者需合理控制碳水化合物的摄入。

2．根据不同的风俗民情进行选择

中国的饮食民俗丰富多彩，千变万化，无处不在。民族习俗、宗教信仰、个人嗜好等因素带来了饮食习惯的差异，不同民族对食物的喜好和追求也各不相同。如猪肉是我国汉族消费量最高的肉食原料，但穆斯林不吃猪肉，这是由伊斯兰教的教律演变而来的。满族、锡伯族禁食狗肉，羌族不吃马肉和耕牛肉，蒙古族忌讳鱼虾和海味，一般不爱吃米饭、青菜，不吃带汁菜与辣味菜等。因此选择原料时要充分了解各地的民俗风情，投其所好，避其所嫌。

三、烹饪原料的品质鉴别

烹饪原料品质鉴定的方法主要有感官鉴定和理化鉴定两大类。

（一）感官鉴定

感官鉴定就是凭借人自身的感觉器官，即使用眼、耳、鼻、舌和手等对原料品质的好坏进行判断。感官检验根据所用感官的不同，可分为以下5种具体方法。

1．视觉检验

视觉检验是指利用人的视觉器官鉴别原料的形态、色泽、清洁程度等，这是判断原料质量的最重要、最常用的方法之一。原料的外观形态和色泽，对于判断原料的新鲜程度、成熟度等具有非常重要的作用。如新鲜的蔬菜大都茎叶挺直、脆嫩、饱满、形状整齐，而不新鲜的蔬菜则干缩萎蔫、脱水变老或抽薹发芽。

2．嗅觉检验

嗅觉检验是指利用人的嗅觉器官来鉴别原料的气味，很多烹饪原料都有其正常的气味，一旦发生腐败变质，就会产生异味。这些异味，是我们利用嗅觉检验原料品质好坏的重要依据之一。比如新鲜肉类稍带腥味，如闻到有酸味或臭气，说明肉已不再新鲜。烹饪原料中的气味，是由一些具有挥发性的物质产生的，因此在进行嗅觉检验时可以采用加热的方式，增加挥发性物质的散发量和散发速度，但为了保证检验结果的准确性，最好是在15～25℃的常温下进行。

3．味觉检验

味觉检验是指以人的味觉器官来检验原料的滋味，从而判断原料品质的好坏。味觉检验不仅可以尝到食物的滋味，还可以敏感地感受到食物中极其微小的变化。如新鲜柑橘酸甜可口，受冻的柑橘则口味苦涩。味觉检验的准确性与食品的温度相关，最好使原料处在20～45℃，以免温度变化影响分析结果的准确性。味觉检验的顺序，应当按照刺激性由弱到强的顺序，最后检验味道最强烈的原料。

4．听觉检验

听觉检验是指利用人的听觉器官鉴别原料主动或被动发出的振动声音，以此来检验其品质。当原料内部结构发生改变时，可以从其振动时所发出的声音展现出来。如用手摇鸡蛋，听蛋内是否有声音，以确定蛋的品质好坏；用手拍击西瓜，听其发出的声响来判断其成熟度；用手指敲瓶盖听声音，检验罐头食品的真空度等。

5．触觉检验

触觉检验是指通过手的触感检验原料的重量、质感（弹性、硬度、粗细）等，从而判断原料的质量。这也是常用的检验方法之一。例如，检验蔬菜的柔性，检验肉类的硬度和弹性等。

在以上5种感官检验方式中，以视觉检验和触觉检验应用最广泛。但这5种方法并不是孤立的，根据实际需要可以将几种不同的方法综合一起运用，这样检验出来的结果才更加准确可靠。

尽管感官鉴定简单易行，但很容易产生偏差。只有在长期的实践中不断积累经验，才能快速地对原料的品质进行鉴定。但感官鉴定也有它的局限性，它只能凭人的感觉对原料的某些特点进行判断，不能完全反映其内部的本质变化，而每个人的感觉和经验都有差别，感官的敏感度也有差异，因此检查结果不一定精确。

（二）理化鉴定

理化鉴定是指利用仪器设备和化学试剂对原料的品质进行判断，包括理化检验和生物检验两种方法。

理化检验主要是分析原料的营养成分、风味成分、有害成分等。生物学检验主要是测定原料或食物有无毒性或生物性污染，常使用小动物进行毒理性试验或利用显微镜进行微生物检验，从而检验出原料中污染细菌或寄生虫的繁殖情况。

应用理化鉴定能精确地分析出食品原料的组成成分及性质，对原料品质和新鲜度等方面做出科学的结论，还能查出其变质的原因等。由于理化鉴定必须要有专门的仪器设备、试验场所及专业的技术人员，并且检验周期比较长，难以在经营企业中广泛使用。但随着食品市场监管的日益完善，某些原料必须经国家设立的专门检验机构检验合格后才可以进入市场，因此理化鉴定主要是检疫部门使用。

任务三　掌握烹饪原料的保管

一、影响烹饪原料储存保管的因素

（一）原料自身因素

1. 植物性原料

植物性原料在储存、运输、保管过程中，由于不同因素的影响会使植物性原料发生老化、萎蔫甚至腐烂等现象。这些因素主要分为以下3种：

（1）呼吸作用　呼吸作用是指植物中的大分子物质在酶的作用下逐步降解为简单的小分子物质并释放出能量的过程。植物的呼吸作用会产生能量，使自身温度升高，容易发生腐烂变质，同时消耗原料内部的营养成分，导致其营养价值下降，滋味淡化。

（2）后熟作用　植物原料的果实、种子脱离母体后，在适当的环境条件下，完成生理上成熟的过程称之为后熟作用。此作用使刚采摘的果实颜色由青绿向红黄转变，果肉软化，酸涩味下降，香甜味增加，风味变好，达到最佳食用口感。当果蔬完成后熟时，就已处于生理衰老期而失去耐藏性。

（3）发芽和抽薹　发芽是植物打破休眠状态，开始新的生长，水分、营养物质在果蔬中转化、分解和重组的过程，甚至产生毒素，比如土豆的发芽产生龙葵素。抽薹是指植物受温度和日照长度等环境变化的刺激，随着花芽的分化，茎开始迅速生长，植株变高，在抽薹发生以后植物的营养物质提供给了花芽，会使枝叶或肉质根从紧密的状态变成疏松的状态，这样的植物原料就会失去食用的价值。

2．动物性原料

动物性原料经屠宰后，虽失去了生命活动，但肉品中含有各种活性较强的分解酶，加上微生物的作用，从而分解动物肉品中各种物质，导致肉品发生变化。主要产生的作用有以下4种：

（1）僵直作用　当动物被宰杀后，动物组织中贮存的糖原在缺氧情况下被分解为乳酸，使动物肌肉的pH下降，在酸性作用下，肉中的蛋白质发生凝固，增加了肌肉组织的硬度，因此出现僵直状态。这种被宰杀后的动物原料因一系列生物化学变化导致肌肉失去弹性和伸展性而呈现出僵直的现象称之为僵直作用。

动物肉处于僵直状态时，肌肉组织变得紧张、挺硬，缺乏弹性，无鲜肉的自然气味，烹调时不易煮烂，肉质口感变差，滋味欠佳，食用价值降低。动物的种类、肉温对僵直期持续时间长短有直接影响。家畜类动物，如猪、牛、羊的僵直期较长，而家禽类，如鸡、鸭、鹅以及鱼、虾、蟹等水产品的僵直期较短。此外，温度越低，僵直持续的时间越长。

（2）成熟作用　处于僵直期的动物肉，经过一段时间后僵硬现象逐渐消失，肉质重新变软，恢复弹性，持水力和鲜香风味得到很大改善，肉质的食用价值逐步提高的过程称为肉的成熟。

成熟的原因是僵硬肉处于酸性条件的时间足够长，蛋白质发生溶解，重新变得柔软富有弹性。同时，蛋白质在组织酶的作用下发生部分分解，形成多肽、二肽、氨基酸等各种与风味有关的物质，使肉质风味变得鲜美。处于成熟期的肉组织富有弹性，使肉柔软、多汁，肉的表面微干，具有特殊的芳香气味，易烹调。这种成熟的肉多汁、味美，肉汤清亮醇香，易消化吸收，最适宜食用，但保藏性下降。畜禽肉的成熟与温度有关。温度低，成熟时间长，温度高，成熟时间短，这主要是因为肉体中所进行的一系列生物化学反应在不同温度下反应的速率不一样导致的。

（3）自溶作用　肉在不合理的条件下保藏不当，使肉长时间保持较高的温度，肉中的组织蛋白酶活性增强，不断分解肌肉蛋白质，将大分子物质进一步分解为小分子，引起组织的自溶分解，使肌肉的性质发生改变的现象，称为肉的自溶。

发生自溶后，肌肉松弛，缺乏弹性，表面色泽变暗，无光泽，呈棕红色，产生一些不良气味，此时的肉处于次新鲜状态，若经过高温处理还可食用，但品质较差，口感不好，营养价值已下降。当肉因自溶作用已发展到具有明显的异味，且变色严重时，则不宜食用。

（4）腐败作用　自溶阶段的肉进一步发生生物化学反应，就会导致肉的腐败，这是由于肉在自溶过程中产生的低分子物质为微生物的生长提供了良好的营养条件，当外界温度、湿度适宜时，微生物就能大量繁殖。先是在肉体表面大量生长，接着再逐渐深入肌肉内部，使蛋白质、脂肪等分解，产生氨、硫化氢、吲哚等带有恶臭味的物质，继而引发深层腐败。处于腐败期的肉表面出现液化，发黏，丧失弹性，伴随异味，颜色由鲜红变成绿色或棕色等，已完全失去食用价值。

（二）外界环境因素

1．物理因素

物理因素主要包括光线、温度、湿度和压力等。

在日光照射下，原料中部分成分发生水解、氧化等反应，引起原料变色、变味，营养成分大量流失。

温度过高会增加原料中挥发性物质和水分的损失，改变原料的成分、重量、体积及外观形态，使原料发生干枯甚至变质，而温度过低又会使原料内产生冰冻，解冻后质地变软、崩解或腐烂。

湿度过高会使微生物生长旺盛，导致食品变质加速，湿度太低会使含水量大的新鲜原料产生剧烈的蒸腾作用，造成原料重量下降，外观萎蔫。

重物压挤可使原料变形或破裂，使汁液流失，外观不良。

2. 化学因素

氧化、还原、分解、化合等化学变化都能使原料发生不同程度的变质，导致原料出现变色、变味等现象。烹饪原料与空气接触可能发生氧化；金属物与酸性原料或食品接触可发生还原作用或使金属溶解；其中与原料保藏关系最密切的如淀粉老化、脂肪氧化、褐变等。

（三）生物学因素

包括微生物和虫蛀鼠咬，其中微生物的危害较大。微生物包括霉菌、细菌和酵母菌等，由微生物引起的变质主要有3种，分别是：

（1）腐败　是指微生物的大量繁殖引起原料中有机物的分解，产生恶臭物质。常发生在蛋白质含量较高的原料中，如肉类、鱼类、蛋奶类、豆制品等，多数是由细菌引起。

（2）霉变　霉菌污染原料而产生的发霉现象。多发生在高盐、高糖、含酸或干燥的粮食、果蔬及其加工制品等原料中，常表现为霉斑、长毛、变色、异味等。

（3）发酵　微生物在缺氧情况下对原料中的糖进行不完全分解，产生各种醇、酸、醛等代谢产物。有益发酵产生的乳酸、酒精、醋酸等常常被用来制作泡菜、酸菜、酒饮料等食品。而异常发酵则导致原料或食品变酸，产生不正常的酒味、酸味，甚至带有令人不快的气味。

二、常用保藏方法

（一）低温保藏法

这种方法是保管烹饪原料最普通、最常见的方法，主要就是通过冷冻或冷藏的方法保存原料。这种方法的特点是操作简便、能最大限度地保持原料的新鲜度、营养价值，维持原料固有的风味。

其主要原理是：在低温状态下烹饪原料中酶的活性被抑制，自身的新陈代谢减弱，从而减缓各种变质现象的发生，同时低温还能抑制原料中微生物的生长繁殖，防止由于微生物污染而引起的腐败。低温还可降低原料自身温度，使原料中的水分蒸发速度变缓，原料处于低温或冻结状态，可以有效地延缓或阻止原料的腐败变质，达到将原料短、远途运输或长期贮藏的目的。

此方法常用于短期贮藏蔬菜、水果、禽蛋，以及畜禽肉、鱼虾蟹等水产品，也可用于加工性原料的防虫和延长贮存期限。

（二）高温保藏法

通过高温加热的方式对原料进行处理达到保藏目的的方法称为高温保藏法。其主要原理是：高温不仅能破坏原料中酶的活性，防止原料因自身的呼吸、自溶等作用引发的变质，同时还能杀死附着在原料表面的微生物，有效防止微生物对原料的污染从而达到保藏的目的。

高温保藏法可分为高温灭菌法和巴氏消毒法两种。高温灭菌法是利用高温使微生物的蛋白质及酶发生凝固或变性而死亡，是应用最广泛、最有效的灭菌方法。高温灭菌的效果与温度、加热的方式、加热的时间、食品种类等因素有关。高温处理后的原料仍有受微生物再次污染的可能。因此要注意消毒后保藏的时间和条件。

巴氏消毒法又称巴氏杀菌法，是法国生物学家巴斯德于1862年发明的一种消毒方法。这种方法是利用微生物不耐热的特点，将食品原料在适当的温度下保持一定时间，即能除去原料中有害病菌的一种消毒法。经巴氏消毒后，原料中仍会留存小部分无害或有益、较耐热的细菌或细菌芽孢。此种方法主要应用于鲜奶、啤酒、果酒、酱油和某些饮料的消毒，它的优点是在较低温度、较短时间内处理食品，能最大限度地保留食物原来有风味及营养成分，使食物的色、香、味免受高温处理的破坏。

（三）脱水保藏法

通过日晒、烘干、吹干等方法降低原料中的水分，达到防止腐败变质的保藏方法称为脱水保藏法。

它的原理是：烹饪原料通过干燥脱水，不仅降低了自身水分活度，使酶的活性减弱，有效减缓原料变质速度，同时，也使微生物可利用的水分减少，生长受到抑制或死亡。这种方法常用于山珍海味、蔬菜水果的保藏，如鱿鱼干、墨鱼干、虾片、干海参、黄花菜、木耳等，餐饮企业也可采用干燥脱水的方法自行晒制干菜、猪响皮等。

（四）腌渍保藏法

使用腌制剂（如食盐、糖等）对烹饪原料进行处理从而延长保藏期的方法，称为腌渍保藏法。腌渍又称腌制。它的原理是：烹饪原料在腌制过程中，盐、糖或其他腌制剂进入原料组织内，使原料的水分渗透出来，或通过改变酸碱度影响微生物的生长繁殖的条件，进而杀死微生物或抑制微生物的生长繁殖从而达到保藏原料的目的。

根据腌制的材料不同可将腌渍保藏法分为以下4种：

（1）盐腌　向烹饪原料中加入食盐，使其在食盐的渗透作用下析出水分，降低原料的水分活度，使微生物缺少生长繁殖所必需的水分，达到杀死微生物的目的。多用于肉类、禽类、蛋、水产品及蔬菜的保藏，如咸肉、咸鱼、咸蛋、咸菜等。

（2）糖渍　利用糖的高渗透压抑制细菌生长，主要用于保藏水果和部分蔬菜，如蜜饯、果脯、果酱等制品都是采用了这种方法。一般糖浓度在50%以上具有良好的保藏效果。

（3）酸渍　通过添加酸性腌制剂改变原料的酸度，使微生物原有生长繁殖的环境被破坏，从而达到保藏的目的。广泛用于保存肉类、水果和蔬菜，如酸黄瓜、酸白菜等都是百姓家中的寻常菜。

（4）糟渍　烹饪原料经过加糟（酒酿或酒糟）处理，抑制微生物的生长繁殖达到保藏的目的。如酒糟鱼、糟鹅等。

（五）烟熏保藏法

利用树枝、木柴等不完全燃烧时产生的烟气来熏制原料达到延长保藏期的方法，称为烟熏保藏法。

它的原理是：烟熏过程中产生的热量可以使原料部分脱水，高温能有效地杀灭原料表面的微生物，同时烟中含有醛、酚等具有抑菌作用的化学物质，具有较好的防腐效果。烟熏还能形成特殊的风味，增添原料的花色品种，预防原料氧化。烟熏常与腌制结合在一起使用，主要用于鱼类、肉制品的加工，如湘式腊肉、川式腊肉、沟帮子熏鸡等。

（六）辐照保藏法

利用射线照射原料，破坏其酶活性及表面微生物达到延长原料保存的方法称之为辐照保藏法。它的原理是：放射性元素离子具有很强的穿透力，以极微量的射线照射原料，杀灭原料中的微生物及昆虫，并破坏其酶活力，抑制鲜活原料的生命活动，从而终止原料的被侵蚀或生长老化进程，维持品质稳定。辐照保藏技术被认为是继巴氏杀菌法之后的食品保鲜的第二大突破。广泛应用于肉类、果蔬、食用菌等的保藏。

（七）活养贮存法

针对价格昂贵、稀少罕见或对新鲜程度要求较高的动物性原料，可以采用短期饲养的方式，达到提升动物性原料品质的方法称为活养贮存法。比如饭店、超市、水产店等，都会安装海鲜池用于养殖各种鱼虾贝类。此种方法的优点是原料现用现杀，可以最大限度地保证原料的新鲜度，同时短期饲养还可消除原料一些不良气味，使风味更加鲜美，一些经长途运输的活体原料躯体消瘦，经过一段时间饲养后，可使其恢复元气，提高食用价值。饲养动物性原料存在一定风险，需要掌握不同动物的生活习性，提高存活率，才能保证食用质量。

（八）食品防腐剂保藏法

食品防腐剂是防止由微生物引起的腐败变质、延长食品保质期的一类食品添加剂，在食品工业中被广泛应用。使用食品防腐剂来保藏原料的方法称之为防腐剂保藏法。它的使用优点是不改变原料原有的色香味，用量小、防腐效果明显，对人体安全无毒害作用。防腐剂保藏法使用简便，价格低廉，因此常被配合其他保藏法一起使用来作为食品的保藏手段，是食品保藏行之有效的方法之一。常用食品防腐剂有丙酸及其盐类、苯甲酸及其盐类、山梨酸及其盐类。防腐剂在使用过程中要严格按照国家标准执行，防止因过量使用造成中毒现象。同时，严禁将化学防腐剂加入食品中。

实践活动

地理标志产品原料的调查

实践目的：

了解地理标志产品的概念、意义，掌握所在地区的地理标志产品原料。

实践内容：

知识准备

地理标志产品，是指产自特定地域，所具有的质量、声誉或其他特性本质上取决于该产地的自然因素和人文因素，经审核批准以地理名称进行命名的产品。

网络收集

通过网络收集本省、本市地理标志产品原料，网站有：中国地理标志网、国家地理标志网、全国农产品地理标志信息查询系统。

实践分工

学生分工完成“地理标志产品原料情况调查表”，样表如下：

××省（市）地理标志产品原料情况调查表

序号	学生姓名	分类	原料名称	具体产地	特点	备注
1		粮食类				
2		蔬菜类				
3		水果类				
……		……				

选择某一种地理标志产品原料，网络检索该原料的特征、烹饪应用、营养特点等，制成ppt演示文稿，向班级其他同学讲解。

巩固练习

1. 什么是烹饪原料？
2. 将烹饪原料进行分类的意义是什么？
3. 根据烹饪原料的来源，可以将它分为几类？分别是什么？
4. 根据烹饪原料的生理生化特点，又可将它分为几类？分别是什么？
5. 烹饪原料的品质鉴别方法有哪些？
6. 烹饪原料常用的保藏方法有哪些？

延展阅读

周代八珍

在我国，珍贵的烹饪原料又被称为“珍”，“八珍”指的是我国传统菜肴中的八种珍贵食材。然而“八珍”并无统一的版本，不同地域、不同时期都有不同的说法，比如按产地分为：山八珍、海八珍、水八珍、陆八珍；按过去的名贵程度分为：上八珍、中八珍、下八珍；还有按物种分为：兽八珍、禽八珍、草八珍、蚧（jiè）八珍；按地区分为北京八珍、烟台八珍、海内八珍、海外八珍等。

“八珍”这个名字最早出现在《周礼·天官·冢宰》：“食医，掌和王之六食、六饮、六膳、百馐、百酱、八珍之齐。”周代八珍乃是后世之八珍筵席的先驱之作。

但周朝的八珍说的并不是食材，而是八种珍贵食材的烹饪方法。在《礼记·内则》中详细记载了周代八珍。所谓八珍是指“淳熬、淳母、炮豚、捣珍、渍、熬、糁、肝膋”。

第一珍淳熬，是指将肉酱经过熬制煮熟后浇在饭上，再淋上肉汤，跟今日卤肉饭的做法相似。

第二珍淳母，是指肉酱油浇黄米饭，将炸肉酱加油脂，拌入煮熟的饭中。有点类似今日的盖浇饭，但不用米饭，而是用黍米。

第三珍炮豚，即煨、烤、炸、炖乳猪。具体做法是将乳猪宰杀，掏空内脏，肚里塞满红枣，外面用芦苇包裹，涂上黏土放在炭火上烤。外壳烧焦后劈开，除掉表皮的灰膜，再在猪皮上涂抹调制好的米粉糊，下油锅炸至金黄，取出切成长条，配好香料放入鼎中，再把鼎放到大锅里炖，用文火炖上三天三夜，最后蘸着酱、醋来吃。

第四珍捣珍，取大小相等的牛、羊、鹿、獐子等的里脊肉合在一起，反复捶打到软烂，去掉肉内筋膜，烧熟之后再加上酱料，即可食用。类似贡丸的做法。

第五珍渍，酒糟牛羊肉或香酒牛肉。取新鲜牛、羊肉，横切成薄片，用酒腌渍一夜，第二天用酱、醋和梅酱调味吃，类似百越的生鱼片。

第六珍熬，烘制的肉脯。就是将反复锤击过的肉摊在苇席上，撒上姜、肉桂和盐等调料，然后烘熟制成肉干，可以直接吃，或者用盐水泡软了再煎着吃。类似今天的五香牛肉干。

第七珍糁（sǎn），三鲜烙饭。取同等数量的新鲜牛、羊、猪肉，切粒，调味，与三分之二的稻米混合烙熟。这个有点像今日的汉堡肉饼。

第八珍肝膋（liáo），是指网油烤狗肝。取一副狗肝，用狗的网油裹起来，调味濡湿后放在炭火上烤到焦香为止。

从周代八珍可看出，当时烹调在选料、加工、调味和火候上都自成章法，十分考究。例如，炮豚一道菜先后采用烤、炸、炖三种方法，而工序竟多达十余道。这虽然不符合西方美食选用最佳食材、使用最简单方法烹饪的惯例，但也显示出中国远古时代的烹饪技艺已经相当复杂。

模块二　动物性原料

学习目标

知识目标

1. 了解动物性原料的形态分类，代表品种、产地、产季。
2. 掌握动物性原料的检验储存、营养烹饪、精深加工。
3. 掌握常见乳和蛋制品的品种及特性。
4. 了解水产类原料的形态分类，代表品种、产地、产季。
5. 掌握水产类原料的检验储存、营养烹饪、精深加工。

能力目标

1. 在工作实践中，根据不同动物性原料的特点，选择合适的烹饪方法，进行菜品开发。
2. 在工作实践中，根据不同水产类原料的特点，选择合适的烹饪方法，进行菜品开发。

思政目标

1. 遵守《中华人民共和国野生动物保护法》，禁止滥捕、滥杀野生动物，有效遏制野生动物资源破坏。
2. 遵守《中华人民共和国食品安全法》及相关法律，杜绝使用伪劣、腐败变质的动物原料，坚持使用合规饲养的优质食材，诚信经营。
3. 遵守《中华人民共和国环境保护法》，以保护水环境为前提，饲养、捕捞水产品，避免过度捕捞引起环境污染、资源枯竭。

教学重点

1. 熟悉知识点：畜类、禽类原料（图2-1）的基本特点。
2. 理解知识点：畜类、禽类原料的结构和区别。
3. 掌握知识点：畜类、禽类原料的烹饪运用规律。
4. 乳品和蛋品的基本特点和烹饪应用。
5. 水产品特点、品种、烹饪应用。

图2-1　畜类、禽类原料

项目二　畜类原料

案例导入

某国际连锁酒店行政总厨和人力资源总监来到某酒店管理职业学院西餐工艺专业招聘采购专员岗位毕业实习生，实习期为半年，薪酬设置符合国家相关要求，和行业平均工资持平。采购专员岗位相对厨房其他烹饪岗位工作内容较轻松，工作环境干净，因此同学们争先恐后地提交了报名表。

针对此招聘岗位的工作内容，面试环节行政总厨提问了几个专业问题：

1. 肉品原料如何控制食品安全问题？
2. 菲力牛排和肩胛牛排分别来自牛胴体哪个部位？如何进行鉴别？

很多同学没有回答出来这两个问题而与心爱的实习岗位失之交臂。

案例分析

厨房采购专员应具备相应原料知识，要了解原料的分类、市场价格，掌握供应商资质的考查方法。在采购肉品等易出现食品安全问题的原料时，要了解肉品检验检疫专业知识，选择合格供应商，采购流程应符合2018年7月国家市场监管总局发布的《餐饮服务食品安全操作规范》中原料采购要求。肉品还涉及检验检疫等食品卫生安全问题，要掌握随货证明文件查验工作内容和相应食品安全专业知识。

牛肉加工在西餐烹饪中的地位非常重要，掌握不同肉类原料来源知识是采购专员的基本技能。保证采购原料的货真价实、采购原料的规范化管理是餐饮管理工作的基础，直接影响厨房产品质量和餐厅就餐人数，并进一步影响餐饮服务企业的声誉、口碑经济效益。因此切实做好肉类原料采购和原料采购的质量控制，是厨房管理工作的首要任务。所以行政总厨在对相关工作岗位面试时提出以上专业问题，考查学生专业技能掌握情况。

任务一　了解畜类原料的分类、特点及市场分布情况

一、畜肉的历史

人类的灵长类祖先长久以来一直靠食用植物为生，直到200万年前，地表温度下降，非洲等大陆植物逐渐减少，为了生存下去，人类祖先开始食用动物的尸体。与坚韧的植物性食品相比，动物性食品富含丰富的蛋白质、脂肪等营养物质，为人类大脑发育和人类进化提供了丰富的营养和能量。人类得以在植物资源匮乏的欧洲和亚洲大陆存活。距今十万年前，狩猎成为人类主要的获得食物方式之一，这些在早期的原始人山洞壁画中都得以证明，原始人类把野牛、野马作为主要的肉食来源。

距今9000年前，肉类成为人类稳定的食物来源，中东地区的人们率先驯化饲养野生动物，第一个被驯化的是狗，然后是羊、猪、牛、马。家畜把不可食用的植物纤维转化为能量、营养丰富的肉类，变成可移动的能量和营养物资供应宝库，随时取用。家畜的适应能力更强，人类活动范围不断扩大，野生动物的生活空间不断被挤压。随着科技的进步，人类聚集地由村庄演变成了城市，野生动物种群数量不断下降，家畜进一步为人类提供更多赖以生存的能量和营养。

人类祖先饮食中的蛋白质和铁元素主要来自于野生动物的肉，能量获取来自含有丰富脂类的植物的种子，钙类来自宽厚的叶片植物。早期狩猎采集活动锻炼了人类祖先强壮的体魄，进化出强有力的骨骼和牙齿。大约一万年前人类在中亚地区开始农业种植生活，饮食种类和活动范围大幅减少，更易种植获取的淀粉类食物代替了早期的肉类、脂类种子和钙质蔬菜类食物。农业种植兴起的结果导致人类祖先的骨骼硬度和牙齿健康全面衰退。肉类逐渐演变成少数贵族的奢侈食品。

十九世纪以后，随着科技的进步，史无前例的工业大革命，畜肉的生产也发展成工业化生产，直接导致大规模肉业的兴起。工业化使肉制品变得便宜更易取得，现在市场所买的肉制品都是幼龄、细嫩且气味温和的肉。这些肉质的改变也对传统的烹饪方式和厨师对肉的处理带来前所未有的挑战。

二、畜肉的特点

（一）畜肉的定义

本文的畜肉原料主要指可供烹饪加工利用的哺乳动物。这类原料是现代人类肉食的主要来源。哺乳动物的主要特征是：躯体一般分为头、颈、躯干、尾和四肢五部分，体表多被毛覆盖，体腔分为胸腔和腹腔，心脏分为两房和两室，体温恒定，大部分为胎生，少数低等哺乳动物为卵生，哺乳。全世界哺乳动物共有4200多种，我国有400多种。

（二）畜肉的分类

畜类原料一般分为家畜、野畜、畜肉制品、乳和乳制品（在项目四　乳与蛋制品介绍）几大类。

1．家畜肉

家畜主要指人类为满足肉、乳营养食用需要，毛皮、辅助劳役等生活需求，经过长期饲养而驯化的哺乳动物。作为烹饪原料的家畜主要包括马、驴、骡、兔、狗、骆驼等。

2．野畜肉

野畜主要指不由人类饲养驯化，且不能够通过人为干预方式控制其繁殖，处于完全野生或者半野生状态下的哺乳动物。我国地域广袤，物产富饶，野生畜类种类繁多，野畜的开发利用使野畜类数量减少，泛滥捕杀使野生畜类资源濒临枯竭，遵守《中华人民共和国野生动物保护法》才能有效遏制对野生资源的破坏。另外，野生畜类生活环境、食用资源复杂，为避免造成食品安全隐患不建议食用。本文举例野畜均为人工饲养。主要种类包括：刺猬、竹鼠、野兔、梅花鹿、狍子等。野畜与家畜相比虽然组织结构类似，但野畜更善于奔跑和跳跃，肌肉组织更发达且肌纤维更粗，大部分野畜脂肪含量更低，导热更快，较一般肉类烹饪时间更短。由于野畜饮食机构和食物来源更复杂，因此其肉味风味更独特，烹饪更富有层次变化。

3．畜肉制品

畜肉制品指以畜肉或内脏及其副产品为原料，经过干制、腌制、熏制加工而成的成品或半成品。根据加工方法不同又可以分为：香肠制品、火腿制品、腌腊制品、酱卤制品、熏烧烤制品、干肉制品、油炸制品、罐头制品。

（三）畜肉的结构

畜肉是畜类原料供烹饪运用的最主要部分。广义上讲，畜肉指能够供人类食用、构成动物机体的多种组织总称。狭义上讲，畜肉指在肉类工业中经过屠宰后去皮、毛、头、蹄及内脏后的胴体。畜肉从形态上主要分为：肌肉组织、脂肪组织、结缔组织和骨骼组织等。各组织组成成分占比因畜肉的种类、性别、饲养时间、饲料种类、饲养方式、屠宰前的运动情况等诸多因素而各不相同。各组织形态见表2–1。

表 2–1　畜肉各组织形态

序号	组织名称	组织占比	组织图片
1	肌肉组织	占畜肉重量的50%～60%	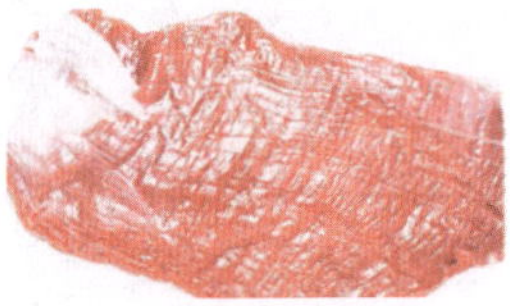
2	脂肪组织	分布随动物种类、年龄、饲料差异不同	

续表

序号	组织名称	组织占比	组织图片
3	结缔组织	占畜肉重量的9%～14%	
4	骨骼组织	占畜肉重量的15%～20%	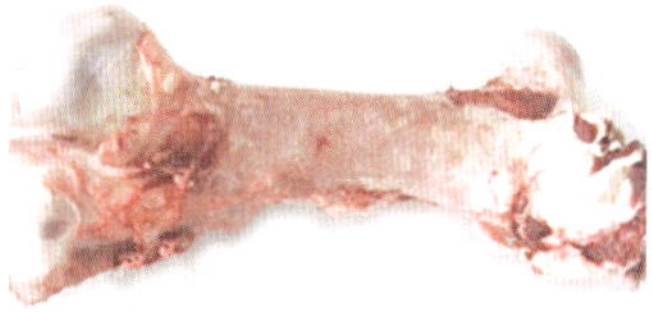

1. 肌肉组织

肌肉组织基本组成单位是肌纤维，即我们在观察一块肉时，看到的大部分是成熟的肌肉组织。单个肌纤维很细，厚度约为一个人的一根头发的直径（0.01～0.1毫米），不过长度却是整条肌肉长度。肌纤维聚集成一束称为纤维束，煮熟的肌肉上很容易观察到撕开的、较粗的纤维束，外面被结缔组织包围的即肌束膜。一块肌肉有许多的肌纤维束，并由结缔组织联合在一起，外面还裹着一层结缔组织鞘膜，即肌外膜。成块的肌纤维赋予肌肉密实而坚韧的基本质地，煮熟后会变得更紧、更干、更坚实，肌肉纤维并排延伸，形成肉质的纹理。水平横切肌肉纤维束，从切面可观察到肌肉纤维层层相叠，垂直切割肌肉纤维束，则只会见到纤维端点。撕开纤维束比切断纤维束更容易，通常刀会垂直切割肉纹，如此食用者便于顺着纹理嚼食，详见图2-2。

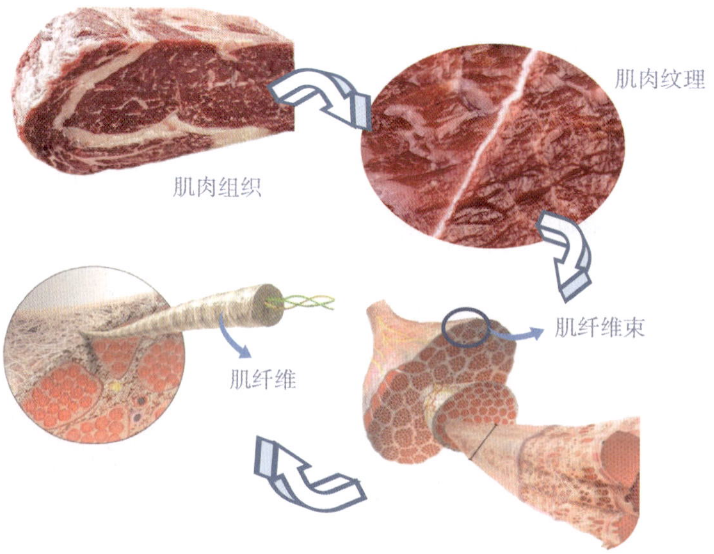

图2-2　肌肉组织结构

肌纤维的差异主要因为动物种类、性别等不同，是影响肉嫩度的关键。水牛肉肉质肌纤维最有韧性，黄牛肉、猪肉其次，绵羊肉最细嫩；公畜肉较粗，母畜肉相对较细。幼龄畜肉肌纤维没有发育成熟因此很细小，运动量少，肉质细嫩，动物随着生长发育和运动增多，肌纤维变得越来越粗，越来越强健，纤维束内可伸缩蛋白肌纤维数量增加了，蛋白肌原越多肉质越难切断。动物年龄越大，运动量越大，肉质越硬。

根据肌纤维特性，肌肉组织又可分为横纹肌、平滑肌、心肌三类。其中横纹肌分布最广，是构成家畜类体壁和四肢的肌肉，食用价值最高。平滑肌主要分布在消化道和血管壁上，是构成家畜内脏的肌肉。心肌是构成心脏的肌肉，分布在心脏的肌层。结构形态见表2–2。

表 2–2　三种肌肉组织的结构和分类

	横纹肌	平滑肌	心肌
种类		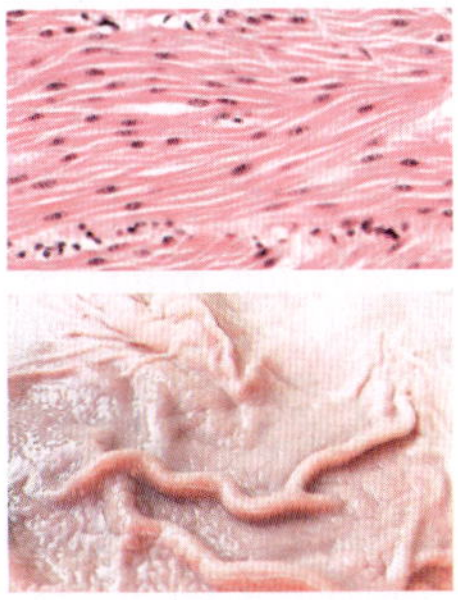	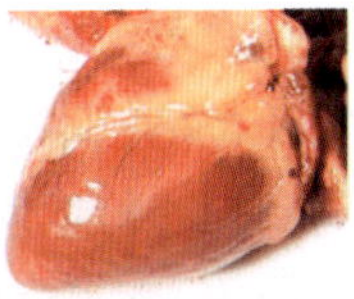
肌纤维长度	长圆柱形，束状排列 长度1～40毫米	长纺锤形，末端一点 长20～200微米	短圆柱形，有分支 有圆盘
有无横纹	有	无	有
收缩速度	最快	缓慢	中等
收缩能力	有力，易疲劳	持久，不易疲劳	有节律，不易疲劳
运动性质	随意肌	不随意肌	不随意肌

2．脂肪组织

脂肪组织的构成单位是脂肪细胞，其中部分细胞负责能量存储。动物脂肪组织主要在皮下聚集，能够抗寒提供热量；体内主要集中在肾脏、肠、心脏四周；另外能够隔离肌肉和肌纤维束之间的结缔组织。脂肪组织分布因素主要受到性质、动物种类、年龄和饲料喂养等因素影响。老龄动物脂肪分布在腹腔和皮下；幼龄和非役用动物脂肪多分布在肌间，呈大理石外观；阉割动物更易囤积脂肪育肥。脂肪组织对肉的风味有重要的影响，特别是肌间脂肪更为重要，在烹饪时可以有效防止水分和肉汁流失，使肉质营养丰富、风味好。

3．结缔组织

结缔组织在动物体内分布种类较广，包括组织、血液、淋巴、软骨和骨组织。在动物体内起支撑、连接、保护作用，并赋予肌肉以韧性和伸缩性，维持各器官一定形态。结缔组织在肉中的含量根据动物种类、年龄、性别和用途不同而不同。运动量大的动物和部位结缔组织较多，构成结缔组织的物质主要有胶原纤维、弹性纤维及网状纤维，都属于硬性非完全蛋白质，坚硬较难溶于水，不易消化，因此营养价值较低。结缔组织多的肉烹饪价值较低。

4．骨骼组织

骨骼组织主要包括硬骨、软骨，在动物体内含量随家畜种类、品种、年龄、性别不同而不同。骨骼组织是动物的支架，同时是钙、镁、钠离子储存组织。骨骼组织根据形态不同分为长骨、短骨、扁骨、不规则骨。两骨间相连的地方称之为关节。骨骼组织烹饪利用率较低，一般烹饪应用熬制浓汤等。

（四）畜肉的性质

1．畜肉的颜色

为什么小牛肉的颜色比较浅，质地比较细嫩？为什么成年牛肉的颜色比较红，质地比较坚韧？决定畜肉颜色的关键在于肌红蛋白和血红蛋白，同时也与脂肪有关。影响畜肉的色泽因素还与动物的运动方式相关，动物的动作主要分为两种：爆发的、瞬间动作，比如飞禽一飞冲天；第二种是刻意的、持续的动作，比如牛持续地行走寻找牧草。

肌肉中主要的色素是蓄氧的肌红蛋白和血红蛋白，运动量大的牲畜由于以上两种蛋白含量丰富，肉色较深。宰杀放血不充分的畜肉呈暗红色，同时也与脂肪有关。影响家畜肉色泽的因素还包括：宰杀情况、育肥情况、畜肉种类、年龄、饲养情况等。红色肌纤维主要用于长时间用力，能量由脂肪提供，代谢产物为二氧化碳和水，红色肌纤维富含丰富肌红素，所以颜色较深。白色肌纤维和红色肌纤维结构对比见图2-3。

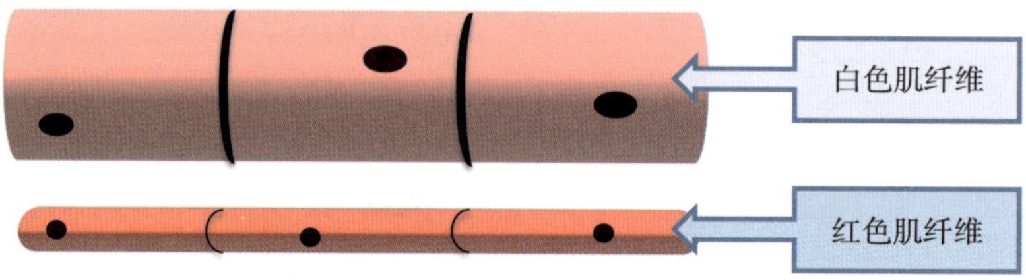

图2-3　白色肌纤维和红色肌纤维结构对比图

2．畜肉的质地

畜肉的质地主要取决于肉的韧度和嫩度。韧度主要指肉在咀嚼或切割时具有高度持续性的抵抗力。韧度主要受到肌肉纤维和结缔组织影响。肌纤维的软硬与身体不同部位运动情况不同有关。畜类站立或运动行走的部位肌肉持续用力，肌纤维和结缔组织加多，肉质较坚硬。反之腰腹、背部、后颈部运动较少，肌纤维不发达，结缔组织较少，肉质很嫩，菲力牛排、T骨牛排、沙朗牛排都是来自这些部位。前腿、肩部、后腿肌肉要烹制一个小时以上。

畜肉的嫩度是指肉入口咀嚼时对破碎抵抗力的大小，一般指煮熟肉品质的柔软、多汁和易于被嚼烂。在烹饪过程中，畜肉嫩度与畜肉的脂肪分布和含量有直接关系。另外，肉的质感还与牲畜年龄有关。幼兽形体小、运动时间短、肌纤维不发达，结缔组织中的胶原蛋白含量更丰富，烹饪更易溶于水，因此比成年畜肉更嫩。另外，阉割后的畜肉肉质更嫩。畜肉宰杀后的处理方式也决定了肉的质感。肉的成熟情况、酸度及致嫩剂的使用等也影响肉的质感。

在烹饪时主要采用人工方法改变肉的嫩度。主要包括：物理致嫩法、无机化学致嫩法以及酶致嫩法。物理致嫩法主要包括拍打、敲击肌肉组织，使其肌纤维断裂。化学方法一般会向畜肉表面撒盐、加碱等。酶致嫩法主要在烹饪的时候加入木瓜蛋白酶、胰蛋白酶，同时关注施放的浓度、温度和pH等影响条件。见图2–4。

（1）物理敲击法

（2）化学盐渍法

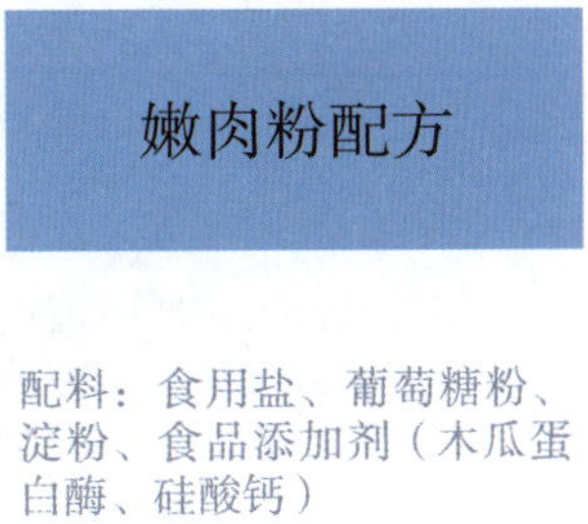

（3）生物酶法

图2–4　常用改变肉嫩度的方法

3．畜肉的气味

肉的最大魅力来自它的风味。肉的风味主要来自肉的质地和气味。新鲜的畜肉气味并不强烈，肉的气味主要来自挥发性的脂肪酸。这些物质浓度很低，很不稳定，易被氧化和分解，加热后分解加速。畜肉的气味还来自所喂养的饲料，比起吃牧草或粮草的动物，运用谷物和精饲料喂养的动物肉质更具有风味。

4．畜肉的成熟

我们在超市和市场购买的畜肉主要经过以下几个步骤生产后进行销售：①选择饲养健康的牲畜；②杀死后分割成有用的肉块进行销售。

死后的动物经过放血后体内原有的各种平衡被破坏，机体为抵抗外界影响、维持体内环境、适应各种不利条件的应激反应丧失而导致死亡。牲畜屠宰后在生物酶和外界生物共同作用下，会发生僵直、成熟、自溶、腐败等一系列变化。其中僵直和成熟期的肉质是新鲜的。自溶标志肉变坏的开始。各反应阶段间无明显区分标志。肉成熟的各阶段反应见表2–3。

表2–3　肉成熟的各阶段反应

反应阶段	反应过程与原理	肉质变化与时间	各阶段展示
僵直	刚屠宰完鲜热肉呈中性或弱碱性，肉中糖原在无氧条件下分解产生乳酸，肉质酸度下降，pH5.6～6.0。酸度增强分解糖原酶失活，ATP活性增强分解产生次黄嘌呤和磷酸，pH下降至5.4肌凝蛋白等电点，蛋白凝固肌肉开始僵直。pH达最低时，僵直程度最大	处于僵直期的肉弹性差、无鲜肉的自然气味，烹饪不易煮烂。发生到结束的时间越长，肉的保鲜时间越长。温度直接影响僵直	

续表

反应阶段	反应过程与原理	肉质变化与时间	各阶段展示
成熟	在酸性条件下，钙离子从蛋白质化合物中释放出来，部分肌凝蛋白析出，肌浆中液体部分外流，酸性条件下结缔组织中部分组织蛋白酶活化分解蛋白质，造成肌纤维断裂，分解物增多，肌肉中pH上升。结缔组织变软	肌肉组织松弛柔软，肉切面多汁，嫩度更佳，肉质具有弹性，肉汤透明。蒸煮散发出令人愉悦的香气，易于熟烂咀嚼。在4℃下猪肉1～3昼夜成熟，牛肉需3～7天成熟。温度越高成熟期发生越快	
自溶	成熟后的肉在酶作用下继续分解。自溶伴随成熟过程而发生。自溶阶段起主要作用的是组织蛋白酶，进一步将复杂物质分解成小分子结构，产生的硫化氢和硫醇与血红蛋白结合生成硫化血红蛋白	鸡肉表面出现暗绿色斑点，脂肪组织出现黑色污点。肉缺乏弹性，肌肉松弛，带有一定气味	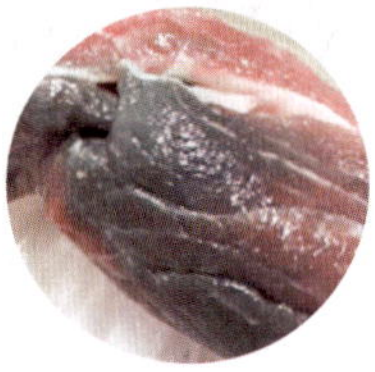
腐败	肉自溶后腐败微生物大量繁殖，蛋白质分解成吲哚、氨、含氮酸、脂肪酸、硫醇等，脂肪酶分解脂肪生成游离脂肪酸和甘油，进一步氧化发生酸败	结缔组织分解，结合血管部位最早开始腐败产生酸败气味。腐败肉不能食用	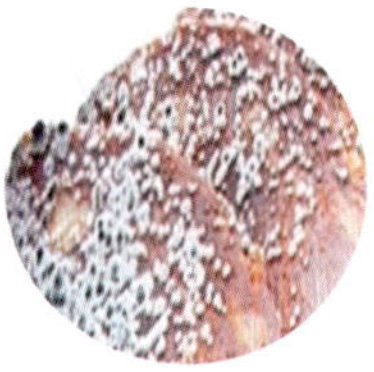

（五）畜肉的营养

畜肉原料包含肌肉、内脏及其制品。为人类提供了丰富优质的蛋白质、矿物质、维生素及脂肪，是人体营养均衡与健康的重要保证。畜肉原料主要营养物质如下：

1. 蛋白质

肌肉去除水分后蛋白质含量最多，其含量可高达20%。畜肉各部位由于其功能不同，蛋白质结构和分类也不同，肌肉中的蛋白质主要分类包括肌纤维、肌质和基质。

（1）肌纤维中的蛋白质　肌纤维中蛋白质是肌纤维结构蛋白质，主要包括肌球蛋白、肌动蛋白、肌动球蛋白。屠宰后畜肉胴体僵直、解僵就是肌纤维收缩和松弛的过程。

（2）肌质中的蛋白质　肌质蛋白质占肌肉总量的6%，是肌细胞在液体中和包围肌细胞周围液体中的蛋白质。从新鲜肌肉压榨出的含有可溶性蛋白质的液体称为肌质。肌质蛋白质包含：肌溶蛋白、肌红蛋白等。肌红蛋白的数量和氧气结合程度，对肌肉颜色影响很大。

（3）基质蛋白　此种蛋白主要包含肌原蛋白、弹性蛋白和网状蛋白。结缔组织含量很多，数量决定了肉的嫩度。它们和骨骼一起构成身体的支撑。胶原蛋白性质稳定，具有较强延展性，不溶于水，蛋白酶也不能把它水解，高温长时间蒸煮变成白胶，是制作胶冻的主要原料。网状蛋白耐酸碱和蛋白酶作用。不同品种畜肉和部位蛋白质含量都不相同，具体见表2–4。

表 2-4　不同品种及部位畜肉蛋白质含量（g/100g）

品种	蛋白质	品种	蛋白质	品种	蛋白质
瘦牛肉	22.0	猪五花肉	7.7	猪肝	5.3
羊腿肉	15.5	猪里脊肉	17.8	兔肉	22.0
猪前腿	15.1	猪脑	10.3	羊肉	17.8

2．脂肪

家畜各部位脂肪含量差异很大，与畜肉的品种、年龄、饲养方式、饲料成分等有关系。脂肪按存在位置不同，一般可分为两类：第一类叫作蓄积脂肪，比如皮下脂肪、肾脂肪；另一类称为组织脂肪，比如肌肉内组织脂肪、脏器内脂肪等。脂肪可改进肉的质感和风味。畜肉原料中以饱和脂肪酸为主，一般温度下为固态。羊肉中含有辛酸和壬酸等短碳链挥发脂肪酸，所以羊肉具有特殊膻味。畜肉脂肪平均含量在10%～30%，不同种类畜类，部分位置脂肪含量见表2-5。

表 2-5　不同品种及部位畜肉脂肪含量（mg/100g）

品种	脂肪	品种	脂肪	品种	脂肪
前臀猪肉	27.3	牛背部肉	12.4	羊背部肉	2.0
后鞧猪肉	10.1	牛柳肉	5.0	羊腰窝肉	6.6
猪硬肋肉	55.6	牛腩肉	29.3	羊前腿肉	2.0
猪里脊	7.9	牛腱子肉	3.3	羊肉片	4.0
猪肝	4.7	牛后鞧肉	2.6	鹿肉	1.3

3．维生素

畜肉原料的维生素含量丰富，尤其是肝脏部位。主要包括脂溶性维生素（维生素A、维生素D、维生素K、维生素E）、水溶性维生素（维生素B_1、维生素B_2、烟酸等）。其中水溶性维生素C含量极低。肌肉中的微生物含量比肝脏中含量低。不同种类畜类，部分位置维生素含量见表2-6。

表 2-6　不同品种及部位畜肉维生素含量（以 100g 计）

品种	维生素 A μgER	维生素 E mg	维生素 B_1 mg	维生素 B_2 mg	维生素 B_3 mg
前臀猪肉	8.5	0.62	0.26	0.12	3.68
后鞧猪肉	Tr	—	0.38	0.12	6.35
猪硬肋肉	12	0.62	0.12	0.08	2.76
猪里脊	Tr	0.15	0.32	0.20	6.98
猪肝	6.52	Tr	0.22	2.02	10.11

续表

品种	维生素 A μgER	维生素 E mg	维生素 B_1 mg	维生素 B_2 mg	维生素 B_3 mg
牛背部肉	Tr	0.17	0.04	0.08	2.28
牛柳肉	Tr	Tr	0.04	0.10	6.24
牛腩肉	Tr	Tr	0.02	0.06	2.20
牛腱子肉	Tr	Tr	0.03	0.13	3.69
牛后鞧肉	Tr	Tr	0.05	0.09	4.68
羊背部肉	3	0.44	0.06	0.14	3.30
羊腰窝肉	6	0.46	0.02	0.14	2.17
羊前腿肉	3	0.63	0.12	0.15	3.13
羊肉片	16	0.53	—	—	—
鹿肉	Tr	Tr	0.05	0.24	—

注：Tr 表示微量元素未测定。

4．矿物质

矿物质含量主要指肉中的无机盐类，含量一般为1%～2%。畜肉原料是人类矿物质营养素主要来源，特别是铁、锌、硒元素，其他食物中含量很低。这类元素不仅含量高，而且化学结构更易于人体吸收。

5．含氮浸出物

畜肉中的含氮浸出物是组成畜肉风味最重要的部分，主要指除蛋白质、盐、维生素外，能溶于水的浸出性物质，包括肌肽、肌酸、肌酐、氨基酸、嘌呤等化合物。

三、畜肉原料的市场分布情况

全球畜肉原料贸易主要集中在牛肉、猪肉和羊肉几个品种。其中我国猪肉贸易世界排名第一。2020年全球共产猪肉9787.5万吨，全球猪肉供应量为10910.1万吨，同比下降7.5%。中国是猪肉生产大国，猪肉产量为41130千吨。猪肉进口最多的国家也是中国，进口数量为4800吨。我国猪肉的供应商主要包括：牧原集团、正大集团、新希望集团、正邦集团、中粮集团等。2020年我国牛肉产量达到670多万吨，我国牛肉消费量2020年将近900万吨。世界牛肉出口大国主要包括：巴西、印度、澳大利亚、美国和新西兰。2018年全球羊肉市场贸易总额达到36360亿元。中国的羊肉供应商主要包括：甘肃中天羊业、蒙都羊业、额尔敦羊业和新疆天山畜牧生物工程等几个品牌。

任务二　掌握畜类原料的分割与烹饪应用

一、畜类原料的分割

畜类原料的种类很多，按照生活和饲养的方式不同可以分为家畜类和野畜类。无论中餐还是西餐烹饪，应用最多的是家畜中的猪、牛、羊。中、西餐的烹饪技法不同，本教材采用我国商业分割法对家畜胴体分割进行介绍。

（一）家猪的种类与胴体分割

1．家猪的种类

我国家猪的种类很多，按照血统可分为国内猪种、国外猪种和杂交猪种。按照商品用途又可分为脂肪型、瘦肉型和肉脂兼用型。我国大部分地方品种均属于脂肪型。瘦肉型猪主要指瘦肉占胴体55%～60%的类型。肉脂兼用型猪主要指瘦肉占胴体50%左右的猪。

（1）我国常见的猪

我国常见猪种见表2–7。

表 2–7　我国常见猪类品种

品种	产地	体貌特点	展示
梅花猪	广东省北部韶关市的乐昌、仁化，佛山市的顺德区和河源市的连平县，以乐昌养殖的最著名	体貌：黑白花，白色占全身三分之二，耳垂大下垂、额多横皱纹，腰背宽 特点：生长快、皮薄、肉质嫩美、骨细小	
宁乡猪	湖南省长沙市宁乡县	体貌：毛色特征是“乌云盖雪银项圈”。体质疏松，皮薄毛稀，全身丰满呈圆筒形，额部有皱纹，耳较小，耳尖薄而下垂。背凹腹大下垂 特点：肉质鲜美、肥瘦均匀	
荣昌猪	产于重庆市荣昌县和四川省隆昌县	体貌：体型较大，除两眼四周或头部有大小不等的黑斑外，其余皮毛均为白色。体躯较长，背腰微凹，腹大而深，臀部稍倾斜 特点：适应性强、遗传性能稳定、杂交配合力好、瘦肉率较好、肉质优良、繁殖力强	
金华猪	浙江省金华地区的义乌、东阳和金华三个县	体貌：体型属中小型，毛色除头颈和臀尾为黑色外，其余均为淡白色，因此得名“两头乌”。颈粗短，四肢较短，蹄坚实，皮薄毛稀 特点：金华猪以肉质嫩、骨细、皮薄、肥瘦适当、五花分布均匀著名，适宜腌制火腿和腊肉，它的鲜腿重6～7千克	
东北民猪	产自东北和华北，分布于黑龙江、吉林、河北和辽宁	体貌：全身黑色，背腰平直，体质健壮，耳大下垂，四肢结实粗壮。后躯斜窄，猪鬃良好，冬季密生棕红色绒毛 特点：抗寒、体质强健、脂肪沉积能力强，肉质好，但脂肪率高，皮较厚，后腿肌肉不发达	

（2）从国外引进的猪

从国外引进的猪见表2-8。

表 2-8　从国外引进猪类品种

品种	产地	体貌特点	展示
长白猪	原产于丹麦，是世界最著名腌肉型猪种之一。我国在浙江、河南、湖南、湖北、广东等地养殖	体貌：全身被毛白色，头小清秀，脸面平直，鼻嘴直长，耳大向前倾平伸。躯干较长，前窄后宽呈流线形，其体躯长，毛色全白 特点：具有适应性好、生长快、饲料利用率高，瘦肉率60%以上	
大约克夏猪	英国北部英格兰的约克郡，世界上分布最广的瘦肉型品种	体貌：被毛全白，体格高大，体型匀称，全身大致呈长方形，背腰微弓，耳立，鼻直 特点：繁殖性能好，母性强，产仔率高，产奶能力强，瘦肉率65%	
杜洛克猪	原产于美国东北部的纽约州和新泽西州	体貌：被毛棕红色，体质结实，肌肉丰满，体躯深广、四肢健壮 特点：体质强壮，适应性强，耐粗饲；应激反应少，生长快，饲料转化率高，抗逆性强，瘦肉率62.2%，肉质较差	

2．猪的胴体分割

商业分割将猪半片胴体分割为五大块，不同部位用数字取代，分为1号肉、2号肉、3号肉、4号肉和5号肉。猪胴体各部位名称和代表肉块描述见图2-5和表2-9。

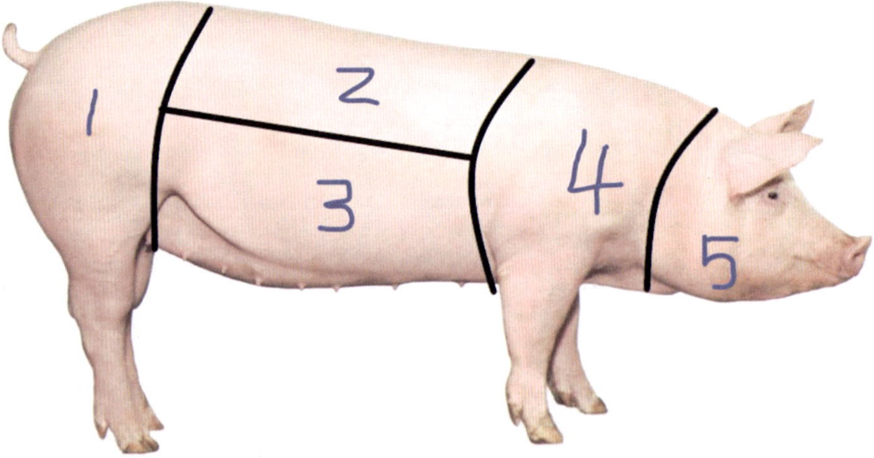

图2-5　猪胴体分割图

表 2-9　猪胴体各部分割描述

部位序号	名称描述	此部分分割	继续分割应用
1	**后腿及臀部切块** （hindquarter） 描述：后腿肉瘦肉多，纯度高，脂肪结缔组织少，品质较好	大块后腿肉、后腿排、后腿大片肉、厚肉块、厚肉排、肉丁、肉馅、猪尾、猪皮	 
2	**中间脊背切块** （middle back cuts） 描述：瘦肉部分较嫩，短时间加热菜肴原料，口感细嫩，带骨部分炖或红烧	猪里脊、大块外脊、小块外脊排、脊背骨、烤皇冠猪排、猪皮、脂肪	 
3	**腹部切块**（belly cuts） 描述：肥肉和瘦肉相互间隔成层，俗称五花肉，制粉蒸肉和红烧肉原料，肉质肥而不腻	肋排、去骨肉卷、切片、肉馅、肉皮	
4	**前半部切块**（forequarter） 描述：以瘦肉为主，肌纤维较韧，肌肉结缔组织多，吸水性好，绞肉馅，烧制多	颈部肉、猪手、颈部、大块肩肉，肩部猪排、去骨猪排、肉馅、小肋排、猪蹄、猪皮	
5	**猪头**（head） 描述：宜于酱、烧、煮、腌，多用于制作冷盘	猪脸、猪耳、猪舌、猪鼻	

（二）家牛的种类与胴体分割

1. 牛的种类

在西餐烹饪中畜肉原料使用最多的是牛肉。牛是食草性反刍家畜，属于哺乳纲偶蹄目牛属和水牛属家畜的总称。牛具有多种用途，肉和乳可供食用，皮可作为工业原料，牛自古以来还是农业生产中重要劳力。牛如果按照经济用途分类可以分为：兼用牛、肉用牛、乳用牛和毛用牛。如果按照种类划分可以分为：黄牛、水牛、牦牛和奶牛。烹饪原料中运用最多的是肉牛和兼用牛。肉牛的体貌特征主要是头短宽，颈短粗；鬐甲宽平，胸宽深，肋骨开张，肌肉丰满；背腰宽、平、直；腹部呈圆筒形；尻宽、平、长，腰角不明显；四肢上部深厚多肉，下部短而结实，肢间距离大，肢势端正，蹄质良好。

（1）我国常见的肉牛　我国本土常见肉牛和兼用牛以黄牛、牦牛和水牛为主。具体分类见表2-10。

表 2-10　我国常见的肉牛和兼用牛

品种		产地	体貌特点	展示
黄牛	秦川牛	产于陕西省关中地区，其中渭南、临潼、蒲城、咸阳、兴平、乾县、礼泉、武功、扶风、岐山	体貌：骨骼粗壮、肌肉丰满、体质强健、前躯发育良好，毛色为紫红或黄色 特点：肉质细嫩、柔软多汁、大理石纹明显，胴体产肉率可达86%	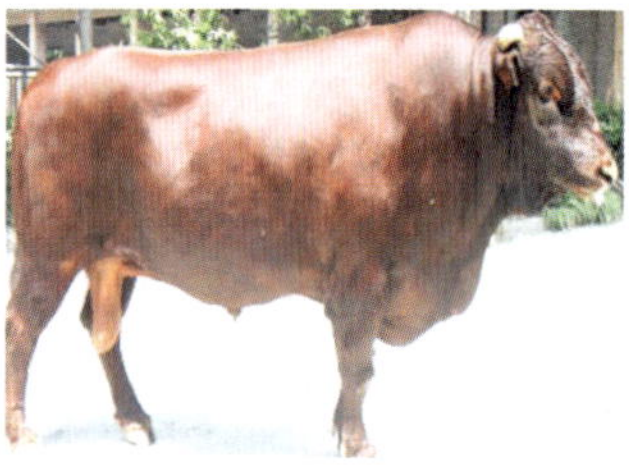
	南阳牛	河南省南阳地区	体貌：毛色为黄色，个体高大肌肉丰满 特点：兼用型大型牛系，牛肉性能良好，脂肪沉积好，肉块大理石花纹明显，肉质较好，胴体产肉率可达84%	
	鲁西牛	产于山东菏泽、济宁等地区	体貌：体格高大，体长略短，肌肉发达 特点：肌纤维细嫩，脂肪分布均匀，大理石花纹明显	
	延边黄牛	吉林省延边朝鲜族自治州	体貌：体型大，毛色为褐色 特点：我国优良品种之一，肉用好，肥度适中，很受消费者欢迎	
	蒙古牛	原产蒙古高原地区，现广泛分布于内蒙古、东北、华北北部和西北各地	体貌：头短宽而粗重，额稍凹陷，以黄褐色、黑色及黑白花为多。皮肤厚而少弹性。颈短，垂皮小 特点：耐粗宜牧，抓膘易肥，适应性强，抗病力强，肉的品质好	

续表

品种	产地	体貌特点	展示
牦牛	青藏高原为中心的青海、四川、甘肃、新疆、云南等省自治区的高山地区	体貌：高寒地区体毛较长浓密 特点：肉质细嫩，肉色鲜红，肉味美，质量高于黄牛	
水牛	以四川、广东、广西、湖南、湖北及云南的水牛数量最多	体貌：水牛皮厚、汗腺极不发达，体格粗壮，被毛稀疏，多为灰黑色；角粗大而扁，蹄大，质地坚实 特点：水牛乳脂肪和蛋白质含量较高	

(2) 从国外引进的牛

世界牛肉出口大国主要包括巴西、澳大利亚、美国、阿根廷、加拿大等国。世界比较优质的牛肉包括日本的和牛、英国生产的小型多脂的赫里福德牛、短角牛和苏格兰亚伯丁安格斯牛、法国的夏洛莱牛和利木赞牛、意大利的夏尼纳牛等。国外引进的肉牛及兼性牛品种见表2-11。

表 2-11　国外引进牛类品种

品种	产地	体貌特点	展示
利木赞牛	法国，主要在欧洲及北美国家	体貌：属大中型肉牛品种，体型大，躯体长，全身肌肉丰满，具典型的肉用型牛外貌特征。毛色棕黄色，被毛较厚 特点：肌肉多、脂肪少，易消化，肉色鲜红、纹理细致、富有弹性、大理石花纹，胴体体表脂肪覆盖率100%	
海福特牛	英国英格兰的海福特县	体貌：身体宽大，前胸发达，全身肌肉丰满，头短，额宽，颈短粗，四肢端正而短，躯干呈圆筒形，具有典型的肉用牛的长方体型 特点：屠宰率为60%～65%，净肉率达57%，肉质肥美多汁，肉层厚实	

续表

品种	产地	体貌特点	展示
夏洛莱牛	法国中西部到东南部的夏洛莱省和涅夫勒地区	体貌：被毛为白色或乳白色，皮肤常有色斑；全身肌肉特别发达；骨骼结实，四肢强壮 特点：屠宰率一般为60%～70%，胴体瘦肉率为80%～85%，生长快、瘦肉多、肉质细嫩，品质好	
安格斯牛	美国、英国等欧美国家	体貌：体格低矮、结实，体躯宽深，四肢短而直，全身肌肉丰满，具典型肉用型牛体型外貌特征。无角，全身被毛黑色 特点：早熟，肉质好，大理石花纹明显，适应性强，耐寒，耐粗饲，适于放牧，胴体品质好	
西门塔尔牛	瑞士等欧洲国家	体貌：体躯长，肋骨开张，前后躯发育好，尻宽平，四肢结实，大腿肌肉发达，被毛黄白花或红白花，头、胸、腹下和尾帚多为白毛 特点：乳、肉用性能均较好，产肉量高，营养高，肉色鲜红、纹理细致、富有弹性、大理石花纹适中	
日本和牛	日本但马地区兵库县神户市	体貌：日本和牛毛色多为黑色和褐色，少见条纹及花斑等杂色。体躯紧凑，腿细，前躯发育良好，后躯稍差。体型小，成熟晚 特点：肉质鲜嫩多汁，营养高，口感好，肌肉脂肪中饱和脂肪酸含量很低，大理石板纹理，肉用价值极高	

2．牛的胴体分割

牛肉的品种、饲养牛的饲料，胴体各部位运动的方式不同决定了肉质的结构差异和口感不同。西餐烹饪中，不同菜肴和烹饪技法对各部位牛肉要求各不相同。以美国安格斯牛为例，把一头牛分割为九部分，牛具体部位名称和代表肉块描述见图2–6和表2–12。

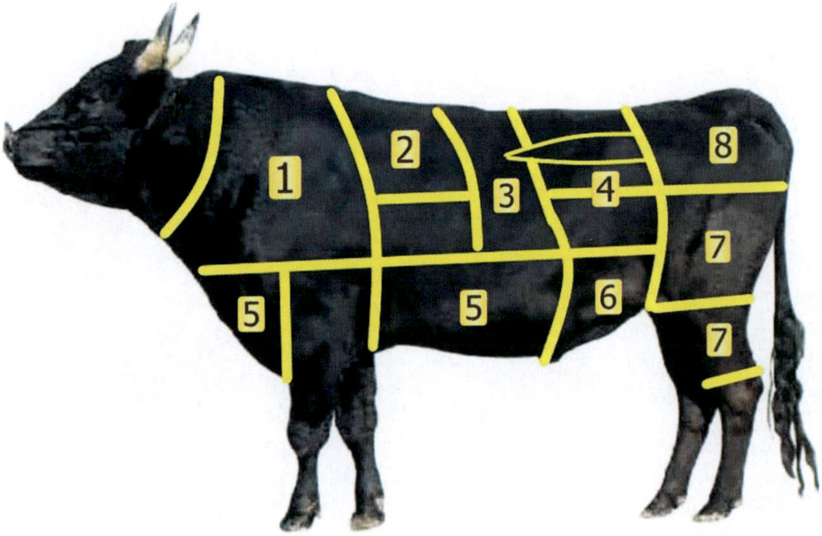

图2-6　牛胴体分割图

表 2-12　牛胴体各部分割描述

部位序号	名称描述	此部分分割	继续分割应用
1	**肩胛部（chuck）** 描述：此部位经常活动结缔组织丰富结实，不适合做牛排，可卤酱或切片烧烤	板腱（top blade muscle）、 肩胛里脊（chuck tender）	
2	**肩脊部（rib）** 描述：此部位不经常活动，大理石花纹均匀，牛肉中的上等肉	肋眼（ribeye）、 带骨肋眼（bone-in ribeye）、 上盖肉（ribeye cap）、 去骨肋眼肉（boneless ribeye）、 肋眼心（ribeye roii）、 牛小排（short rib）、 带骨牛小排（bone-in short rib）、 无骨牛小排（boneless short rib）、 牛肋条（rib finger）、 肋排（back rib）	

续表

部位序号	名称描述	此部分分割	继续分割应用
3	**前腰脊部** **（short loin）** 描述：此为经常活动部位，肌纤维粗，吃起来有嚼劲，肉质较硬	菲力（tenderloin）、 西冷牛排（Striploin）、 T骨（T-bone）	
4	**后腰脊部（sirloin）** 描述：靠近臀部，有风味，肉质较粗，价格较低，烹饪牛排最实惠部位	上后腰脊肉（top sirloin）与西冷相连，是后脊较嫩部位，可做牛排牛柳	
5	**胸腹（short plate）** 描述：前胸肉质坚韧、有弹性，适合炖汤或红烧；胸腹肉有特殊香气，适合烧烤和做火锅片	前胸肉（brisket）、 肩胛小排（chuck rib）、 前小腿腱（fore shank）、 牛腿筋（tendon）、 胸腹五花（short plate）、 胸腹板肉（chest）	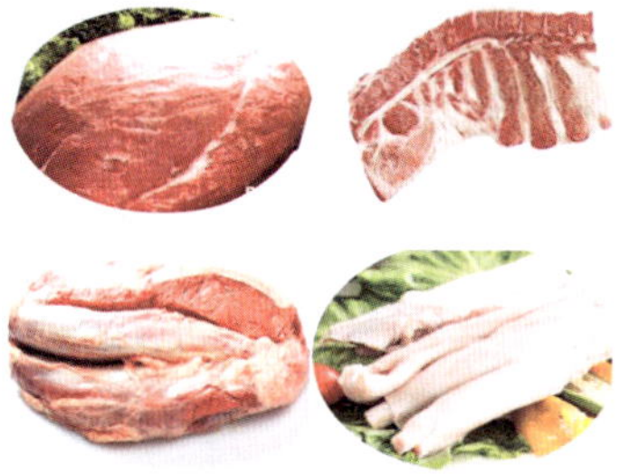
6	**腹肋（flank）** 描述：在后腿根前部，肉纹路明显，味道厚重	适合多种烹饪	
7	**后腿部（round）**	后腿股肉（hind leg）、 上后腿肉（top round）、 后腿腱（hind shank）、 外侧后腿板肉（flat of round）、 外侧后腿眼（eye of round）、 牛后腿筋（tendon）	
8	**牛臀肉（silverside）** 肉质较老，制作较便宜的烤牛肉，肉质很瘦没有脂肪	肉馅（mince）	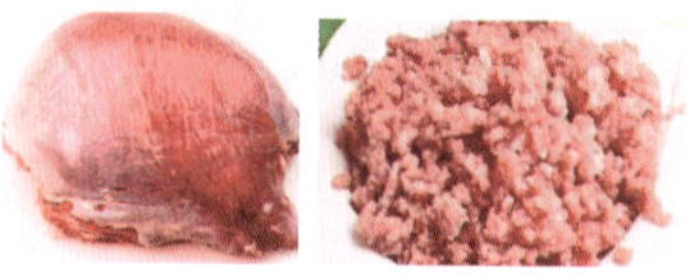

小牛肉在西餐烹饪应用中也使用较多，主要指幼龄公牛。小牛肉与成牛相比差异极大，小牛肉色浅、气味精致、脂肪层较软，具有丰富的水溶性胶原蛋白，一经烹饪快速溶为胶质，肉质细嫩多汁。所选用的小牛肉在5～16周之间，体重70～230千克宰杀。

（三）家羊的种类与胴体分割

1．家羊的种类

羊为哺乳纲偶蹄目牛科羊亚科的统称。羊的品种很多，家畜饲养主要是绵羊、山羊。绵羊肉质较有韧性，颜色暗红，肌纤维细，脂肪分布少，膻味较小。山羊肉皮下脂肪很少，腹部脂肪较多分布均匀，膻味浓。绵羊的肉质较山羊更嫩且无膻味，公山羊肉膻味较重，但瘦肉较多。我国羊主要产于新疆、内蒙古和西藏高原，其次是河北、河南、四川等省的丘陵和山区。具体羊的品种分类见表2-13。

表 2-13　我国常见羊类品种

品种		产地	体貌特点	展示
绵羊	蒙古绵羊	原产蒙古高原。现分布内蒙古、东北、华北和西北	体貌：公羊有螺旋形角，母羊多无角。耳大下垂，鼻梁隆起，体格中等，短脂尾 特点：分布广，数量最多，为我国绵羊业的主要基础品种。它具有生活力强、适于游牧、耐寒、耐旱等特点，并有较好的产肉、产脂性能	
	西藏绵羊	原产于西藏高原，可分为草地型和山谷型	体貌：体格均较大，体躯被毛以白色为主，呈毛辫结构、且长。羊毛光泽好，富有弹性 特点：屠宰率43.0%～47.5%。藏羊的小羔皮、二毛皮和大毛皮为制裘的良好原料	
	哈萨克羊	哈萨克羊原产于天山北麓、阿尔泰山南麓	体貌：背平宽，躯干较深，四肢高而结实，骨骼粗壮，肌肉发育良好 特点：中国三大粗毛羊品种之一，肉脂兼用，具有较高的肉脂生产性能	
山羊	波尔山羊	原产于南非	体貌：毛色为白色，头颈为红褐色，并在颈部存有一条红色毛带 特点：产肉多、肉质细嫩，适口性好；耐粗饲，适应性强；抗病力强和遗传性稳定	
	萨能奶山羊	原产于瑞士柏龙县萨能山谷，遍布世界各国	体貌：泌乳期300天左右，年平均产乳量为600～1200千克 特点：乳脂率3.3%～4.4%，乳蛋白3.3%，乳糖3.9%，干物质11.28%～12.38%，乳中膻味重	

续表

品种		产地	体貌特点	展示
山羊	关中奶山羊	产于陕西关中平原地区。分布于陕西关中平原的渭南、咸阳、宝鸡、西安等地	体貌：是由萨能奶山羊与当地山羊杂交培育而成 特点：年产乳量一般500～600千克，乳脂率为3.6%～3.8%，蛋白质3.53%，乳糖4.31%，干物质12.8%	
	崂山奶山羊	产于山东省胶东半岛，主要分布在青岛、烟台等黄海和渤海之滨的平原，丘陵与山地也有分布	特点：泌乳期8～9个月，年产乳量450～700千克，乳脂率3.5%～4.0%	

2．羊的胴体分割

羊肉在中西餐烹饪中存在较大差异，有整只烹饪，也有分割后用羊肉制作菜肴。羊肉在中西烹饪中烹饪方法很多，一般羊胴体分割依据胴体的大小和当地习惯来分割，本文采用4部分分割方法，分割图见图2-7和表2-14。

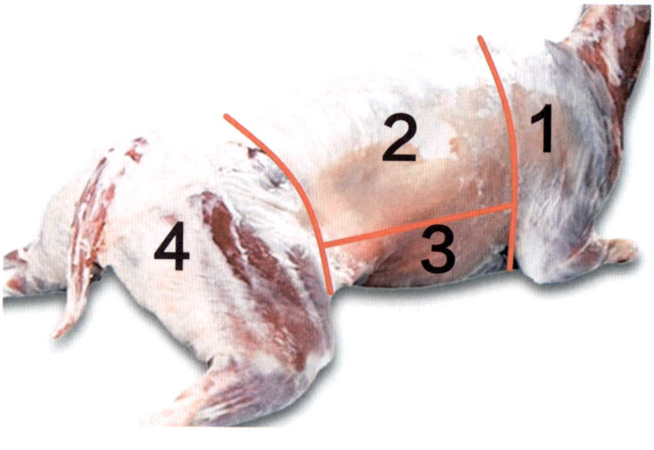

图2-7　羊胴体分割图

表 2-14　羊胴体各部分分割描述

部位序号	名称描述	此部分分割	继续分割应用
1	**前腿部位** （warter cut） 描述：此部位肉质较老，夹细筋，颜色深红。适宜制肉馅、烧、炖	胫骨肉、颈部里脊、带骨肩部肉片、肉馅、肋排、肩肉排	

续表

部位序号	名称描述	此部分分割	继续分割应用
2	**羊脊背部（back cuts）** 描述：羊脊骨上剔除的瘦肉块，可烘烤	巴恩斯李羊排、外脊羊排、情人羊排、羊柳、烤羊脊、仪仗队羊排、皇冠羊排、吉利羊排	 
3	**胸腹部位** **（breast and flank cuts）** 描述：肉质纤维较老，适合酿馅或长时间小火烹饪，或制肉馅	腹部肉，大块状或卷起	
4	**后腿部** **（hindquarter cuts）** 描述：顶级切割肉块整个用来烘烤，或从羊柳末端剃走	羊腿排、腿肉丁、大块臀肉、胫骨肉	

（四）其他家畜的种类

1．家兔

家兔属于哺乳纲兔形目兔科，小型食草动物（图2–8）。形态如图所示，毛色主要为白、黑、灰、黄色等。家兔主要从野兔驯化而来，大概有60多种，按其用途可分为肉用兔、皮肉用兔、毛用兔和皮用兔。兔肉质地颜色较浅，主要为淡红色或红色，肌纤维细柔，肉质丰富回弹好，结缔组织较少，脂肪分布少。兔肉营养价值高、味道鲜、蛋白质种类多，兔肉具有补中益气、止渴健脾等中医食疗功效。

图2–8　家兔

2．驴

驴为哺乳纲奇蹄目马科，食草动物。形态见图2–9，驴由野驴驯化而来，主要供食用和役用。驴主要分布在我国新疆、甘肃、山西、陕西、河南、山东、河北和黑龙江等地。毛色主要为灰、黑、青。驴肉肉色暗红，纤维粗，与牛肉味接近，比牛肉肉质细嫩，结缔组织少，滋味浓香。

图2–9　驴

3．鹿

在中、西餐烹饪中鹿肉是最传统、最广泛食用的畜肉之一。鹿属于哺乳纲偶蹄目鹿科，为有角反刍类，形态见图2-10。主要分布于欧亚、北美洲和南美洲。鹿的主要品种有梅花鹿、马鹿、欧亚驼鹿、驯鹿等，现今食用的鹿肉多为饲养场饲养。鹿肉肉质细嫩、味道鲜美、结缔组织少，富含丰富蛋白质、脂肪含量较少，易被人体消化吸收。

图2-10 鹿

（五）家畜副产品

家畜副产品是指畜禽宰杀经分割后的动物内脏、蹄、爪、血液等。我国对家畜和家禽副产品在烹饪上应用比较多，在西餐中应用较少。家畜副产品原料性能差异大，烹调方法的应用范围广，内脏异味较重，粗加工较为复杂。家畜副产品主要包括：猪、牛、羊的副产品。

1. 肝

肝是指畜类的肝脏。烹调中常用的有猪肝、牛肝、羊肝等。呈平状，通常为红色（图2-11）。其重量约为体重的2.5%，新鲜肝颜色为褐色或紫红色，有光泽，柔软、弹性好，不新鲜的肝颜色淡、萎缩变质，呈绿色，无光泽、易碎、无弹性、有臭味，不可食用。动物肝中含有较多的胆固醇，因此高血压、冠心病、肥胖症及高脂血症患者应慎食。在烹调中肝一般作为主料使用，刀工成形一般多为片状。肝脏烹制适合于旺火速成的烹调方法，如爆、汆等；而采用酱、卤、煮等得到的成品，质地较硬。因为肝脏具有一定的腥气，所以在制作菜肴时要加点醋以去腥。

图2-11 肝

2. 心

心是指畜类的心。烹调中常用的有猪心、牛心等（图2-12）。新鲜度高的心，用手挤压一下会有鲜红的血液流出，且肌肉组成坚实、富有弹性。如果心的颜色变成红褐色或绿色，且肌肉组织松软、无弹性、有异味，则已经变质，不可食用。心在烹调中常可用于炒、卤、爆等烹调方法。

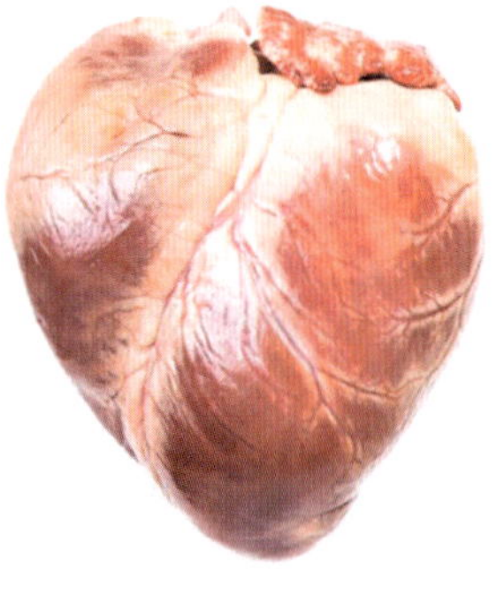

图2-12 心

3. 肾

肾俗称“腰子”，是指畜类的肾脏（图2-13）。常用家畜肾有猪肾、牛肾、羊肾、马肾等，烹调中应用的主要是猪肾。新鲜的肾脏表面柔润有光泽，富有弹性。泡过水的肾呈白色，体积涨大，质地松软。变质的猪肾呈灰绿色，无光泽，组织松，无弹性，有异臭味，不能食用。血脂偏高者、高胆固醇症者忌食。烹调方法较多，

图2-13 肾

适于炒、爆、炝等烹调加工。制作的菜肴如火爆腰花、炝炒腰片等。

4．大肠

烹饪常用的大肠主要有猪肠、牛肠、羊肠（图2-14）。烹饪方法较多，可烧、炒、煨、煮、酱、卤等。

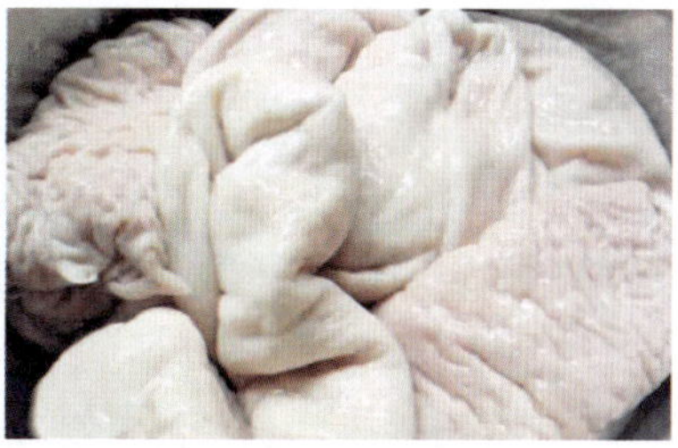

图2-14　大肠

二、畜类原料的烹饪应用

（一）畜类原料的烹饪原则

烹饪畜肉一般遵循四个原则：吃得安全、嚼得软嫩、消化好、风味香。在烹饪过程中，畜肉会产生一系列的物理和化学变化从而改变畜肉的质地和风味。影响畜肉烹饪的主要因素包括：

1．畜肉风味与烹饪温度

畜肉中富含矿物质、蛋白质、脂肪，这些营养成分在没有充分加热时，分解风味物质没有被释放出来，所以生肉质嫩可口但风味不足。畜肉经加热烹饪后肌纤维通过物理性破坏而变得松散，肌肉释放出更多汁液，加热是蛋白质分解成多肽风味物质，通过水解被充分释放出来，风味浓郁。

2．畜肉色泽与烹饪温度

在烹饪过程中畜肉颜色变化可以分为两个阶段：刚开始畜肉加热时呈半透明颜色，细胞中液体悬浮着蛋白质网状物；当温度上升至50℃时，肌肉中蛋白质逐渐开始变性，肉质呈不透明的白色。在加热过程中肌肉中的血红蛋白也发生变性，由鲜红色逐渐变为棕褐色。畜肉颜色变化见图2-15。

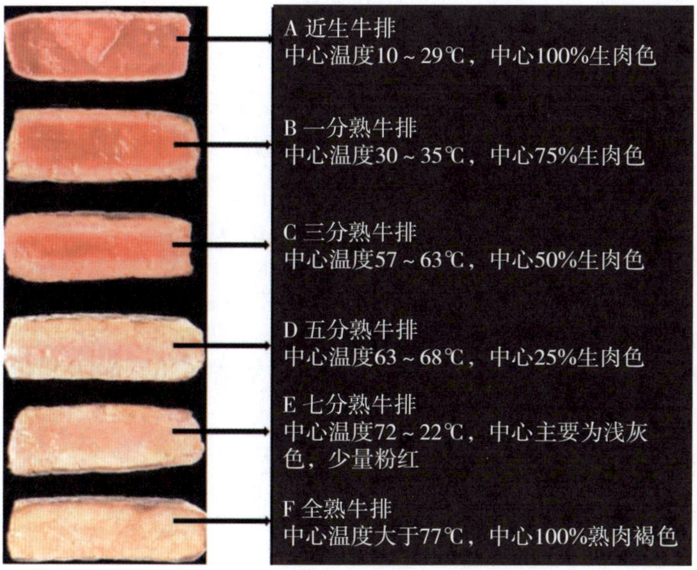

图2-15　牛排在不同烹饪温度下颜色变化

牛排在加热过程中随着烹饪温度升高，烹饪时间延长，畜肉纤维和血红蛋白逐渐成熟，全熟的牛排颜色完全变成褐灰色。如若畜肉长时间经受暴晒或冰冻而发生变性，还没全熟的肉也呈熟肉的褐色色泽。为了食品安全完全杀灭致病菌微生物，畜肉的中心温度至少要达到70℃，单凭肉色判断可能导致误判。

3．畜肉质地与烹饪温度

畜肉的质地主要来自自身物理结构，触觉、细胞中所含液体比例，以及牙齿将畜肉撕咬成碎片的难易程度。影响畜肉质地的关键主要是畜肉自身所含水分、限制水分进出的肌纤维蛋白质和结缔组织。

生肉光滑、富有弹性、如软泥一般的质地，带有嚼劲却很柔软，牙齿很难把肌肉纤维咬断，仅凭咀嚼很难把生肉的肉质释放出来。温度彻底改变肉质的质地。熟肉成熟后肉质变硬，并且富有弹性、结缔组织部分溶解，肌肉纤维松散，熟肉质地更富弹性和易咀嚼。随着烹饪温度升高，肉汁渗出。肉质变化的各阶段实际是肌肉纤维和结缔组织变性的阶段。

4．畜肉质地与烹饪时间

烹饪的方式千差万别，不同的地域、不同的民族、不同的年代，都有自己独特的烹饪技艺。最终目的都是把肉做熟、做香、食用安全。

（二）畜类原料的烹饪方法

按照加热的原理和烹饪的介质不同，肉类的烹饪一般分为：用油传热的烹饪方法、用水传热的烹饪方法、用空气传热的烹饪方法，以及现代科技发展而新兴的微波加热法和低温真空烹饪法。

1．用油传热的烹饪方法

以油为传热介质的烹饪中，多利用油脂经加热后温度可达200℃以上的特性，因此利用油脂可以快速使肉成熟，并具有游离脂香气。虽然油温过高会破坏肉类中营养物质，但油脂烹饪法一直是深受欢迎的方法。油脂烹饪法可分为：炸、煎、炒。

2．用水传热的烹饪方法

由于水在加热至沸点时温度始终保持在100℃，因此各种营养物质损失很少，是比较养生健康的烹饪方式。具体烹饪方法可分为：温煮、沸煮、蒸、烩、焖。

3．用空气传热的烹饪方法

用空气传热的烹饪方法主要有烤、浅焗、铁扒、串烧。

（三）烹饪后的畜肉制品

1．畜肉制品概念

畜肉制品是指以畜肉或副产品为原料，经过干制、腌制、熏制加工而成的成品或半成品。

2．畜肉制品分类

根据加工方法不同，可以将畜类制品分为如下8类：

（1）香肠制品包括中式和西式香肠、发酵和熏煮香肠、生鲜肠。

（2）火腿制品包括干腌、熏煮、压缩火腿等。

（3）腌腊制品包括腌肉、腊肉、酱封肉、风干肉等。

（4）酱卤制品包括白煮肉、酱卤肉、糟肉类等。

（5）熏烧烤制品包括熏鸡、熏口条、烤鸭、烤乳猪、烤鸡等。

（6）干肉制品包括肉干、肉松和肉脯类等。

（7）油炸制品包括炸肉丸、炸鸡腿、麦乐鸡等。

（8）罐头制品包括猪、牛、羊、兔、驴等肉类的罐头制品。

3．西式火腿

火腿又称火肉、兰熏。用猪后腿经修坯、腌制、洗晒、整形、发酵、堆叠等十几道工序加压腌等腊制成。主要品种见表2–15。

表 2–15　西餐常用火腿

名称	特点	图片
弗吉尼亚火腿 virginia ham	采用传统干盐腌制法进行腌制，经过烟熏并进行2～3年的熟化处理，通常会带有糖或者蜂蜜的甘甜风味。可以整只火腿进行售卖，或者切成片售卖，火腿会呈深肉色	
约克火腿 York ham	采用盐水腌制法进行腌制，然后经过烟熏处理。约克火腿肉质鲜嫩而风味柔和，烤熟后食用。约克火腿有带骨或者去骨之分	
法式卷肘火腿 jambonneau	制作法式卷肘火腿，需要将淡盐水中腌制的猪肘煮熟，并且通常会在去掉猪骨之后裹上面包售卖。其柔和的风味使其非常适合用来制作成头盘中的冷切肉，或者作为野餐时候的美味	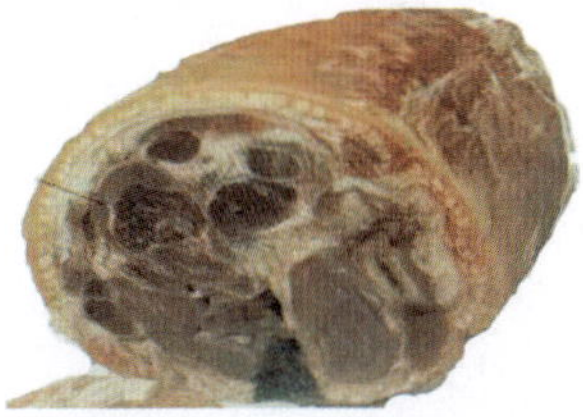
斯佩克火腿 speck	产自澳大利亚南部和意大利北部多山的边境地区，这种火腿先用加有香草和香料的盐进行腌制，然后使用非常小的烟雾进行熏制而成	
比利时伊莱斯康火腿 elenski but	比利时干盐法腌制的火腿，使用盐腌制40天，然后风干几个月。在过去，是在农家厨房内进行风干的，所以会带有厨房内的烟熏味	

续表

名称	特点	图片
巴约纳火腿 Bayonne ham	使用干盐法腌制，再使用淡烟雾熏制，产自法国的西南部，在腌制的过程中使用葡萄酒进行腌制，使得火腿带有一股非常别致的风味	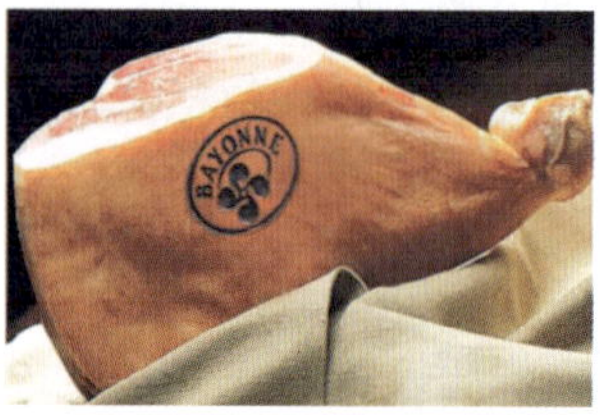
黑森林火腿 black forest ham	产自德国的黑森林地区，是使用盐、香料进行腌制之后，再使用松木采取缓慢的冷烟法熏制而成的。在食用时要切割成薄如蝉翼的片	
帕尔玛火腿 prosciutto crudo	采用干盐法腌制，产自意大利。帕尔玛火腿在意大利各地都有自己独特的风味，包括最著名的帕尔玛火腿（parma），以及弗留利出品的达尼埃莱火腿	
塞拉诺火腿 jamon serrano	产自西班牙，具有甘美的耐嚼质地，经过盐腌制之后再进行风干处理，在不同地区有不同风味，比较著名的有特鲁埃尔火腿和维尔瓦火腿等	
威斯特伐利亚火腿 westphaLar	产自德国威斯特伐利亚森林，由以橡树子为食的猪肉制作而成的火腿，这种风干型火腿使用山毛榉和杜松子进行烟熏处理	
葡萄牙烟熏火腿 presunto	烟熏火腿，用伊比利亚猪肉制作	

4．中式火腿

著名品种包括浙江金华火腿、江苏如皋火腿和云南宣威火腿三类。

（1）浙江金华火腿　浙江金华火腿又称南腿，为浙江金华的著名特产。生产中选用当地特产“两头乌”猪为原料。金华火腿表皮金黄、形同琵琶、肉色红润、香气四溢、营养价值高、鲜美，尤以色、香、味、形四绝传世，便于贮存和携带，畅销国内外，在国际上享有盛誉（图2-16）。

（2）江苏如皋火腿　如皋火腿又称北腿，始于公元1851年生产，清末先后在檀香山博览会和南洋劝业会获奖，与浙江金华火腿、云南宣威火腿并称全国三大名腿之一。色红似火、风味独特（图2-17）。

（3）云南宣威火腿　云南宣威火腿又称云腿，是云南省著名特产之一，以风味独特与浙江金华火腿、江苏如皋火腿齐名。宣威火腿形似琵琶，肉厚肥瘦适中，切开断面香气浓郁，色泽鲜艳，瘦肉呈鲜红色或玫瑰色、肥肉呈乳白色，骨头略显桃红。宣威火腿驰名中外（图2-18）。

图2-16　金华火腿

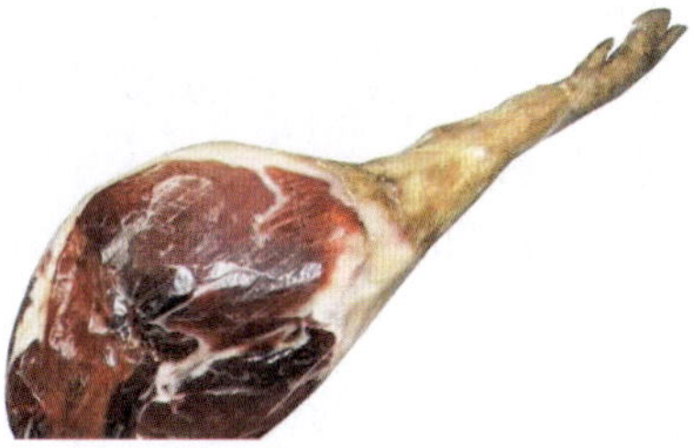

图2-17　如皋火腿

图2-18　宣威火腿

5．肉松和肉干

肉松和肉干都是脱水肉制品，脱水产品是将鲜肉调味或煮熟调味后，脱去其中的水分而制成的肉制品。脱水肉制品在中国具有悠久的生产历史，这类制品由于原料和产地不同，产品风味多样，其中常见的有：各种肉松、肉脯、肉干、干制烤牛肉、干蹄筋等。

肉松是将鲜肉的肌肉部分经高温煮透、撇油、收汤浓缩、焙煎炒干脱水制成的絮绒状干肉制品。常加入适量豆粉填料及着色剂（常用红槽）。肉松的种类较多，除猪肉外，牛、羊、鸡、鱼等动物的肉也可加工肉松。中国各地均有生产，著名的有太仓肉松、福建肉松、广东汕头肉松、四川肉松等。肉松入馔，除直接供作小菜食用外，可用作宴席冷盘，或作为花色冷盘的垫衬料、围边料、组拼料，也可作热菜的瓤馅料。

肉干是用新鲜瘦肉切碎，加入配料和调料，经烹煮烘烤而成的肉制品。制肉干的原料以新鲜瘦肉为好，尤以前后腿部瘦肉更佳。将原料剥皮剔骨、除去脂肪和筋腱等，留下纯瘦肉利用。肉干味道香鲜，咀嚼后回味悠长，可作筵席上的冷菜，也可作佐酒的小菜。

6．香肠

香肠是以新鲜肉为主要原料，经过切碎调味、灌肠、晾晒、烤熏、蒸煮等工序制成的肉制品。香肠按照生产风味分为中式香肠、西式香肠。中式香肠和西式香肠在原料、调味及加工方法上都不同，中式香肠多为生食制品，西式香肠多已煮熟。

（1）中式灌肠　中式灌肠指香肠，是指以肉类为主要原料，经绞馅、调味、灌肠、晾晒而成的肉制品。香肠是我国肉类制品中品种最多的传统风味产品。传统香肠腌制时间不长，但要较长时间晾挂，使肉中蛋白质和脂肪在适宜的温度、湿度条件下与微生物作用下自然发酵分解产生独特风味物质。香肠有生、熟两种，以生制品为多，生香肠低温干燥保存可存放3～6个月。香肠按馅料不同可分为猪肉香肠、牛肉香肠、鸡肉香肠、兔肉香肠、鱼肉香肠、鸭肝香肠等。按品味分主要有广味香肠和川味香肠。

①哈尔滨正阳楼风干香肠：哈尔滨正阳楼风干香肠调味料具有独特配方，调料采用砂仁、紫蔻、企边桂等名贵药料，具有滋味清香，肥而不腻，瘦而不韧的特点。

②广东香肠：广东香肠属于广东风味小吃，采用猪瘦肉、猪肥肉、精盐、白糖、白酒、白酱油、硝酸钠等按定比例加工，通过晾晒，烘烤后而成，有色泽鲜艳，红白分明，表面干燥，每条香肠长短相似，粗细均匀，肥瘦肉比例适宜，有特殊香味等特点（图2-19）。

（2）西式灌肠　西式灌肠是用猪肉、牛肉等经绞馅，加淀粉和调味料腌制，灌入肠衣中，经烘干、蒸煮、烟熏等工序制成的风味制品。西式灌肠最早产自欧洲，后传到世界各地。我国目前生产的西式灌肠结合了我国人民喜爱的口味加以改良。主要品种有秋林里道斯红肠、火腿肠、粉肠、色拉米香肠等。

①秋林里道斯红肠：原产于东欧，采用猪、牛精肉为馅料，添加各种香辛料腌制，最终灌肠，再经烧烤、蒸煮、烟熏等传统工艺精制而成。成品尝起来有烟熏芳香气味，肠体结构紧密，切面光滑细腻，是欧式传统产品的代表（图2-20）。

②火腿肠：火腿肠是日常生活中食用最多的肉类食品，是以畜、禽肉为主要原料，加入填充剂、调味品、香辛料、品质改良剂、护色剂、保水剂、防腐剂等物质，经过腌制、乳化、高温蒸煮等工艺制成的。肉质细嫩爽口、携带食用简单，保质期可长达一年。

③粉肠：粉肠是中国广东和香港的一种食品，吃下去有些粉状的口感，而形状则像肠一样，因而得名（图2-21）。粉肠是用猪肥瘦肉、淀粉为主料，经绞馅、斩拌、加入芝麻香油及各种香辛料灌入肠衣，经煮制熏烤而成。具有香味宜人，入口松嫩，香而不腻的特色。

图2-19　广东香肠

图2-20　秋林里道斯红肠

图2-21　粉肠

④小红肠：小红肠又称热狗肠，是美国最普通的一种食品（图2-22）。它以羊肠做肠衣，肠体细小，形似手指、稍弯曲，长12～14厘米，外观为红色，肉质呈乳白色，鲜嫩细腻，味香可口。

⑤大红肠：大红肠是欧洲人主要佐餐之一，因西欧人常在吃茶点时食用，又称茶肠（图2-23）。制作时除选用牛肉与猪肉外，还添加猪脂肪丁，采用牛拐头做肠衣，形体粗大，肠体较松嫩，口感不腻，是典型的欧式产品。

⑥色拉米香肠：色拉米香肠是意大利风味的西式肉制品，以猪的通脊肉和牛的黄瓜条肉为原料，切碎后入香辛料、发酵剂，在恒温恒湿的条件下，发酵4个月而成（图2-24）。色拉米香肠鲜嫩略带辣味。

图2-22 小红肠

图2-23 大红肠

图2-24 色拉米香肠

任务三 掌握畜肉制品的食用安全与采购标准、品质鉴别

一、畜肉制品的食用安全

目前我国畜肉及其制品食品安全问题主要集中在抗生素的滥用、重金属污染和微生物污染方面。

1. 畜肉及其制品中的兽药残留问题

畜肉及其制品的首要污染主要集中在抗生素类、激素类、驱虫药类。食品中兽药残留高达120种。超剂量长期不合理使用抗生素，不仅产生耐药性菌株，还会造成动物免疫损害、肾脏功能受损等中毒现象，更严重的会导致畜产品中兽药长期残留，通过食物链作用进而危害食用人体健康。常见激素类滥用药物包括瘦肉精、β-激动剂等。因对人体健康危害过大，瘦肉精类目前在全球遭到禁用。

2. 畜肉及其制品中的重金属污染问题

畜禽肉的内脏中经常检出铅、镉、砷等重金属超标的现象。主要包括镉、铅、汞、铬、砷、镉共五种。这些重金属通过食物链富集作用在人体内蓄积在肾和肝中，影响骨骼形成，引发骨质疏松、萎缩、变形。铅累积在肝、肾、脑，严重危害中枢神经系统和造血系统，可明显致癌。

3．畜肉及其制品的微生物污染问题

畜肉制品如红烧肉、酱排骨、卤味烧腊由于其蛋白质、脂肪等营养丰富，特别易受致病菌尤其是肠道菌群污染，因此大肠菌群和菌落总数是畜类食品在生产过程中是否符合卫生食品安全要求的重要指标。

4．畜禽肉食品添加剂超标问题

畜肉制品在加工过程中会使用食品添加剂。比如合成着色剂包括：胭脂红、苋菜红、柠檬黄、日落黄等；防腐剂包括：苯甲酸、山梨酸、亚硝酸盐等；甜味剂包括：甜蜜素、糖精钠、安赛蜜等；调味剂等在加工过程如果不按照国家食品添加剂使用的要求规范使用，就会造成熟肉制品添加剂污染。人体如果长期过量摄入超标食品添加剂可能会对肝肾功能造成损害。

5．牛、羊肉掺假问题

牛羊肉掺假主要表现在羊肉卷中掺入鸭或狐狸肉、“酱牛肉”使用猪肉原料、劣质生猪肉经过化学组用仿制加工成牛肉进行销售、用病害猪肉为原料加工成羊肉卷销售，这些做法严重损害了消费者健康。畜禽类原料应选用优质、符合食品安全卫生的原料，创立餐饮诚信品牌。

二、畜肉及其制品采购标准和品质鉴别

1．感官鉴别与检验标准

畜肉的腐败变质是一个非常复杂的物理和化学变化。同时受到多种条件限制，因此准确判定腐败的界限是很有难度的，尤其判定初期腐败更是复杂。一般利用人体感官判断畜禽肉的品质变化，包括利用视、闻、触、味、听五感评定畜肉新鲜度，包括色泽、黏度、弹性、气味、肉汤等指标。

肉在腐败变质时，由于脂肪和蛋白质等营养物质分解，首先使肉品的感官性状发生令人难以接受的变化，如恶劣的臭味、异常的颜色、产生的黏液等。因此借助人的感官来鉴定肉的卫生质量、简便易行，具有一定的实用意义。猪肉、牛肉、羊肉、兔肉的感官指标见表2-16、表2-17。

表 2-16　猪肉的感官指标

项目	鲜猪肉	冻猪肉
色泽	肌肉有光泽，红色均匀，脂肪洁白	肌肉有光泽，红色或稍暗，脂肪白色
组织状态	纤维清晰，有坚韧性，指压后凹陷立即恢复	肉质紧密，有坚韧性，解冻后指压凹陷恢复较慢
黏度	外表湿润，不粘手	外表湿润，切面有渗出液，不粘手
气味	具有鲜猪肉固有的气味，无异味	解冻后具有鲜猪肉固有的气味，无异味
煮沸后肉汤	澄清透明，脂肪团聚于表面	澄清透明或稍有混浊，脂肪团聚于表面

表 2-17　牛肉、羊肉、兔肉的感官指标

项目	鲜牛肉、羊肉、兔肉	冻牛肉、羊肉、兔肉
色泽	肌肉有光泽，红色均匀，脂肪洁白或微黄色	肌肉有光泽，红色或稍暗，脂肪洁白或微黄色
组织状态	状态纤维清晰，有坚韧性	肉质紧密，坚实
黏度	外表微干或湿润，不粘手，切面湿润	外表湿润，切面有渗出液，不粘手
气味	具有鲜牛肉、羊肉、兔肉固有的气味，无臭味，无异味	解冻后具有牛肉、羊肉、兔肉固有的气味，无臭味
煮沸后肉汤	澄清透明，脂肪团聚于表面，具有香味	澄清透明或稍有混浊，脂肪团聚于表面，具有独特味
弹性	指压后凹陷立即恢复	解冻后指压凹陷恢复慢

2．品质鉴别

（1）注水猪肉的品质鉴别　猪肉注水，不耐贮存，容易腐败变质、味道和营养也会受到影响。猪肉注水太多时，水会从瘦肉上往下滴，肌肉缺乏光泽，表面有水淋淋的亮光；瘦肉组织松弛，颜色较淡，呈淡灰红色；手触摸、按压、弹性差、有水流出也无黏性。注水后的猪肉，刀切而有水顺刀面渗出，也无黏性。割下一块瘦肉，放在盘中。稍待片刻，就有水流出来。用卫生纸或吸水纸贴在肉上，待纸湿后揭下，用火点燃，若不能燃烧，则说明注了水。若是冻肉，肌肉间有残留的碎冰，解冻后营养流失严重，猪肉品质下降，见图2-25。

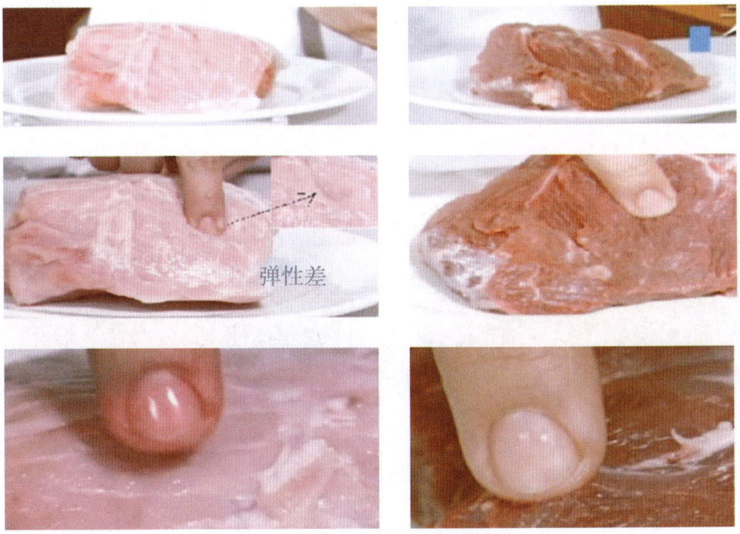

图2-25　注水猪肉的鉴别

（2）注水牛肉的品质鉴别　正常新鲜的牛肉肌肉颜色呈深红、脂肪洁白或牛奶白色；外表干燥富有油脂滋润感，用手触摸弹性好，有油油的黏性；指按压痕迹能迅速回弹；具有鲜牛肉的正常气味。而注水牛的肌纤维切面水润且有较强的反射光，肌纤维明显变粗，肉色

由深红变为浅红，用手指触压按痕不回弹，从刀切口处可渗出粉红色的水样液体，用手触摸无黏性，若用厨房纸巾贴在肌肉表面，纸张迅速吸水，而无注水牛肉不会沾湿纸巾。若将注水肉放在一个容器中，很快会渗出血水，见图2-26。

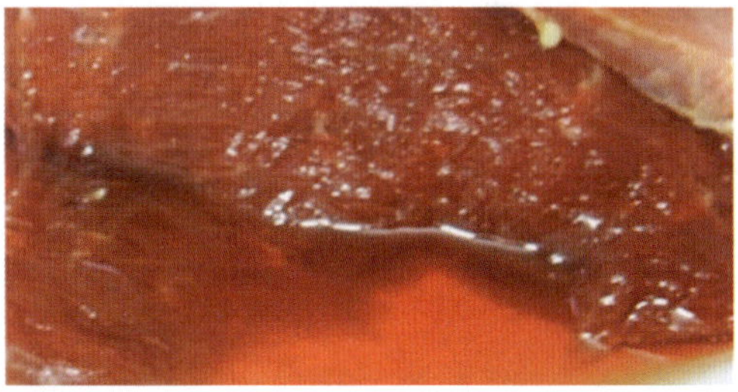

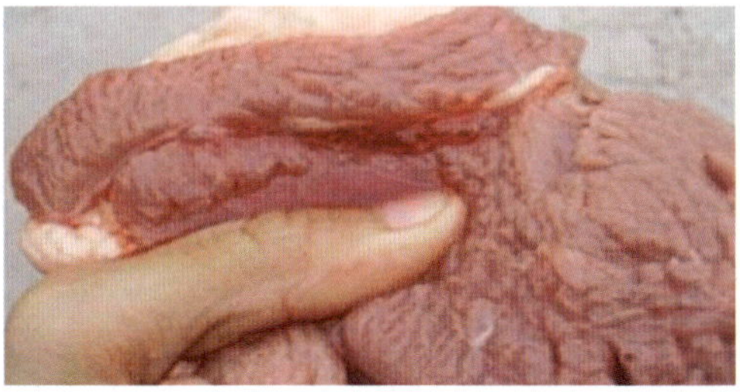

图2-26 注水牛肉的鉴别

（3）瘦肉精猪肉的感官鉴别

瘦肉精耐高温，化学性质稳定，只有在172℃以上的温度下才会分解。人在吃了烧制成熟的猪肝、猪肺后，依然会立即出现恶心、头晕、肌肉战栗、心悸等神经中枢中毒失控的现象，尤其是高血压、心脏病、糖尿病、甲亢、前列腺肥大等患者反应更厉害。鉴别猪肉是否经过“瘦肉精”喂食的方法有：①观察猪肉表皮下脂肪层状态，如果脂肪层厚度不足1厘米，瘦肉层与脂肪层之间有黄色不明液体流出，说明该猪肉存在用“瘦肉精”喂食的情况；②含有“瘦肉精”的瘦肉外观颜色鲜红，猪体后臀较大，肌纤维比较松散，缺少结缔组织，有少量液体渗出肉质表面，肥膘非常少，肥肉和瘦肉有明显的分层，而一般健康的瘦猪肉是淡红色，肉质弹性好，肉表面上没有液体流出；③一般含瘦肉精的猪肉，切成二三指宽的猪肉比较软，不能立于案。购买时一定要看清该猪肉是否加盖有检验检疫印章，见图2-27。

健康的猪肉

“瘦肉精”猪肉

图2-27 瘦肉精鉴别

实践活动

不同部位的牛排的辨别

实践目的：

掌握不同部位的牛排性状，能够进行鉴别，了解烹饪应用。

实践内容：

课前预习牛排主要分部位划分。

查询资料，了解不同牛排的烹饪特点、烹饪应用。

完成牛排新鲜度的感官鉴别。

课上进行不同牛排鉴别，完成实训报告。

实践考核与反思：

牛排鉴别记录表

牛排名称	来自部位	鉴别描述	烹饪应用	实践得分
肋眼牛排	肋脊部			
菲力牛排	前腰脊部			
沙朗牛排	后腰脊部			
T骨牛排	后脊部			

延展阅读

海南的特色畜类——东山羊、临高猪

一、东山羊

海南万宁市东山羊，获得全国农产品地理标志标识称号。该地地处热带季风地带，气候温暖、昼夜温差小、平均温度高。年平均气温24℃，此温度适宜东山羊饲养。东山羊体型中等匀称，头部大小适中，角呈外八字型，面部扁平额小且凸起，颈部修长，眼神凌厉，反应机敏，背部平直，前胸宽厚，腰部线条流畅，四蹄结实肌肉发达，毛色黑亮无杂色。东山羊肉质呈光泽红色，致密有咬头，皮薄呈灰白色，脂肪呈淡白色，具有新鲜羊肉特有的滋气味，无膻味。经烹饪后，肉嫩滑、汤呈白色，肉质肥瘦相宜，味道鲜美。

经检测，万宁东山羊水分含量为70%左右，蛋白质含量较高可达20%，脂肪含量较低不超过5%，呈味氨基酸和含氮化合物中的谷氨酸含量为3.12%～3.18%，天冬氨酸含量为1.95%～2.11%，苯丙氨酸含量为0.79%～0.89%，丙氨酸含量为1.22%～1.30%，甘氨酸含量为0.81%～0.91%，酪氨酸含量为0.72%～0.76%，因此肉质特别鲜美。微量元素钙含量为

35.6～36.5毫克/千克，铁含量为8.39～9.61毫克/千克，锌含量为21.7～47.9毫克/千克，硒含量为0.0576～0.08毫克/千克，磷含量为180～192毫克/100克。

二、临高猪

临高乳猪，传统名肴，属于海南菜。它以皮脆、肉细、骨酥、味香而闻名，以烧烤最佳。临高猪是海南三大原生猪种（另有文昌猪、屯昌猪）之一，因产地于海南北部的临高县，故名。临高猪品质佳，所产临高乳猪是海南著名特产，具有皮薄、骨细、瘦肉多、脂肪少等特点。临高乳猪用炭火整只穿好烧烤，皮脆、骨酥、肉香，风味独特。临高乳猪有很多做法，主要做法包括：蒸、烤、焖等手法。蒸乳猪，一般采用4斤左右的猪幼仔，破脊压平，让猪皮紧贴在处理桌子表面，用利刃尖刀在肉上“划花刀”，不能划过深，平均1厘米左右，这样可以使调料更好渗进肉里入味。调料腌制是蒸乳猪主要的一道工序，先按配方调配好盐、白糖、姜蒜蓉、红南乳和五香料，用适量红酒搅拌成糊状，涂抹在乳猪肉的内部和外部，腌制10分钟。用清水洗净猪皮，将猪平放于蒸笼之上隔水进行蒸煮，一般蒸制60分钟左右。这样蒸制的乳猪嫩滑酥脆，味道醇香。以烧烤的方式烹饪为最佳。临高烤乳猪要严格筛选猪的重量，一般以重量12斤左右为最佳。师傅将屠宰好的乳猪延脊柱剖开、去碎骨，用作料腌制后，然后放在炭火之上用文火烘烤。要不停地来回翻动，还要不断往猪身上涂抹花生油，这样可以使烧烤出来的乳猪皮脆而不起泡，增加色泽又提味，吃一口满口余香，令人回味无穷。

项目三　禽类原料

案例导入

常先生是一位刚从烹饪工艺与营养专业毕业的高职应届学生。他在校表现十分优异，应聘到一家国际酒店中厨做烧腊岗位工作。很快常先生通过三个月试用期正式成为烧腊岗位厨师，独立上岗操作。第一周开餐，小常就接到两个顾客投诉，称其所做酱香鸭火候太短，骨肉相连，老年人咬不动。又过一周，还有顾客投诉白斩鸡蘸料过咸，不利于儿童食用。

案例分析

出现投诉的基本原因：

烧腊菜品的风味加盐过量；

烧腊加热时间过短。

原因分析

常先生虽然在校表现优异，烹饪技术过硬，但没有岗位工作经验，对于加工规格和加热时间，以及按标准菜谱进行调味，都要进行相关培训，并按要求进行操作。避免由于任意改变加热时间或者调味盐加入过量而引起投诉。烤鸭材料选择尽量避免选择饲养时间过长，肉质过老的成年鸭。

任务一　了解禽类原料的分类、特点及市场情况

一、禽类原料的分类

禽类原料指家禽的肉、蛋、副产品及其制品的总称。我国常用家禽一般是指鸡、鸭、鹅等。一般按照用途和产地分类。常用方法是按用途分，可分为肉用型、卵用型、兼用型。

1．肉用型

肉用型家禽主要产肉用来食用。体形相对较大，肌肉发达，尤其是前胸肉和大腿肉。肉用型家禽类一般体宽身短，外形方圆，行动缓慢，成熟较晚，性情温顺。鸡类代表品种有九斤黄、狼山鸡、洛岛红鸡、白洛克鸡等；鸭类代表品种有北京鸭、建昌鸭等（图2–28）；鹅类代表品种有中国鹅、狮头鹅等。

2．卵用型

卵用型家禽以产蛋为主要食用。一般体形相对较小，活泼好动，成熟很早，产蛋量多（图2–29），主要品种有来航鸡、仙居鸡、金定鸭、绍鸭、烟台五龙鹅等。

3．兼用型

兼用型家禽体形介于肉用型与卵用型之间，兼具两者共同优点，主要品种有浦东鸡、寿光鸡、娄门鸭、高邮鸭、白洋淀鸭、太湖鹅等（图2–30）。

图2–28 鸭

图2–29 卵用型鸡

图2–30 兼用型鸡

二、禽类原料的特点

家禽肉的组织结构与家畜肉的组织结构基本相同，家禽的结缔组织较少，肌肉组织纤维较细，脂肪比家畜肉脂肪熔点低，易消化，并且较均匀地分布在全身组织中。家禽肉含水量较高，所以家禽肉较家畜肉细嫩，滋味鲜美（图2–31）。

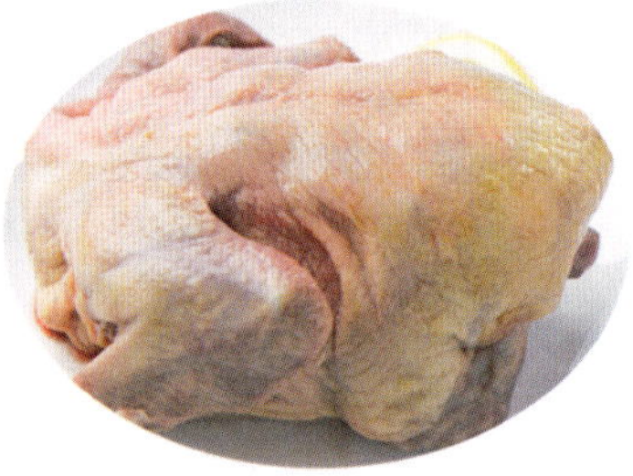

图2–31 禽肉

家禽肉的组织与家畜肉一样，从烹饪加工及可利用的程度来看，包括肌肉组织、结缔组织、脂肪组织和骨骼组织。这4种组织相对比例的不同决定了家禽肉品质和风味的差异。其组织比例根据家禽的种类、品种、性别、年龄、饲养状况、身体部位不同而不同。

（1）肌肉组织　家禽类肌肉组织的基本组成单位是肌纤维，其结构与家畜类肌肉组织的结构基本相同。但家禽肌纤维比家畜肉细，家禽类肌纤维的粗细与家禽的种类、品种、性别、年龄、部位、饲养状况有关。禽肉的食用品质特点如下：

①禽肉的颜色：肉的颜色与畜肉一样，色泽的好坏直接关系到食欲和商品价值，色泽决定着消费者在购买禽肉时对新鲜程度的认知。主要分为两种：红肌和白肌，白肌主要为浅色

或白色的禽肉；红肌主要为颜色有些发红的禽肉。红肌的红色主要因为含有比较多的肌红蛋白，血管丰富。白肌主要因为肌肉中肌纤维的肌红蛋白含量较少，血管分布少，肌纤维较粗。不同的禽或同一种禽的不同部位，红肌与白肌的分布不同。

②禽肉的风味：禽肉中含有大量的含氮化合物和短链多肽，肌酸和肌酐含量丰富，因此具有独特的香味和鲜味。同一种类的禽类会随年龄的改变而导致所含的浸出物含量不同，幼禽所含浸出物比老禽少，公禽所含浸出物比母禽少，所以老禽适宜蒸炖，而幼禽适合爆炒。

③禽肉的嫩度：禽肉的嫩度是消费者最重视的肉质品质，它决定了禽肉在食用时的口感，是反映禽肉质量最重要的标识。一般老龄家禽肌纤维很粗发柴，公禽比母禽肌纤维更粗；水禽的肌纤维比陆养家禽的还要粗；同一禽类不同部位的肌纤维粗细也不同，运动量剧烈的部位肌纤维要比少运动的地方更粗。

④禽肉的保水性：一般禽肉的保水性要比畜肉差，这对禽肉菜肴的烹饪品质有较大影响。例如，禽前胸脯肉肌间脂肪少，在烹饪加热时，禽肉蛋白质受热收缩，细胞间水分蒸发，肉汁水分流失，就会使菜肴的质感变老。所以在烹饪禽肉时要注意烹饪技法的选择，如控制烹饪温度，或通过腌渍、上浆、挂糊等前处理，增加禽肉的保水性，保证菜肴的品质。

（2）脂肪组织　家禽类的脂肪组织在肌肉中分布极其均匀，并且家禽类脂肪中含有很多亚油酸，熔点低，这两点都直接影响家禽肉的嫩度。脂肪在皮下沉积使皮肤呈现一定颜色，沉积多的呈微红色或黄色；沉积少的则呈淡红色。

（3）结缔组织　家禽肉中结缔组织的含量总的来讲比家畜肉少，而且家禽肉中结缔组织较柔软。结缔组织的含量与家禽肉的嫩度有关，幼禽肌纤维较丰满，肌膜较薄，结缔组织较少，故肉质较细嫩。

（4）骨骼组织　家禽类的骨骼分长骨、短骨和扁平骨，轻而坚固。除长骨内充满骨髓外，短骨和偏平骨中空。

三、禽类原料的市场情况

我国家禽养殖业近年来向工厂化、有机化方向发展。家禽养殖产业链上游主要为禽类育种、饲料生产、疫苗生产等，下游主要为屠宰加工、消费零售、终端食用等。

近年来，我国家禽产品零售价格持续上涨，家禽养殖呈正向发展，我国家禽养殖规模不断扩大。2019年全国家禽出栏146.41亿只，比2018年上涨11.9%，增长15亿只；全国家禽存栏高达65亿只，同比增长8.0%。禽肉和禽蛋是我国城乡居民蛋白质滋补的主要来源。禽肉消费已取代牛肉成为世界上第二大消费肉类，由于禽肉饲养成本低于其他肉类，消费者也普遍认同禽肉是一种食用安全的肉类，因此禽肉消费量不断增加。2019年，我国禽肉产量达2000万吨，同比增长12%。中国禽蛋及禽肉贸易消费已占有世界禽肉贸易的重要地位。近年来，我国禽及其制品贸易量稳定增长。

任务二　掌握禽类原料的品质鉴别与贮藏

一、禽类原料的品质鉴别

家禽肉的品质好坏，主要取决于家禽的品种，而品种确定后，则主要是以肉的新鲜度来确定。新鲜的家禽嘴部呈温润光泽，并且干燥有弹性，眼球明亮有神占满整个眼窝，角膜有光泽；皮肤为淡色，皮肤表面干燥，具有独特气味；脂肪为淡白色，或淡黄色，无异味；肌肉纤维结实有弹性，鸡肉为淡红色，胸肌呈白色或的淡粉色。火鸡腿肉呈深灰色，胸肌呈淡白色。鸭、鹅肉为红色，肌肉稍湿不黏，有特有香味；制成肉汤，透明芳香，汤表面有大的脂肪滴。家禽在不同的生长阶段，其肉质的老嫩程度有较大的差别，烹调时应根据菜肴的要求进行选择。

二、禽肉的贮藏

储存禽肉最常用的方法是低温保藏法。因为低温能抑制酶的活性和微生物的生长、繁殖，可以较长时间保持禽体的组织结构状态。在保藏前应注意要去尽光禽的内脏，如果是冻禽，应立即冷藏。

1．冷却保藏

光禽和禽肉如能在一星期内用完，可在冷却状态下保存。如鸡肉，在温度为0℃，相对湿度85%～90%的条件下，可保藏7～11天。

2．冻结保藏

宰杀后成批的光禽或禽肉，如果需要保藏较长时间，必须要进行冻结保藏。即先在-30～-20℃，相对湿度85%～90%的条件下冷冻24～48小时，然后在-20～-15℃、相对湿度90%的环境下冷藏保存。一些资料表明：在-4℃时禽肉可保存1个月左右，在-12℃时可保存6个月左右，在-18℃时可保存8～10个月，在-23℃时可保存12～15个月。当然，餐饮业不应一次进货太多而长时间保管。

三、禽肉原料的烹饪应用

1．鸡

（1）鸡的品种及特点　鸡是我国三大家禽之一。经过人类千百年来根据不同需要而特意进行的繁育，如今家鸡在全世界已演变成五花八门的品类。其种类大致可分为170余种，人们饲养较多的有70余种。鸡按用途可分为肉用鸡、蛋用鸡、肉蛋兼用鸡、药食兼用鸡等。常见鸡的品种很多，经济价值较高的有十多种，现简要介绍以下几种：

①三黄鸡：易育肥，躯体大，重达4.5千克，肉质肥嫩，柔软，肉色微黄，体内脂肪较多。外貌多为黄羽、黄嘴、黄爪，故又称“三黄鸡”。

②狼山鸡：原产江苏南通、马塘、石港、岔河、拼茶等地。该鸡毛色以黑色为主，兼有白色且带有翠绿色光泽，骨骼细小，胸部肌肉发达，肉质嫩脂肪积体内，且在肌肉中分布均匀，为世界著名的肉用鸡种。

③寿光鸡：因产于山东省寿光市而得名，是优良的蛋肉兼用型鸡种。成年鸡体重在4千克左右，年产蛋100～130枚，肉质好。

④白洛克鸡：原产美国，是著名的肉用型鸡，该鸡体形椭圆，个体硕大，毛色纯白，生长快，易育肥，公鸡重5千克左右，母鸡重4千克左右。

⑤白来航鸡：全身羽毛白色，冠大鲜红，年平均产蛋量220枚以上，如果饲养情况好，可超过300枚。

（2）根据肉质老嫩度鉴别应用

①仔鸡：也称嫩鸡，指尚未到成年期的鸡。其特点是羽毛未丰，体重一般在0.5～0.75千克，胸骨软，肉、脂肪少，适宜炒、爆、炸。

②当年鸡：也称新鸡，指已到成年期，但生长时间未满一年的鸡。其特点是羽毛紧密，胸骨较软，嘴尖发软，后爪趾平，鸡冠和耳垂为红色，羽毛管软体重一般已达到各品种的最大重量，肥度适当，肉质嫩，适宜炒、爆或烧、炸、煮等。

③隔年鸡：指生长期在12个月以上的鸡。其特点是羽毛丰满，胸骨和嘴尖稍硬，后爪趾尖，鸡冠和耳垂发白，羽毛管发硬，肉质渐老，体内脂肪逐渐增加，适合烧、焖、炖等烹调方法。

④老鸡：指生长期在2年以上的鸡。其特点是羽毛一般较疏，皮发红，胸骨硬，爪、皮粗糙，鳞片状明显，趾较长，呈钩形，羽毛管硬，肉质老，但浸出物多，适宜制汤或炖焖。

（3）烹饪　鸡在烹饪中应用广泛，一般常用作主料来烹饪。肉适于切块、片、丁、丝、泥、蓉等各种类型，适宜于多种不同烹饪方法，烹饪技法有炖、烧、酱、黄焖、爆、炒、炸等，也是制汤的重要原料。口味调味多以咸鲜味道为主。可以烹饪众多菜肴，主要烹饪代表菜有川菜的宫保鸡丁，粤菜的白斩鸡、盐焗鸡，鲁菜的奶汤鸡脯和德州扒鸡、油爆鸡丁，淮扬菜的清炖狼山鸡、叫花鸡，云南的气锅鸡，江西的三杯鸡，琼菜的白切鸡等。在中西式面点中可作馅心，也可制成卤，如鸡丝面等。鸡的内脏也可用来烹饪。烹饪部位主要为鸡胗，搭配猪肚头，如名菜油爆双脆、汤爆双脆等。鸡心是中药常见的调阴滋补食疗主要材料，因鸡心的形状、大小、颜色与其颇为相似之故。以此制作的菜肴有孔府菜烧安南子。鸡翅可制作黄焖凤翅；鸡爪可制作酱凤爪等菜肴，是粤菜、湘菜的主要代表；鸡血也可入菜，代表菜有酸辣鸡血等。

烹饪鸡时要注意鸡肺不能食用，因鸡肺具有明显的吞噬功能，它吞噬活鸡吸入的微小灰尘颗粒，肺泡能吸纳各种进入肺部的细菌，人食用后对身体有害，并且在宰杀后仍残留未死亡细菌和部分活菌，在加热过程中如果加热不彻底就会对人造成伤害，尤其对那些嗜热病菌更不能完全杀死或去除，吃鸡时肺部要摘除。

2．鸭

（1）品种　我国良种家鸭大约有20多种，按用途可分为肉用鸭、蛋用鸭、肉蛋兼用鸭。

肉用鸭：以产肉为主，体形大，躯体宽厚，肌肉丰满，性情温顺，行动迟钝，早期生长快，容易育肥。肉质鲜美，特别是鸭脯肉和鸭腿肉，其肉质细嫩。著名品种有北京鸭、樱桃谷鸭、法国番鸭、奥白星鸭、美洲瘤头鸭等。世界著名品种为北京鸭和瘤头鸭，体重可达4千克，鸭肝是珍贵的烹饪原料。

蛋用鸭：以产蛋为主，体形较小，躯体细长，体重约2千克，羽毛紧密，行动灵活，性成熟早，产蛋量多，但蛋型小、肉质差。年产蛋250～300枚，著名品种有江苏高邮鸭、福建金定鸭、浙江绍兴鸭等。

肉蛋兼用鸭：体形介于肉用鸭和蛋用鸭之间，具有二者的优点。体重4千克左右，肉质美。母鸭年产蛋量100～140枚，蛋型大。著名品种有广东麻鸭、广西麻鸭、苏州娄门鸭、河北白洋淀鸭、福建白鸭、贵州三穗鸭、江苏海安鸭、四川建昌鸭、湖南临武鸭等。常见鸭的品种很多，仅我国就有良种鸭二十多种，现简要介绍以下几种。

北京鸭：原产北京西郊玉泉山一带，是世界著名的肉用鸭。该鸭生长快，易育肥，肉质好，脂肪多。由于人工饲养，其消化系统发达，体形大，头大颈长而粗，腿短粗，胸部丰满。成年公鸭重4千克左右，母鸭重3千克左右，是北京烤鸭的专用鸭。

娄门鸭：产于江苏苏州娄门地区，体形大，胸部丰满，质量中等，肉质细嫩而白，口味鲜美，是良好的肉蛋兼用型鸭。

建昌鸭：产于四川西昌一带，蛋肉兼用型。该鸭生长快，体形大，成熟早，肝肥大，肉肥而不腻，香味浓郁。

高邮鸭：较大型蛋肉兼用型麻鸭品种，主要产区是江苏高邮兴化一带，分布于江苏北部京杭运河沿岸的里下河地区，以多产双黄蛋著称。高邮鸭体形高大，瘦肉率高，为南京板鸭、南京盐水鸭的主要原料。所产鸭蛋个体较大，蛋壳多为白色，年产蛋量200枚左右。

番鸭：又称瘤头鸭、洋鸭，原产于中美洲和南美洲热带地区，现在福建、广东等地已大规模养殖。番鸭与家鸭体形不同，番鸭体形前尖后窄呈长椭圆形，头大，颈短，嘴短，胸部宽阔丰满，尾部瘦长，没有类似家鸭肥大的臀部，嘴的基部和眼睛四周有红色或黑色的肉瘤，所以有的地区称为瘤头鸭。番鸭的羽毛分为白色、黑色和黑白混色3种。

绍兴鸭：又称绍兴麻鸭、浙江麻鸭，因原产地位于浙江绍兴而得名，是我国优良的蛋鸭品种，也是麻鸭中首屈一指的代表。浙江、上海以及江苏太湖周边地区是主要产区，现在江西、福建、湖南、广东等诸多省份均有分布。绍兴鸭体小身狭、臀大、颈细长，颈中部有一白环，每只鸭年产蛋量300枚左右。

（2）鸭肉的品质特点及烹饪应用

新鸭和老鸭的鉴别：新鸭翼簪已通，脚有枕，喉管软而翼有天蓝色的光泽。老鸭较重，嘴上花斑多，喉管坚挺，胸部底骨发硬，羽毛色泽暗污。

鸭常用的烹饪方法有烤、蒸等，且以整只鸭制作为多，在中西式宴席中作为主菜烹饪主要代表名菜有：三套鸭子、虫草鸭子、樟茶鸭子、神仙鸭子、芙蓉鸭子以及闻名世界的北京烤鸭。鸭的内脏肝胗心舌血等都可作为主料进行烹饪。比较有代表的菜肴有：质地脆韧的鸭胗制作的油爆菊花胗、细嫩鸭肝制作的黄焖鸭肝、嫩脆鸭掌制作的白扒鸭掌、火爆鸭心、烩鸭胰等，还有以烤鸭为主菜制作的全鸭席，肥鸭也是制汤的重要原料。

3．鹅

（1）鹅的品种及特点　鹅的种类很多，按体形分为大、中、小3种；按外形特征分为白鹅、灰鹅、狮头鹅、伊犁鹅；按用途分为肉用鹅、蛋用鹅、肉蛋兼用鹅。

肉用鹅：以产肉为主，头较大，前额有一个很大的肉瘤，体长，胸部发达，躯体宽而长，尾短向上，发育迅速，肉质鲜美，毛色有白色和灰色两种。成年鹅体重5千克左右，年产蛋量60～70枚。著名品种有广东狮头鹅、东北中国鹅。

蛋用鹅：以产蛋为主，体前端有圆而光滑的肉瘤，背扁平，躯体似长方形，两腿粗短。母鹅腹部有褶皱。年产蛋量120枚左右，蛋壳白色。著名品种有烟台五龙鹅。

肉蛋兼用鹅：全身羽毛雪白，体质强健结实，外貌酷似天鹅；头较大，肉瘤圆而光滑无褶皱，颈长，弯曲呈弓形；胸部发达，腿较高，尾向上。属小型鹅。成年鹅体重4千克左右。成年期为7～8个月。年产蛋量60～70枚，著名品种有苏州太湖鹅。

鹅的品种很多，著名品种还有清远鹅、溆浦鹅、武冈铜鹅、奉化鹅、香山白鹅、永康灰鹅、兴国灰鹅，引进品种有德国莱茵鹅、法国朗德鹅等。

狮头鹅：原产自广东潮汕饶平县，属大体型鹅。鹅头大眼睛小，鹅的表皮松弛，公鹅脸部长有很多深色的瘤，并随年龄增长而增大，因此像狮子头而得名。此鹅生长周期短，一般出栏只要60天，体型增长快、性成熟早、鹅肉质鲜嫩、毛洁白，胸肋发达，臀部丰满，净肉率比奉化鹅高；此鹅体形高大，骨软肉鲜（图2–32）。

溆浦鹅：肉用鹅，主要产于湖南溆浦县，是中国最大的白鹅种，有“全国白鹅之冠”的美称。溆浦鹅体形高大，以白鹅居多，背部、颈部、尾部为灰褐色，腹部白色，溆浦鹅体重一般在10千克左右（图2–33）。

中国鹅：原产中国东北，以产蛋量高著称，是著名的蛋用型鹅种，目前世界各地均有养殖。中国鹅胸部发达，颈长，前额有一大肉瘤，按毛色分可分为白色和灰色，但以白色居多。体形较小，公鹅体重6千克左右，母鹅5千克左右，母鹅年产蛋量60枚左右（图2–34）。

太湖鹅：肉蛋兼用型鹅，主要产区在江苏苏州、无锡等地，羽毛纯白色，嘴、脚蹼均为亮红色。太湖鹅体态高昂，体格强健，肉质优良，产蛋量较多，是苏州名菜——糟鹅的主要原料（图2–35）。

图2–32　狮头鹅

图2–33　溆浦鹅

图2–34　中国鹅

图2–35　太湖鹅

（2）鹅肉的品质特点及烹饪应用　鹅与鸡鸭相比肉质较粗，且有腥味，作为烹饪原料其应用不如鸡鸭广泛。知名菜肴包括广东菜烤鹅、苏州菜糟鹅、扬州菜盐水鹅等。鹅的内脏如肠、肝、舌、血等均可用来制作菜肴，如椒麻鹅舌、酱鹅、卤鹅肠等，特别是鹅肝（育肥的鹅肝），国际市场上的珍品肥鹅肝呈姜黄色，质地细嫩，营养丰富，味道鲜美。一个肥鹅肝质量可达0.35～0.5千克。

4．禽肉制品

禽肉制品是以鲜、冻禽为主要原料，运用物理或化学的方法，配以适当的辅料和添加剂，对禽肉原料进行工艺处理最终所得的产品。我国禽肉制品生产工艺历史悠久，大都以整鸡加工制品为主，特产品众多，如安徽符离集烧鸡、辽宁沟帮子熏鸡、河南道口烧鸡、山东德州扒鸡、常熟叫花鸡、长沙油淋鸡等。20世纪80年代以来，我国肉类科研机构和养殖企业开始注重禽肉制品新工艺、新产品、新设备的研究，相继推出了鸡肉火腿肠、鸡肉松、鸡肉串等；目前市场上的禽肉制品品种少，人们食用以鲜、活家禽为主。

①腌腊制品：将生禽肉用盐和硝经过一定时间的腌渍和修整而制成的一种腌制品，如板鸭、咸鸭、风鸡、腊鸡、风鹅等。该类产品属于生制品，需进一步熟制后才能食用。

②酱卤制品：将生禽肉和各种配料一同放入锅内烧煮而制成的熟肉制品，其中有酱烧、酱汁、盐水煮、卤等工艺，制品如酱鸭、卤鸡、盐水鸭等。

③烧烤制品：将禽肉生制品经过加工整理，加入各种配料后用烤炉制成，成品外焦里嫩，别具风味，如广东的烤鹅、烤鸡翅等。

④熏煮肠类制品：将禽肉生制品腌制后绞碎，加入各种调料和淀粉拌匀，灌入天然肠衣或人造肠衣中，经过烘烤、烟熏、干燥等工序制成的熟肉制品，一般需低温保存，如烤鸡肠等。此外，还有油炸制品，如炸鸡；熟干制品，如鸡松；糟醉制品，糟鹅、醉鸡等。加工后大多数禽肉制品成为可直接食用的方便食品，作为烹饪原料使用的主要是生制品。

风鸡：是将健康鲜活的鸡宰杀后取出内脏，腌制、风干加工成的制品，所以别名风干鸡。风鸡是中国特产，具有独特的风味。著名品种有成都毛风鸡、河南风鸡、湖南风鸡、云南风鸡等。风鸡的品质以膘肥肉满，羽毛整洁、有光泽，肉有弹性、无霉变虫蛀、无异味者为佳。一般选用一年左右的肥公鸡，在农历小雪以后加工，此时气候干燥，微生物不易侵袭。制品有特殊的香味。便于贮存、携带，烹制方便，一般可保存6个月。

烧鸡：为酱卤制品，我国产地较多，以江苏古沛郭家烧鸡、安徽符离集烧鸡、河南道口烧鸡最为著名。原料多选用生长半年至两年、重为1千克左右的嫩雏鸡和肥母鸡。

熏鸡：是指经过食品五味五香等气味熏制而成的鸡。以哈尔滨熏鸡和辽宁的沟帮子熏鸡最多。鸡所用的材料是全鸡，熏鸡与烤鸡的区别在于传统的烤鸡在烧烤时大部分与烧烤道具是直接接触的，容易导致鸡肉受热不均匀。而熏鸡则没有这种情况，并且保证鸡肉原生态的气味不外露。

板鸭也称腊鸭，是以活鸭为原料，经宰杀、煺毛、去内脏、擦盐腌制、复卤、晾挂等一系列工序加工而制成的咸鸭。著名品种有南京板鸭、福建板鸭、四川板鸭、江西南安板鸭、西昌板鸭等。

烤鸭家族中最辉煌的是全聚德，它确立了烤鸭家族的北京美食形象大使的地位。北京烤鸭料是北京鸭，它是一种优质的肉食鸭。北京烤鸭有挂炉烤鸭和焖炉烤鸭两大流派。全聚德采用的是挂炉烤法。

南京盐水鸭：与南京板鸭齐名。它是用当年仔鸭，经宰、去内脏，加花椒和盐腌制，用清卤浸渍、小火焐制等工序制作而成。特点是外白里红，肥嫩鲜香，清淡爽口，风味甚佳。

广东烤鹅是广东著名的烤制品，特点是色泽鲜红，皮脆肉香，脂肥肉满，味美适口。

任务三　两栖类、爬行类和昆虫原料

一、两栖类的结构特点、品种和烹饪应用

（一）两栖类的结构特点

两栖类动物是从水生生活向陆地生活过渡的一类动物，具有与其生活习性相适应的形态结构。身体分为头、躯干、四肢三部分；皮肤裸露，有丰富的腺体，可分泌黏液使皮肤保持湿润，皮肤上还有大量的微血管用以进行气体交换，以帮助呼吸。体温不恒定。从幼体至成体的发育过程中，部分种类发生变态，见图2-36。

两栖类动物中，鱼状的大鲵其肌肉分节现象仍然存在，但蛙类的肌肉分节现象消失，成为纵行或斜行的长肌肉群，形成身体上一块块的肌肉。躯干部位的肌肉为长条形或“V”字形；腹部的肌肉薄而分层；四肢肌肉发达，尤以后肢肌肉特别发达。由于结缔组织少，因此躯干部位的肌肉色白而柔嫩。脂肪组织不明显，肌肉组织中更少。

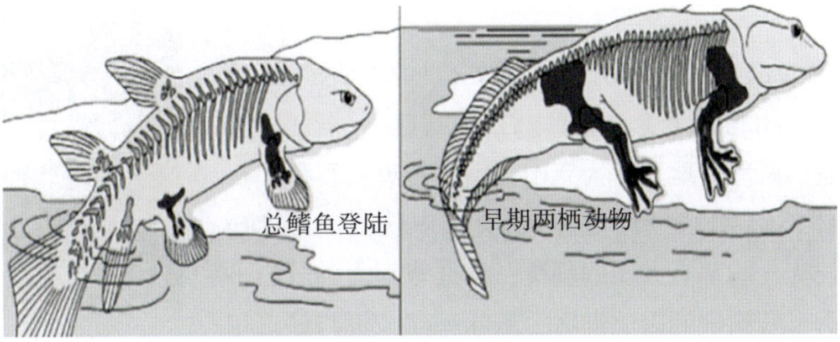

图2-36　两栖类的进化

（二）两栖类的主要品种及烹饪运用

1．牛蛙

牛蛙又称喧蛙、食用蛙，为两栖纲无尾目蛙科动物。原产于北美洲南部及墨西哥东部，20世纪60年代引入我国，现被广泛养殖。牛蛙为蛙类中体型较大的一种，长18～20厘米（图2-37）。雄蛙背部深绿色，雌蛙背部褐色；雄蛙咽喉部黄色，雌蛙有淡黑色斑点。后肢很长，趾间全蹼。牛蛙产卵量大，幼蛙生长迅速，但变态期为1～4年；成年蛙体大肉多，体重0.5～1.0千克，出肉率高。牛蛙肉蛋白质含量高，脂肪少，质嫩味香，适于烧、炒、炖、煨、炸、爆、煮等烹调方法，制作多种菜肴，代表菜式如泡椒牛蛙、家常牛蛙、干炸牛蛙腿、牛蛙炖土豆等。

图2-37　牛蛙

2．中国林蛙

中国林蛙又称为蛤士蟆、田鸡、雪蛤，是两栖纲无尾目蛙科动物。主要栖息在我国黑龙江、吉林、辽宁和内蒙古等北部

图2-38　中国林蛙

地区，一般生活在幽暗湿润的阔叶林中。每年四五月配对产卵后在土壤中生殖休眠15天左右，然后上山活动，9月上旬开始陆续下山入河冬眠。蛤士蟆体长5～8厘米，体色随季节而有变化。蛙体表面背部呈草绿色或棕黄色，雄蛙腹面颜色为乳白色，雌蛙一般为棕红色，并且背腹两面均散布黄、红色斑点。四肢背面有许多褐色的横斑。鼓膜处有一黑色三角形斑。生长期一般5～7年。

蛤士蟆肉质鲜嫩，味道香飘四溢，是用鲜品或干品进行烹饪。民间常将其与熊掌、猴头蘑、飞龙一起并称为“东北四大山珍”，是宴席上的珍品。常用烹饪技法有烧、炖、蒸、炸、煨等，代表菜有宫保田鸡腿、海米烧蛤士蟆等。

蛤士蟆油是雌性蛤士蟆的卵巢、输卵管及所附脂肪的干制品，又称田鸡油、蛤蟆油，为名贵的滋补佳品。具有补肾益精、养阴润肺、补虚等功能，常用于调理体虚气弱、神经衰弱、心悸、盗汗等症。蛤士蟆油鲜品为乳白色，干品呈不规则块状，黄白色，油润，具有脂肪样光泽，外有薄膜状干皮，手摸有滑腻感。遇水可膨胀10～15倍，微有腥味。蛤士蟆油的鲜品、干品均可入烹，制作成美味的名贵甜羹及优良的滋补药膳，代表菜式有什锦田鸡油、冰糖蛤士蟆油、清汤蛤士蟆油等。

3. 棘胸蛙

棘胸蛙又称为山鸡、石蛤蟆、石鸡等，为两栖纲无尾目蛙科动物。分布于湖北、湖南、安徽、江苏、江西、浙江、云南、贵州、福建、两广等地区，为庐山三山（石鸡、石鱼、石耳）之一。蛙体长10～13厘米，重达400克；皮肤粗糙；雄蛙背部有成行的长疣，胸部有大团的刺疣；雌蛙背部为分散的小圆疣，腹面光滑。棘胸蛙的肉质细嫩，滋味鲜甜，可与仔鸡相媲美。用其炖汤，汤色雪白，香美异常。烹调中适用于炸、熘、炖、炒等方法，尤以软炸味道最美。代表菜式如软炸石鸡、清蒸石鸡、香糟石鳞腿等。

图2-39　棘胸蛙

二、爬行类的结构特点、种类和烹饪应用

（一）爬行类动物的组织结构特点

爬行类动物原料是指陆栖脊椎动物中隶属于背椎动物亚门爬行纲中的可供入馔的一类烹饪原料。爬行纲动物的特征是：身体分为头、颈、躯干、四肢、尾五部分；卵生、体温不恒定；皮肤干燥，体被角质鳞片。

爬行类原料常见的为龟、鳖、蛇类。鳖类的背腹甲由结缔组织相连形成厚实而柔软的裙边；龟鳖的肌间脂肪较少，脂肪主要集中在腹腔内；胶质重；肌纤维较为粗糙。蛇类的肌肉色泽洁白，肌纤维细嫩而柔软，滋味鲜美。爬行类动物多数是高档烹饪材料，在烹饪中应用较广，是高档宴席的重要组成部分。

（二）爬行类的主要种类及烹饪运用

1. 鳖类和龟类

（1）鳖　学名中华鳖，又称水鱼、团鱼、圆鱼、脚鱼、甲鱼。其特征是鳖体圆扁，吻突尖长，体表甲板外覆有革质皮，尾短不突出体外，头、颈能缩入甲内。背腹甲由结缔组织相连形成厚实的裙边。腹部乳白色，趾间具蹼，能爬行游泳。成年甲鱼体长一般20厘米左右，宽10厘米左右，较大者可达到24厘米，宽16厘米。

鳖在我国除西藏、青海、宁夏外均有分布，栖息于江河、湖泊、池塘、水库等中，现已人工养殖。以六七月食用最肥美。与龟相比，其肉质细嫩，味厚鲜美，尤以裙边富含胶质、色泽玉白、软嫩滑爽、适口性强而为最佳食用部位。

鳖的营养价值较高，并有较强的食疗滋补价值。中医认为其性平味甘，具有滋阴凉血、平肝熄风等功效，民间常用作滋补食品。另外，鳖肉还可降低血液中胆固醇的含量，对高血压、冠心病有一定的食疗价值。鳖甲为一味药材，有滋阴清热、软坚散节的功效。

鳖在烹饪中应用较为广泛，既可整只烹制，也可拆肉烹调；既可单独成菜，也可以与其他原料合烹。但总的来说甲鱼在烹调中适于较为清淡的调味，且最好配以鸡汤佐味。由于结缔组织含量较高，甲鱼入烹适用于烧、炖、蒸、扒、烩、煮、焖等长时烹调方法，如红烧甲鱼、清蒸甲鱼、“霸王别姬”、清蒸裙边等。

烹制鳖时必须注意，自然死亡的甲鱼不能食用。因为甲鱼死后，不仅极易腐败变质，而且肉中大量的组胺酸被分解后产生有毒的组胺，食用后容易引起食物中毒。另外，甲鱼的血液中可能寄生着对人体有害的寄生虫，也不宜生饮。

（2）乌龟　乌龟一般指金龟（Chinemys reevesii），也泛指金龟、水龟（Clemmys mutica）、花龟（Ocadia sinensis）等龟类，为爬行纲龟科动物。我国黄河流域及其以南地区均有分布，成群栖息于川泽湖泊中，生命力强，断食数月不死，全年均可捕捉，秋冬季为多。其特点是背腹皆具硬甲，在侧面联合形成完整的龟壳，背甲上具有三条纵走的棱脊。

乌龟肉质较老，但肉味鲜美，适于烧、焖、炖、煨、蒸等长时间加热的烹调方法，如红烧八卦肉、瓦罐龟肉汤、气锅金龟等。龟还具有很高的药用价值，中医认为龟肉性平味甘，能滋阴补血、止血，可治久咳咯血、血痢、筋骨疼痛等症，常配以沙参、虫草等中药材制作药膳，如龟羊汤、龟苓膏等。

2．蛇类

蛇为爬行动物中种类最多的一类，我国约有170多种，主要分布在热带和亚热带地区，其中以广东、广西、海南、福建、云南等地最多。

蛇的主要特征表现为体形细长，体表被有角质鳞片，附肢退化。体分为头、躯干、尾三部分。舌细长而深分叉，左右下颌骨在前端以弹性韧带相连，所以蛇口可张得很大，用于吞食比自己头大几倍的食物。无胸骨。烹饪中常用的蛇类主要包括眼镜蛇、三索锦蛇、黑眉锦蛇、灰鼠蛇、乌梢蛇、滑鼠蛇、金环蛇等。

蛇肉色白细腻，滋味鲜美，为筵席中的珍品。除蛇肉外，蛇皮、蛇胆、蛇肝、蛇肠、蛇血等也可入馔。烹调中适于烩、炒、焖、煎、炸、熘、爆等多种烹调方法。除单独成菜外，还可与其他原料如鱼翅、鲍鱼、鸡等配合使用。行业上通常将金环蛇、眼镜蛇和灰鼠蛇合称为“三蛇”，再加上三索锦蛇和尖吻腹（五步蛇）则成为“五蛇”。

蛇在加工过程中，一般要先剥去皮，也可不剥皮而刮鳞，但加工时应该注意蛇肉不可水浸，否则肉就会变得老韧，达不到细嫩的效果。吃蛇的最佳季节是秋、冬季，此时蛇最肥美，故民间有“秋风起，三蛇肥”之说。以蛇入馔的名菜有竹丝鸡烩五蛇等。

三、昆虫纲烹饪原料及其制品

昆虫纲种类极多，我国可以食用的昆虫有100多种，是具有开发潜力的一类动物性原料。

（一）昆虫纲原料的组织结构特点及烹饪运用

1．外形

（1）昆虫的身体由连续的体节所组成，分为头、胸、腹三部分。

（2）体表被甲壳质外骨骼，外骨骼内陷形成内骨骼。

2．肉质特点

昆虫的肌肉一般与体壁或内突相连，在结构均上为横纹肌且肌肉数目很大。是高蛋白低脂肪、营养价值高的原料，有些昆虫还是良好的保健食品或药材。

3．昆虫纲原料的烹饪运用

可采用炸、煎、炒、蒸、煮、酱、卤等多种方法烹制。还可以加工成调味品、酒、保健饮料等。

（二）昆虫纲烹饪原料举例

（1）蚕蛹　蚕蛹家蚕和柞蚕的蛹，家蚕蛹体形较小，而柞蚕蛹体形较大。供食用的蚕蛹的蛹体外被红褐色甲壳质，内包浓稠之淡黄色乳状体（图2-40）。

蚕蛹味鲜美胜于海鲜，炸食香逾花生米。烹饪中适用多种烹调方法，可清炒、油炸、炖煮、作汤、酱卤等，还可以制成罐头食品。

（2）蜂蛹　蜂蛹为中华蜜蜂、土蜂、黑圆熊蜂等的从封盖到羽化出房这段时间的幼虫（图2-41）。

蜂蛹具有高蛋白、低脂肪的营养特点，且含多种维生素和微量元素以及特殊的生物活性物质。

蜂蛹味道鲜香，烹饪中可用炸、煎、炒、蒸等烹调方法成菜，也可加工成罐头、点心等。

（3）蚂蚁　蚂蚁烹饪原料主要是黑蚂蚁。

烹饪中常用来煎、炸食用，味香而酥脆；也可用来配合其他原料炒、蒸等；还可用来泡蚂蚁补酒。另外，蚂蚁卵也可食用。

（4）蚱蜢　蚱蜢为昆虫纲直翅目蝗科蚱蜢亚科动物的统称。可供食用的有中华稻蝗、东亚飞蝗、亚洲飞蝗等。我国各地均有分布，其成虫、若虫及卵均可食用（图2-42）。

我国食用蝗虫历史悠久，可用于油煎、油炸食用，也可调味烹汁，还可烘干研碎久存作调味品。

图2-40　蚕蛹

图2-41　蜂蛹

图2-42　蚱蜢

实践活动

禽类原料的烹饪信息收集

实践目的：

通过资料查询，了解禽类原料的种类、特征及烹饪应用；了解本省珍贵、稀有的国家级禽类资源现状。在查询过程中，锻炼资料查询和整理能力。

实践内容：

1. 根据《国家畜禽遗传资源品种名录》（2021年版），了解本省的国家级鸡、鸭、鹅等品种。

2. 利用图书馆资源及网络资源，搜集有关禽类的养殖、加工、市场销售等情况。

实践考核与反思：

1. 将个人搜集到的资料进行汇集、归纳后，与他人交流共享，并介绍收集的过程和体会。

2. 选择某一禽类品种，从资源现状、种类特征、烹饪应用、营养保健等方面进行论述。

巩固练习

1. 为什么家禽的肉比家畜肉更鲜嫩？
2. 如何挑选新鲜的家禽？
3. 未来昆虫食品的市场发展前景如何？

延展阅读

每日摄入蛋白质早已成为人们健康饮食的共识。在新冠肺炎疫情、全球粮食安全与气候变化的多重威胁下，寻求可持续蛋白质来源比以往任何时期都更为紧迫。

越来越多的消费者意识到传统肉类的生产，包括养殖、屠宰，最后到人们的餐桌上这一整套生产链在各个环节都会对环境产生不利的影响，传统的动物蛋白引发了越来越多的社会关注，于是可持续的替代品也开始呈上升之势。目前科研人员和生产企业都希望添加一种新的替代品：昆虫。

食用性昆虫是一种可追溯至公元1世纪的习俗。当时甲虫幼虫被奉为罗马贵族的美味点心。如今，昆虫在全球多个地区仍然属于美味佳肴，全球113个国家/地区的25亿人口有食用昆虫的习惯。

例如，泰国人将蚂蚁蛋放入椰奶中煮，烹饪出一道名为“椰奶红蚂蚁蛋”的甜点；乌干达人将蚱蜢与洋葱一道炸着吃。不过，虽然不少人将昆虫视为令人毛骨悚然的爬行动物，但也有很多人认为昆虫和西式饮食的食材（例如猪肉或鸡肉）相比其实并无太大区别。

2013年，联合国粮农组织（FAO）曾发布的一份名为《可食用昆虫：食物和饲料保障的未来前景》的报告，该报告中称，人类可食用昆虫在全球超过1900种，多吃昆虫对身体大有益处。该报告重点探讨了针对日益增长的人口、保障粮食安全这一重要议题。此议题无论是在2013年、2020年还是2050年都至关重要。

根据预测，到2050年，与现有产量相比，70%的粮食产量增长率才能满足全球人口的需求。基于此预测，预计欧洲食品安全局不久便会准许销售供人类食用的昆虫。这意味着欧洲各国市场上将首次出现食用昆虫热销的场景，为食品消费者和农场主带来全新机遇。甲虫幼虫、蝗虫、蟋蟀和蚱蜢将被视为人类可安全食用的昆虫。

昆虫具备完整的蛋白质，包含人类所需的18种氨基酸以及一些重要的微量营养素。例如，甲虫幼虫提供的蛋白质、维生素和矿物质与鱼类和肉类相同。蚱蜢每克的脂肪含量远低于碎牛肉，但蛋白质含量却与后者等同。

重点在于，与传统肉类生产方式相比，昆虫养殖是一种更环保的生产方式，所需的空间较小，产生的温室气体排放较少，饲料转化率却较高。在全球人类活动产生的温室气体中，食品生产行业的温室气体排放量占了30%，这其中大部分都来自畜牧业。因此，食用性昆虫具备巨大潜力，有助于实现食品生产的实质性变革。

项目四　乳与蛋制品

案例导入

王明是一名初入职场的中职院校毕业生，他在三亚的一个国际品牌五星级酒店西厨房工作。今天是他入职的第三天，厨师长魏长风早上对王明说："赵刚今天请假没上班，你去外面替代他在面点蔬菜烹饪区为客人提供服务。"王明迟疑地应答，转身推车走向外面的自助餐明档区域，这时正好一名客人走到王明眼前，问道："你们早餐有提供蓝纹芝士吗?"王明大脑一片空白，他在学校学习的是西餐烹饪，但是从来没有系统学习过关于芝士的任何知识，他无法回答客人的问题。转身想寻求帮助，发现所有厨师都在忙，服务人员也忙得不可开交。终于8分钟后他寻求到了答案，告知了客人，转身想走的时候，却听到客人小声嘟囔道："什么五星级酒店，厨师连蓝纹芝士都不知道，服务和专业度太差。"

随着我们国家的经济快速发展，高星级酒店的消费人群的基本服务需求和专业知识储备都在日益增高，由此对服务人员的专业知识要求也在不断提高。大多数客人类型由过去的非专业消费型转变成今日的专业消费型，这也要求职业院校的学生也具有相对宽泛的专业知识。

任务一　液体乳制品

一、牛奶是重要的营养来源

几千年来，人们一直把牛奶作为食物来源。根据古巴比伦、埃及和印度的记录显示，人们饲养牛是为了获取牛奶（图2–43）。中国等亚洲地区国家开始畜牧业的时间要远远晚于欧洲，因此，有学者认为这是东亚居民容易出现乳糖不耐症状的主要原因。最早显示利用牛类进行工作的是多瑙河流域：大约于公元前4500年开始利用牛类耕地，随后欧洲大部分地区大约于公元前3500年开始利用牛类进行耕犁作业以及产奶。牛奶是一种独特的饮料，它提供完整的蛋白质，并且包含大量维生素A、B族维生素、维生素D以及钙。虽然牛奶富含许多营养物质，但维生素C、维生素E和铁含量较低，并且不含复合碳水化合物及膳食纤维。饮食中钙的缺乏会导致儿童骨骼发育不良，并且是导致中老年骨质疏松症的主要危险因素，由此可见，牛奶是全球数亿人民的重要营养来源。目前世界上乳制品出口大国/区域包含美国、阿根廷、欧盟27国、新西兰及澳大利亚。根据国家统计局统计数字显示，1999年，我国的奶制品产量为806.9吨，2019年达到了3297.6万吨，20年时间产量翻了4倍。由于我国是非传统奶制品食用大国（少数地区除外），不像印度日常烹调当中使用大量的印度黄油（Ghee）。我国目前自行生产的奶制品主要以液态奶为主，著名民族品牌包含蒙牛、伊利、光明、三元等乳制品企业。芝士和黄油产量较低，主要依赖进口。根据美国农业部的最新统计数字，中国芝士和黄油的进口数量在逐年递增（图2-44）。

图2-43　古埃及绘画显示动物饲养

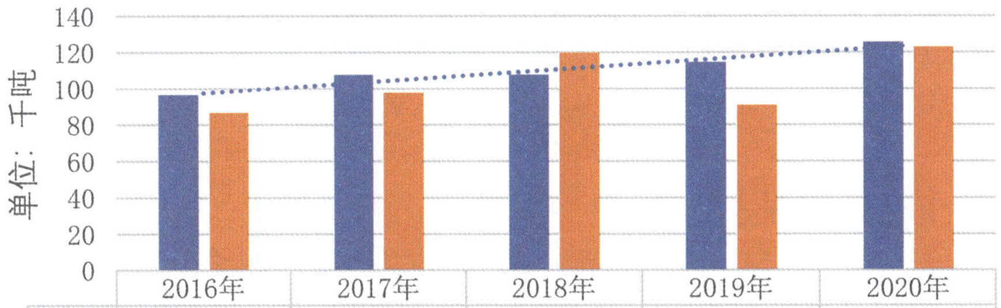

	2016年	2017年	2018年	2019年	2020年
芝士	97	108	108	115	126
黄油	87	98	120	91	123

■芝士　■黄油

图2-44　中国芝士、黄油进口总量（2016—2020年）

二、原料奶

原料奶的定义：原始温度未加热到40℃且未接受任何加工处理的一头或多头奶牛的原始奶。原料奶的质量是生产高品质乳制品的基础，其质量由以下几个方面来控制：

（1）营养素水平（脂肪、蛋白质和维生素等）；

（2）化学物理特性；

（3）菌群组成水平；

（4）是否存在致病性微生物，例如布鲁士菌；

（5）是否有疾病；

（6）是否有有害物质，如抑制剂或其他外来因素；

（7）原料奶的口味及清洁度。

三、牛奶组成成分

无论奶源如何，牛奶的基本成分都是一样的。主要是水，占87.4%，剩余的由碳水化合物、脂肪、蛋白质和矿物质组成（图2–45）。乳糖是牛奶当中最主要的碳水化合物，当牛奶中的细菌代谢乳糖时，就会产生乳酸–奶酪制品和发酵乳制品（如酸奶、酸奶油）的味道。乳糖的可溶性要差于蔗糖，这会导致脱脂奶粉中的乳糖结晶成为块状并且在冰激凌中产生沙状结构。

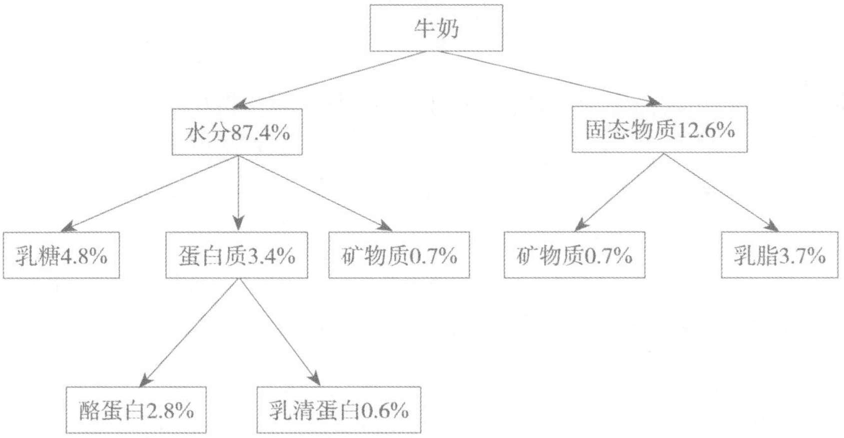

图2–45　牛奶的物质组成

牛奶中的蛋白质是全蛋白，含有足够的人体必需氨基酸，每100克牛奶所含的蛋白质大约是3.2克，2022版《中国居民膳食营养指南》指出，每个成年人每天至少摄入300～500克的奶制品，以全脂牛奶换算，获取的蛋白质含量约为9.6克。在牛奶中发现的两种主要蛋白质类型是酪蛋白和乳清蛋白。酪蛋白占蛋白质总量的80%，而乳清蛋白占18%。乳清是在奶酪生产过程中从凝乳中分离出来的液体。通过对乳清进行超滤，可以分离出有营养的乳清蛋白，在食品工业中被广泛用于乳化剂、发泡剂和胶凝剂的制作。

四、均质化

我国的大多数牛奶都是经过均质的。这种纯粹的机械加工过程对养分含量没有任何影响；然而，感官上的变化确实会发生，使口感更润滑，颜色更白皙，味道更清淡。并且均质牛奶也更容易凝结，均质过程增加的表面张力使其具有更大的发泡能力。均质牛奶也更容易变质，因此在均质化之前对牛奶进行巴氏杀菌（对其负责分解脂肪的脂肪酶进行灭活），抑制腐败变质。牛奶中脂肪的密度比水小，所以它会浮在牛奶的上面。这就导致了在未加工的牛奶上面形成了一层厚厚的淡黄色奶油。均质化起到停止水油分离的过程，这就是所谓的乳化。

五、饮用牛奶的种类

牛奶总体上可以分为四类，分别是全脂牛奶、低脂牛奶、脱脂牛奶和风味奶。

（一）全脂牛奶

各个国家对于全脂牛奶的脂肪含量百分比规定基本相同，全脂牛奶的脂肪含量一般必须达到3.2%以上，并且非脂类固体物质要达到8.2%以上。一些厂家会在生产当中添加维生素A以及维生素D（AD钙奶）。

（二）低脂牛奶

这类奶制品的脂肪含量通常介于1%～2%，其目的是减少牛奶中的脂肪含量，从而减少膳食中的脂肪摄入。由于脂肪的流失会减少牛奶中维生素A的含量，通常低脂牛奶会额外添加维生素A。

（三）脱脂牛奶

这类奶制品的脂肪含量不会超过0.5%，同其他类型的饮料相比，它提供更多的营养以及更少的热量。

（四）风味奶

这类奶制品是在牛奶中添加相应风味的食品添加剂以及蔗糖，从而更能够吸引消费者（尤其是青少年）的购买欲望。最早的风味奶出现于1921年美国威斯康星州的食品博览会，目前市面上销售的风味奶各式各样：包含巧克力味、香草味、水果味、咖啡味等。

六、其他动物乳

除了牛奶之外，其他动物奶也被广泛食用。亚洲和非洲的部分地区、南美洲、地中海地区、挪威以及瑞士会饮用山羊奶，其风味更浓郁，但是与牛奶相比，山羊奶中的维生素B_2、维生素C、维生素D、维生素B_{12}和叶酸的含量较低。西班牙、荷兰、意大利和巴尔干半岛也饮用绵羊奶。中亚一些国家、阿拉伯世界、我国新疆和内蒙古地区都有饮用马奶的习惯，其中阿拉伯国家与中亚一些国家（如哈萨克斯坦）还有饮用发酵骆驼奶的习惯。北极地区的爱斯基摩人经常食用的奶制品是驯鹿奶制成的，而南美一些地区也会饮用羊驼奶，印度、亚洲南部和菲律宾地区则会饮用水牛奶。

图2-46　骆驼奶和驯鹿奶

七、饮用奶的消毒方法

（一）巴氏杀菌法

牛奶给细菌、酵母和霉菌等微生物提供了良好的生长环境。在20世纪早期，它经常是伤寒、白喉、猩红热和结核病等严重食源性疾病传播的媒介。巴氏杀菌法以其创始人路易斯·巴斯德（1822—1895）命名，简单来说是一种对牛奶加热的杀菌法，最初用于葡萄酒和啤酒，以减少微生物的生长。人们很快发现，巴氏杀菌法——即在短时间内将牛奶加热到沸点以下——有助于减少许多相关的食源性疾病。该杀菌法几乎消灭了100%的致病菌、酵母和霉菌，以及95%以上的其他非致病菌。同时，巴氏杀菌的过程也使许多生物酶失去活性，这些酶会导致牛奶产生酸败的异味。测量仪器可以检测牛奶中的一种特定酶的活性——碱性磷酸酶。如果这种酶不具有活性，那么牛奶就可以安全饮用。几种不同类型的巴氏杀菌方法是根据温度和使用时间分类的（表2–18），即使巴氏杀菌奶不再具有致病性，它仍然会变质，因为残留的1%～5%的非致病性细菌会将乳糖转化为乳酸。

表 2–18 奶制品杀菌方法统计表

杀菌方法	温度	时间	保存方法
巴氏低温杀菌法	63℃	30分钟	冷藏
巴氏高温杀菌法	72℃	15秒	冷藏
巴士高温瞬时杀菌法	100℃	0.01秒	冷藏
超巴氏杀菌法	125～138℃	2秒	冷藏
超高温瞬时杀菌	138～150℃	2秒	常温

（二）超巴氏杀菌法

该方法比常规的巴氏杀菌法使用更高的温度（通常为125～138℃）和更短的时间（2～4秒钟）来延长奶制品的保质期。

（三）超高温瞬时杀菌

该方法采用比超巴氏杀菌法使用更高的温度（通常＞138℃）灭菌并且采用无菌包装技术进行包装（UHT）。超高温处理比标准的巴氏杀菌法杀灭更多的细菌，并延长了牛奶的保质期。目前是市场上售卖牛奶的主流灭菌技术。

任务二 酸奶及奶油

一、酸奶

酸奶是一种发酵光滑、半固态、发酵的乳制品，可以由全脂、低脂或脱脂牛奶制成。中文词汇名称来源意指发酸的奶制品（图2–47）。英文来源于土耳其语“Yoghurmak”，意思为“变稠”。制作方法通常是将细菌（德氏乳杆菌保加利亚亚种和嗜热链球菌）添加到经过巴氏杀菌的均质奶中，在一个温暖的环境（42～46℃）使牛奶中的乳糖发酵成乳酸，这一发酵方法可以追溯到史前时期，添加的细菌会影响到乳制品的酸度、质地和保质期。实际上细菌是天然存在的，因此被认为是天然成分。中东地区的居民食用酸奶已经有几千年的历史。我国北魏时期高阳太守贾思勰著《齐民要术》（公元530～550年）详细记叙了乳制品加工技术，这部巨著也是世界上最早的食品加工百科全书。

图2–47　酸奶

二、奶油

奶油是浮在非均质全脂牛奶上面的脂肪颗粒的集合。奶油越厚重，脂肪含量就越高（图2–48）。冷却后的奶油会使脂肪球凝固，变得更厚重。奶油的乳脂含量各不相同，低至18%，高达36%。目前世界上各国没有官方标准要求不同品种的奶油脂肪含量百分比一定达到什么标准。行业一般认为淡奶油/咖啡奶油（Light Cream）的脂肪含量为18%～30%，裱花淡奶油（Light Whipping Cream）的脂肪含量一般为30%～36%。重奶油（Heavy Cream）的脂肪含量则肯定大于36%。

图2–48　奶油

三、人造奶油

通常人造奶油是由水、植物油、玉米糖浆固体、酪蛋白酸钠/大豆蛋白、乳化剂、植物胶、增白剂、人工香精和色素等非乳制品原料制成的人工食品，其商业特点是成本更低、保质期更长。

四、黄油

黄油在常温时是一种柔软的固体奶油制品，在西餐里面是使用非常广泛的一种食用动物脂肪，其用途包含菜肴烹饪、面包和蛋糕制作和佐餐调味品，它同时是食用面包时的绝佳佐餐食物（图2–49）。它的制作方法是通过搅拌淡奶油，直到奶油中的乳脂凝结在一起，形成一团光滑的黄色物质（牛油），其中至少含有80%的脂肪，带有微妙而独特的奶油味。过去几百年，西方是通过手工来制作黄油的，工业革命之后，大机器生产开始，黄油由手工搅拌发展成了乳制品厂机械加工制造。目前世

图2–49　黄油

界上绝大部分黄油都是用牛奶制成的，其特点是散发着清香奶油味和光滑的质地。颜色也不相同，从淡黄色到黄色，黄油主要产地包含北美、英国和大洋洲的国家。

黄油的种类有如下几种。

1．有盐黄油

传统上来说，在黄油里面添加盐分是为了延长黄油的保质期，但是目前在黄油中添加1%～2%的盐分是为了让其在佐餐的时候口感更好。

2．无盐黄油

该产品充盈着原始的、微甜的奶香味，是制作烘焙类产品（面包、蛋糕）的绝佳搭档。

3．印度黄油（酥油）

酥油是一种传统的印度乳制品，酥油是通过过滤和烹饪黄油来去除其多余的水分，通常脂肪含量大于85%，酥油可以在常温条件下保存数周，燃点高于普通黄油，通常用来烹饪印度咖喱菜肴、各类印度鸡蛋菜式和印度甜品。

4．中国黄油

中式黄油，蒙古语称“希日陶苏”。传统工艺中式黄油是从内蒙古奶皮子里提取或从鲜奶凝结出的油皮中提取。中式黄油通常是内蒙古牧民用来添加在茶汤或酒中一起饮用，用来给身体增加热量和驱寒。

任务三　芝士

一、芝士简介

芝士是一种由牛奶的凝乳/固体部分制成的窖藏食品，主要由牛奶制成，但也可以由其他哺乳动物制成，包括绵羊、山羊、水牛、驯鹿、骆驼。在以上任何类型的动物奶中添加特定的酶/酸会使酪蛋白和脂肪凝结，并把它从液体/乳清中分离出来。

没有人真正知道人类什么时候开始食用芝士，相传它的制作方法与4000年前一位无名牧羊人有关，他偶然间决定把牛奶装在一个用羊胃做成的袋子里带在路上饮用，结果合适的温度激活了胃里的天然凝乳酶，并且把液态牛奶变成美味的半固态的块状物。

制作芝士的过程主要包含乳清被排干后从凝乳中去除不同程度的水分。然后用多种不同的方法处理凝乳，从而生产出2000多种风味、类型各异的芝士。芝士在西式菜品里具有举足轻重的地位，通常在正餐菜品服务即将结束时（甜品服务完之后），会给客人服务芝士拼盘（Cheese Platter）并且搭配苏打饼干或者面包进行食用。

二、芝士的分类

芝士的分类方式较多，取决于可以按制作工艺、原产国、奶的种类、质地和颜色来划分种类。本章节将按照芝士的制作工艺和颜色来对全球著名的芝士种类进行介绍。

（一）新鲜芝士

新鲜芝士通常在制作过程完成后放置短暂时间（几小时至数天）就直接进行食用，它们通常具有牛奶的清香，口感会根据其存放时间而不同（湿润至略干）。

1．布尔森芝士

这是一款以发明人名字命名的芝士，法国人弗朗索瓦·布尔森（Francois Boursin）于1957年发明的一种奶油状的芝士，以古尔尼（Gournay）作为品牌名称，该品牌为发明者的家乡名称。现在被全球30多个国家制作和销售，但最受欢迎的还是法国本土生产的（图2-50）。

布尔森芝士使用番茄、洋葱、小香葱、无花果、坚果、大蒜、胡椒、蔓越莓和肉桂等天然植物调味，通常脂肪含量为60%。基于目前全球流行的低脂饮食趋势，现在最受欢迎的是低脂版本，脂肪含量仅为21%，但是肯定会影响口感。这款芝士可以搭配沙拉、意大利面食用，或者搭配面包直接食用。适合搭配干白或半干红葡萄酒。

2．奶油芝士

奶油芝士是一种由脱脂牛奶制成的新鲜、柔软、口感温和的芝士，最早原产于美国。由于它是由奶油和牛奶混合制成的，所以该产品的脂肪含量很高（图2-51）。美国奶油芝士的脂肪含量至少为33%，而英国奶油芝士脂肪含量为45%～65%。在德语中，它被称为“Doppelrhamstufel”，意为用“双重奶油”制成的芝士。这款芝士具有淡淡的乳酸香气和微咸的味道，它通常是制作芝士蛋糕的重要原材料，也可以用来制作搭配水果的甜品。开封后冷藏保存期只有几天。

3．英尼斯按钮芝士

该款芝士原产于英国，使用未经过巴氏杀菌的山羊奶，并配以古老的传统手工艺方法手工制作，因为形状像按钮而得名（图2-52）。制作过程使用植物凝乳酶制成的，是一种小巧、质地轻巧的圆形无皮奶酪，直径约4厘米，脂肪含量为45%左右。芝士表面有时会添加红胡椒粉、灰盐粉或者迷迭香来调味，适合搭配沙拉和烧烤类菜肴。

图2-50　布尔森芝士

图2-51　奶油芝士

图2-52　英尼斯按钮芝士

4．马斯卡波尼芝士

这是一种来自伦巴第大区的意大利芝士，其制作过程通过将牛奶奶油与柠檬酸或乙酸凝结而成的（图2-53）。它是一种厚重的，具有双倍或三倍奶油的软奶酪，脂肪含量很高，为60%～75%不等。因此该奶酪成为制作提拉米苏和芝士蛋糕等意大利著名甜品中的重要成分。该芝士的质地不尽相同，有的像稠奶油，有的像黄油，取决于不同的加工方式。它既可以制作甜品，也可以用来制作意大利凤尾鱼等菜肴。

5. 马苏里拉芝士

马苏里拉芝士是可切片的凝乳芝士，起源于意大利。传统的马苏里拉芝士是由在意大利和保加利亚等极少数国家放牧的水牛奶制成的。现在大多数马苏里拉奶酪都是用奶牛奶制成的，脂肪含量约为45%（图2-54）。它是意大利传统特色认证食品（TSG），不像其他大多数奶酪需要搁置陈化，它是新鲜食用的，制成后数小时内即可食用。新鲜的马苏里拉奶酪可以用来制作各种意大利食物（包括各式面食、沙拉、肉类、海鲜和蔬菜）。

图2-53 马斯卡波尼芝士

图2-54 马苏里拉芝士

6. 克索·布兰科芝士

这是一种墨西哥原产不需要陈年存放成熟的新鲜奶酪，它是由纯牛奶制成或者是牛奶与山羊奶混合制成的。西班牙文“Queso Blanco”一词意为“白色奶酪”，但同样的奶酪在西班牙不同地区有不同的名称，白色奶酪为最普遍名称（图2-55）。由于其成熟过程短，因此在家里制作奶酪的过程非常简单。其制作过程类似于印度芝士，其中包括煮沸全脂新鲜牛奶，添加酸化剂以形成凝乳，然后将凝乳沥干放在粗棉布中使用器具均匀压干水分。

7. 意大利乳清芝士

该芝士由羊奶凝乳分离后的乳清制成的，是意大利庞大的乳制品制造业的副产品。该产品经过压榨重新排水、腌制和窖藏至少90天。色泽呈乳白色，质地坚硬，味咸。常用于意大利沙拉制作中，非常适合切片和磨碎食用，但不太适合单独搭配面包食用。

图2-55 克索·布兰科芝士

图2-56 意大利乳清芝士

（二）陈年新鲜芝士

1. 巴农芝士

巴农芝士来自于法国南部艾克斯（Aix）北部的小镇巴农（Banon），巴农是一种柔软的使用未经巴氏杀菌的山羊奶制成的芝士（图2-57）。于2003年获得AOC认证，是一种非常古老的传统芝士，据说可以追溯到罗马时代。

图2-57　巴农芝士

芝士被包裹在栗子叶中，芝士制造商在秋天时候会收集从树上掉下来的叶子。一些生产商将叶子浸泡在醋或淡香水中，以赋予芝士独特的风味。芝士的陈放时间至少为两个星期。随着时间的增长，柔软而黏稠的奶酪在叶子上和叶子下会呈现出蓝色和灰色的霉菌，从而带来强烈而浓郁的气味。叶子的外壳可以保护水洗过的外皮，并让略带酸味的奶酪保持湿润。它也散发着新鲜的蔬菜风味和淡淡的葡萄酒气息。

2. 沙必舒芝士

这种芝士是以法国卢瓦河谷区域方言中对山羊的昵称来命名的，它的最佳出产季节是夏季。这是一种用未经过巴氏杀菌的山羊奶手工制成的小型鼓状芝士，高约6厘米，直径5～6厘米（图2-58）。如果奶酪是由农庄制成的，则自然可以生长霉菌，而如果是由乳制品厂制成的，则将青霉菌注射入奶酪中，直到长出霉菌。脂肪含量45%左右，经过2～3周储藏而成熟，具有中等辛辣气味，可以做沙拉酱汁和搭配法棍直接食用。

3. 圣马塞林芝士

这是一种非常古老的法国芝士品种，在13世纪以前这种品种的芝士都是由山羊奶制成的，起源于伊泽尔地区。如今这种芝士基本都是用牛奶制成，脂肪含量约在50%。在制作时还会添加酵母，成熟后具有酵母和强烈的坚果味，具有柔润的外皮以及凝乳状内心（图2-59）。最适合搭配硬壳白面包直接食用。

图2-58　沙必舒芝士

图2-59　圣马塞林芝士

4. 蓝波（纹）芝士

这是一种具有强烈味道的芝士类型。与一般芝士品质不同的是，这种类型芝士的内部具有绿色和蓝色霉菌条纹，并散发着由专门培养的细菌与奶制品反应而产生的特殊气味。通常这一类型的芝士储藏（陈化）需要在具有特定温度、湿度和通风条件的天然洞穴里进行。口感一般比较辛辣，有金属后味，适合搭配面包食用，也可以搭配菜肴酱汁食用。

5. 安博特芝士

安博特芝士产于法国中部的奥博涅大区（Auvergne），是法国最古老的芝士品种之一，其历史可以追溯到罗马占领时期，据说是特洛伊人和高卢人发明了这种制作奶酪的方法。这是一种传统的、农家制作的蓝纹芝士，成熟期需要2～3个月，脂肪含量50%左右，窖藏期间，在芝士表面自然生出青色霉菌后，需要用消毒后的金属探针刺穿芝士表皮，并刺入芝士中心，促使罗式青霉孢子向内生长并生成蓝色纹路（图2-60）。该品种芝士可以搭配口味浓郁的红葡萄酒食用。

6. 洛克福芝士

洛克福芝士是以产地名命的芝士品种，产于法国索尔宗（Soulzon）市河畔的洛克福地区，使用未经巴氏杀菌的羊奶制作，需要窖藏5个月后食用，是世界三大蓝纹芝士之一（图2-61）。据传说是公元7世纪法国著名国王查理曼大帝的最爱，其味道极为浓郁、辛辣，不太适合搭配面包直接食用，最佳使用方法就是磨碎作为佐餐调料食用。

图2-60　安博特芝士

图2-61　洛克福芝士

7. 戈贡佐拉芝士

它是世界上最古老的蓝纹芝士之一，主要在意大利北部的皮埃蒙特和伦巴第大区戈贡佐拉生产，这种芝士主要是使用经过巴氏杀菌的生牛奶制作，通常需要3～4个月才能成熟。这种芝士质地柔软，具有浓郁的坚果香气，其芝士气味可以根据储藏期的不同而异（两个品种），一种较温和，一种较强烈（图2-62）。食用方式多种多样，并且可以搭配多种葡萄酒。

图2-62　戈贡佐拉芝士

（三）软芝士

软芝士又被称为霉熟芝士，通常外壳有一层白霉，刚做成时较硬，口感有渣土感，随着储藏时间的延长，芝士会慢慢变软，甚至像奶油一样柔软。工厂制作的这类芝士外皮较厚，而农家手工制作的外皮一般比较薄，并且带一些黄绿色霉点，外皮的作用是加速芝士成熟并防止水分蒸发、内部变干。

1．卡蒙贝尔芝士

1791年，法国妇女玛丽·哈雷尔（Marie Harel）在诺曼底用生牛奶制作了第一块卡蒙贝尔芝士。今天只有极少数生产者使用300年前的方法制造芝士。目前最好品质的卡蒙贝尔芝士依旧是在诺曼底使用经过巴氏杀菌的牛奶制造的，脂肪含量为45%。该种芝士表皮有一层白霉（念珠菌青霉），可以随着芝士一起食用（图2-63）。刚制成的芝士比较坚硬易碎，随着窖藏成熟，芝士内部会逐渐软化（甚至变成半流质）。这种芝士最好直接食用，具有浓厚的黄油香气，通常搭配口味比较淡的葡萄酒或其他果酒。

2．布里芝士

该奶酪以法国巴黎以东50公里布里地区的莫城（Meaux）命名，据说法王路易十六的临终遗愿是再品尝一次布里芝士。1814年，在维也纳会议上举行的欧洲锦标赛布里芝士以无可辩驳的风味和口感获得“奶酪之王”的荣誉（图2-64）。该种芝士使用原始的未经巴氏杀菌的牛奶制作，具有浓郁的奶香味以及蘑菇/松露或杏仁的甜味。

图2-63　卡蒙贝尔芝士

图2-64　布里芝士

（四）半软芝士

与其他芝士类型相比，半软芝士在外表和质地上都表现出不同的特点。半软芝士可以分为两大类：干皮芝士和洗皮芝士。干皮芝士通常成形后会在盐水中清洗1～2次，成熟后外皮的类型也不尽相同。洗皮芝士在成熟过程中经常会进行盐水清洗的流程，成熟后的外皮较湿黏，洗的次数越多，外皮的气味就越臭、质地越黏。这种芝士外皮的颜色从浅黄色到深黄色，不太一样。

1．埃普瓦斯芝士

这是一种法国著名的水洗皮牛奶芝士，在法国的埃普瓦斯镇生产，以具有浓郁的臭味而闻名于世，据说因为味道太臭，被法国政府禁止携带该芝士乘坐公共交通工具。这种芝士外表湿漉漉的，呈奶油状，口感软韧咸辣，至少需要6周才能完全成熟，是著名的涂抹芝士（图2-65）。

图2-65　埃普瓦斯芝士

2．伊丹芝士

这是世界各地都很常见的一种干皮芝士，使用牛奶或山羊奶制作，外部有一层红色的石蜡包装（图2-66）。原产于荷兰的一个小镇。它的味道在早期比较柔和，随着窖藏时间的增长，其味道也变得相对浓烈。与其他芝士相比，这种芝士的脂肪含量相对较低（28%的脂肪含量）。经常搭配的水果为苹果和梨，还可以搭配苏打饼干和葡萄酒。

3．蒙特雷杰克芝士

蒙特雷杰克干皮芝士起源于美国加州蒙特雷的方济会的修士的制作方法，因此被称为“原汁原味”的美国芝士（图2-67）。大约在17世纪，这个地区修道院的修士使用经过存放几天的牛奶来制作这种奶油状、口味温和的芝士。之后一位名叫大卫·杰克的美国企业家看到它的商业价值，开始集中生产并广泛贩售，如今在北美和南美广泛销售。这种芝士通常用于菜肴烹饪，是极佳的佐餐调味品。

图2-66 伊丹芝士

图2-67 蒙特雷杰克芝士

4．塔莱焦芝士

塔莱焦是一款著名的意大利洗皮芝士，脂肪含量达到48%，是每年秋季生产的最古老芝士品种之一（图2-68）。它的制作过程完全遵循传统，制作成形后放置在天然洞穴里熟成6～10周，在此期间每周拿出用海水清洗一次，用来控制霉菌的滋生。目前该种芝士需要使用经过巴氏杀毒/未经巴氏杀毒的牛奶做成。该芝士气味比较强烈，但是口感温和，由于融化比较好，适合制作意大利烩饭、玉米粥或磨碎和色拉一起食用。

图2-68 塔莱焦芝士

（五）硬质芝士

所有的传统芝士制造国家都在使用牛奶、绵羊奶和山羊奶制作硬质芝士。硬质芝士基本可以分为两种类型：一种是使用生乳制作的，可以在成熟早期食用，这时候质地较软，口味温和。另外一种是使用熟乳制作。硬质芝士的外观和口味各不相同，形状包含鼓状、柱状和轮状等，外皮可以光滑，可以粗糙。刚制作出来时，硬质芝士顺滑柔韧，具有黄油般的味道，随着窖藏时间的延长，水分会持续变少，质地不断变硬，味道愈发浓郁。

1．博福特芝士

博福特是世界上最棒的芝士之一，罗马时期就已经非常出名了，产于法国的阿尔卑斯山区域，由当地品种奶牛奶源制作，脂肪含量为34%（图2–69）。产季分为冬夏两季，颜色各不相同，夏季颜色较深，冬季颜色较浅。该品种芝士适合烹饪时使用，是制作西式菜肴的绝好选择。

2．阿彭策尔芝士

这是原产于瑞士东北部靠近列支敦士登的阿彭策尔州的一种著名芝士，该芝士分为两种品种：一种为普通类型——脱脂牛奶制作成形，并使用普通盐水腌制12个月；另外一种是节日类型——使用全脂牛奶制作成形并用混合胡椒、白葡萄酒酿制过程中的沉淀物的盐水进行浸泡（图2–70）。这种芝士如今在瑞士的圣加仑进行保护性制造，主要分为三种类型：银标–窖藏陈放3～4个月，金标–窖藏陈放4～6个月和黑标–窖藏陈放6个月以上。该品种芝士主要用于菜肴烹饪、芝士火锅和直接食用。

图2–69　博福特芝士

图2–70　阿彭策尔芝士

3．车达芝士

图2–71　车达芝士

过去英格兰是该品种芝士的唯一产地，如今全世界所有的芝士出产地都在生产该品种的芝士，因为它不会像其他芝士一样受到原产地的保护，是当今世界上购买和食用最广泛的品种，它是由牛奶制成的一种坚硬的天然奶酪，质地会略微易碎，如果窖藏时间短，其质地会很光滑（图2–71）。它的成熟期为9～24个月，随着时间的延长，它的味道会变得愈加浓郁。其形状像鼓，直径30厘米，车达芝士的颜色通常从白色到淡黄色不等，一些车达芝士的制造商在制作过程中可能会手动添加黄橙色食用色素，使芝士的颜色看上去更加诱人。

4．格鲁耶芝士

该芝士是以瑞士法语区的一个村庄的名字命名的，是一种传统的、富含奶油味的硬质芝士。其外皮的颜色像生锈的铁皮，并且又干又硬。成熟的芝士略带甜味、有泥土味，窖藏时间较短的芝士富含奶油和坚果味（图2–72）。最重要的是，代代相传的100%传统工艺和专业知识赋予格鲁耶芝士独特的风味和无可挑剔的品质。该芝士最适合直接食用和用于芝士火锅。

图2–72　格鲁耶芝士

（六）风味芝士

这种类型的芝士可以追溯到16世纪，当时荷兰的东印度公司从印度尼西亚的香料群岛掠夺了大量香料并用海船运送回本国，荷兰的芝士制造商把一些香料添加入伊丹芝士，产生了新的、诱人的特殊香气。当今的风味芝士主要添加香料、水果等添加物到传统硬质芝士和半软芝士当中，从而形成新的风味。这种类型芝士通常是直接食用，搭配甜白/干白葡萄酒。

1. 温斯利代尔蔓越莓芝士

传统上温斯利代尔芝士使用羊奶制作，是一种历史悠久的新鲜芝士，自1150年以来由英国西多会修士在北约克郡的温斯利代尔开始制作，直到1540年他们的修道院解散。如今该品种芝士主要使用牛奶制作，在制作过程中会添加一些羊奶来增加风味，并添加蔓越莓以增加水果风味（图2–73）。

2. 卡尔卡尼奥芝士

这是一种意大利手工香料添加芝士，在撒丁岛的当地小型农场用绵羊奶制成。然后由马代奥（Madaio）家族在当地的天然洞穴中窖藏1～2年，直到完全成熟，其甜味和香气受地中海气候的影响（图2–74）。芝士中添加的黑胡椒粒产于撒丁岛和西西里岛，在芝士经历沥干、加盐程序时加入新鲜的凝乳中。随着芝士成熟，它变得更咸、更刺鼻，羊奶的味道也更明显。

图2–73　温斯利代尔蔓越莓芝士

图2–74　卡尔卡尼奥芝士

任务四 禽蛋类

一、禽蛋简介

禽蛋在世界各国的烹饪当中具有举足轻重的作用，几千年以来一直是人类饮食的一部分，其食用方法包含炒、煮、蒸、煎，还是馅料和糕点制作的重要原材料。其蛋白和蛋黄都富含营养素，包含蛋白质、多种维生素和矿物质，蛋黄还含有胆固醇、脂溶性维生素（如维生素D和维生素E）和人体必需脂肪酸。鸡蛋也是一种重要且用途广泛的烹饪原料，因为它们特殊的化学成分，实际上是许多重要烘焙反应的黏合剂。自从鸡被驯化以来，人们就一直用其蛋类来滋养自己。鸡蛋在西方宗教和烹饪史上也占有一席之地，在基督教传统中，彩色鸡蛋已成为复活节的代名词。我们目前有许多不同类型的蛋类可供选择，最常见的是鸡蛋，而更多的美味蛋类还包括鸭蛋、鹅蛋和鹌鹑蛋。

二、常用禽蛋种类

1．鸡蛋

鸡蛋是获取优质蛋白质的极好廉价食物来源（图2–75）。鸡蛋中一半以上的蛋白质存在于蛋清中，其中还包括维生素B_2和少量的脂肪。鸡蛋富含硒、维生素D、维生素B_6、维生素B_{12}以及锌、铁和铜等矿物质。蛋黄比蛋白含有更多的热量和脂肪，它们是脂溶性维生素A、维生素D、维生素E、维生素K和卵磷脂的来源，卵磷脂是一种能够使荷兰汁或蛋黄酱等西式酱汁完美乳化的重要化合物。鸡蛋的用途最为广泛：制作菜肴、制作烘焙类食品、制作清汤、乳化酱汁等。

图2–75 鸡蛋

一个中等个头的煮鸡蛋包含的营养素/热量为：

84千卡热量

8.3克蛋白质

5.3克脂肪，其中包含1.6克饱和脂肪

2．鸵鸟蛋

一个普通的鸵鸟蛋重量约为1.5千克，大约相当于24个鸡蛋的重量，味道较为鲜美（图2–76）。但是由于鸵鸟饲养数量少，导致该蛋类价格比较高，所以实际食用人群较少。食用方法包含炒、煮等。

图2–76 鸵鸟蛋

3．鹌鹑蛋

鹌鹑的蛋类尺寸较小，在我国养殖范围较广，产量大，售价较低。西方国家产量很低，售价较高（图2–77）。食用方法我国主要以搭配凉菜、煮制或变制为主，西方国家用以搭配色拉或制作迷你苏格兰鹌鹑蛋。

4．鸭蛋

鸭蛋比鸡蛋略大，蛋壳厚于鸡蛋，味道也要比鸡蛋浓郁（图2–78）。我国最常见使用方法为腌制、变制食用，也可以进行炒制食用。西式烹饪里会用鸭蛋进行烘焙烹饪，会带来更浓郁的风味，例如海绵蛋糕。

图2–77　鹌鹑蛋

图2–78　鸭蛋

5．鹅蛋

鹅蛋比鸭蛋大，味道在三种家禽蛋类里面也是最浓郁的（图2–79）。我国常见食用方法为炒制，其次为腌制和煮制食用。西式烹饪里仍旧是用于制作蛋糕类的食品。

6．火鸡蛋

火鸡蛋比鹅蛋要大，略小于鸵鸟蛋，在我国市场上很不常见，欧美国家出镜率较高，因为他们有食用节日火鸡的习惯，所以养殖量较大。火鸡大约3天产1枚蛋，相对产蛋率较低（图2–80）。

图2–79　鹅蛋

图2–80　火鸡蛋

巩固练习

1. 超市常见的盒装牛奶使用的是什么灭菌方法？
2. 黄油的种类有哪些？
3. 按类型分，芝士可以分为几种类型？
4. 我国常用的禽蛋种类和食用方法有哪些？

延展阅读

芝士的故事

没有人确切知道世界上第一块芝士是什么时候、在什么地方被发明的。根据欧洲历史记载，公元3～4世纪，芝士的制作流程就已经相当成熟，那时候的古罗马的芝士生产工艺就已经与今天非常相似。那时候，古罗马的士兵的食物配给是芝士、面包、葡萄酒和盐，芝士就成为优质蛋白质摄入的重要来源。随之而来的是，兵营在哪里，芝士作坊就会在哪里。

随后几百年芝士制作没有大的发展，直到欧洲黑暗中世纪的结束，欧洲各地的宗教基地成为农业活动的中心，因为他们拥有绝大多数土地。并且随着宗教追随者的增多，斋戒也成为主流饮食习惯的一个分支，斋戒期间奶制品的摄入就至关重要。当今世界上许多著名的芝士都与修道院相关。15～19世纪，芝士制作方法在欧洲各国继续流行，直到发展到今日的各具特色。瑞士山区、英国的丘陵地带以制作硬质芝士而出名，洗皮和霉皮芝士则成为法国芝士的代表作。

历史上所有的芝士都是使用未经巴氏杀菌的乳制品制作的，直到18世纪50年代法国生物学家路易斯·巴斯德发明了巴氏杀菌法，芝士的制作工艺得到革命性的改变。之前使用未经消毒的乳制品制作芝士时必须万分小心，制作过程稍不注意，就会使芝士变质。因此，当时的芝士制作是一种小规模的、劳动密集型的生产形式。今天大面积工厂生产的芝士品种大多流程工艺相对简单、容易复制，复杂的芝士品种还是保持小规模、原始生产方式。

项目五　水产类原料

学习目标

知识目标

1. 了解水产类原料（图2-81）的形态分类，代表品种、产地、产季。
2. 掌握水产类原料的检验储存、营养烹饪、精深加工。

能力目标

在工作实践中，根据不同水产类原料的特点，选择合适的烹饪方法，进行菜品开发。

教学重点

1. 熟悉知识点：水产品原料的基本特点。
2. 理解知识点：水产品原料的结构和区别。
3. 掌握知识点：水产品原料的烹饪运用规律。

图2-81　水产类原料

案例导入

加工专间——寿司的制备

寿司是一种日本传统美食，早期，日本的寿司是用盐和米腌制的咸鱼，之后，经过多年的演变，形成现在既可以作为小吃也可以作为正餐的寿司。日本的寿司，配料可以是生的、熟的，或是腌过的，主要由寿司店专门制作并售出，似乎寿司的价格、档次，取决于配料的不同。寿司店的厨师，会根据顾客的要求，在等宽的米饭块上码上鲜鱼片和其他原料，寿司的颜色也由于各种鱼虾的颜色不同而呈现五颜六色。

然而可以作为寿司配料的鲜鱼的种类有哪些？要如何处理？食用的配料有哪些？都有很严格的讲究。

案例分析

刺身，即日本生鱼片，通常使用新鲜海鱼、海贝制作，以酱油、山葵为佐料，是日本菜中最具有代表性的清淡菜式之一。

选料：制作生鱼片的原料选择性广泛且选料极为严格，以深海鱼类及其他海产品为主，同时应保证原料食材的新鲜无污染，如鱼类有三文鱼、旗鱼、鲈鱼、鲔鱼等，最高档的生鱼片是金枪鱼生鱼片；甲壳类有海胆虾、龙虾等；贝类有鲍鱼、牡蛎、赤贝、北极贝等。

配料：生鱼片除了会附上各式的酱料外，有时也会在一些特定的生鱼片旁边附上各式作料，作料在品尝生鱼片料理中十分重要。油脂较多的如金枪鱼，会附上白萝卜丝，其功能便是解腻，还有寿司姜，也有相同功效，清除口腔异味，便于品尝下一道菜。

任务一　了解水产品的分类、特点、市场情况

一、水产品的概述

（一）水产品的概念

水产品是指生活或生长在水中，具有一定经济价值，能供人们食用的一类原料，如鱼类、虾蟹类、软体动物类等。

我国疆域北起黑龙江，南至南沙群岛，跨温带、亚热带及热带。内陆较大的江河有5000多条，江河湖库等内陆淡水水面3亿多亩（1亩≈666.7平方米），水域辽阔，气候适宜，水产资源丰富，品种繁多。水产品是人类蛋白质食品的良好来源。

（二）水产品的分类

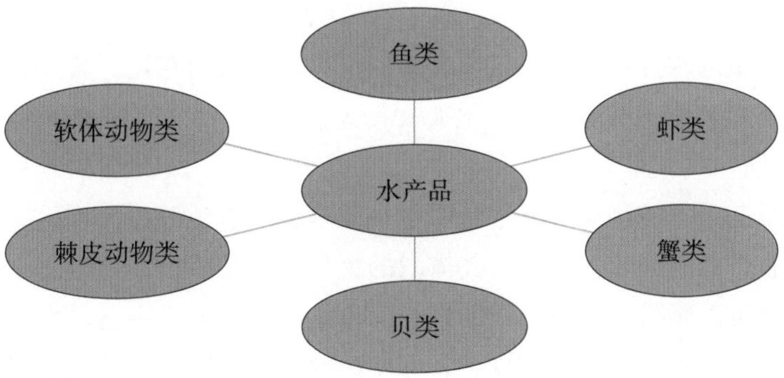

（三）水产品的营养价值

1．蛋白质

水产品的蛋白质含量一般在15%～19.5%，有些高过20%，如对虾的蛋白质含量为20.6%，鲐鱼的蛋白质含量为21.4%。水产品的蛋白质消化率高达89%，其中含有人体必需的多种氨基酸，如色氨酸、亮氨酸、甲硫氨酸、异亮氨酸、苏氨酸、缬氨酸和精氨酸等。贝类中的蛋白质等于或稍低于优质蛋白质，虾蟹类水产则高于畜禽食品，这是因为水产品原料中各种必需氨基酸之间的比值与全蛋模式基本相似。因此，水产品已经成为人类理想的优质蛋白或完全蛋白的良好来源。鱼类的一些制品虽然蛋白质含量高，但是不属于完全蛋白质，如鱼翅，蛋白质含量虽高，但主要成分是胶原蛋白和弹性蛋白，这两种蛋白质的氨基酸组成不与人体需要相符合，缺乏色氨酸，因此属于不完全蛋白质。

2．脂肪

鱼类脂肪的含量因品种的不同而不同，脂肪含量可在0.5%～11%，一般为3%～5%。如鳕鱼的脂肪含量低于1%，而河鳗的脂肪含量可高达28.4%。并且鱼体本身脂肪分布也不均匀，它主要存在于皮下和脏器的周围，肌肉组织中含量非常少。虾类脂肪含量较低，蟹类脂肪主存在于蟹黄中。

鱼类脂肪中含不饱和脂肪酸较高、多呈液态且熔点较低，消化吸收率高达95%，其中不饱和脂肪酸占70%～80%。不饱和脂肪在海产鱼中含量较高，对防治动脉粥样硬化有明显的效果。鱼类中胆固醇含量较低、一般为（50～70）mg/100g。虾蟹、贝类和鱼子中的胆固醇含量较高，如黄花鱼子、新鲜蟹黄子。

3．维生素

水产品中维生素含量较高，所含的维生素A、维生素D、维生素E、维生素B_2均高于畜肉。鱼类中维生素B_2和烟酸的含量也比畜肉高，还含有SOD（超氧化物歧化酶）。SOD是非常重要的自由基清除剂，它能清除体内代谢产生的过量的氧自由基，起到延缓衰老的作用。虾、蟹类原料含有较多的维生素A、视黄醇和B族维生素。

4．矿物质

水产品中还含有丰富的矿物质，含量为1%～2%。一般以钾，钙、磷、碘、铜较多，其中钙、硒等元素的含量明显高于畜肉，其利用率也较高。虾、蟹、贝类的矿物质含量最丰富。水鲜鱼类中含碘、钙比淡水鱼高。

5．水分

鱼肉中含有大量的水分，烹调时仅损失不到一半，与畜肉相比，其失水量小。因此，鱼肉烹调后能保持质地软嫩，易于人体消化吸收。

6．氧化三甲胺

氧化三甲胺是一种鲜味物质，海水鱼中含量较多，淡水鱼较少。氧化三甲胺极不稳定，容易还原成三甲胺，具有腥味。鱼死后其体内的氧化三甲胺就会不断地还原为三甲胺，从而使鱼产生腥味，新鲜度降低，随着时间的延长，鱼的腥味也就更突出。烹制时为祛除腥味，可在烹调时放入适量的黄酒、食醋等调料，可使一部分三甲胺随酒精受热挥发掉，一部分溶于酒精或与醋酸中和，从而减轻鱼腥味。

（四）水产品类原料在烹饪中的运用

1．鱼类在烹饪中的应用

鱼类在烹调中使用范围广、菜品繁多、可用于多种烹调手段。鱼肉蛋白质含量高、持水性好，可做鱼肉缔子，制作菜肴花色、造型。大多鱼类均可红烧，而新鲜含脂肪高的鱼，常用来氽汤。肉厚刺少的鱼，可取鱼肉加工后成菜。除鱼肉可食用外，其他部分皆可作为烹饪原料，如鱼鳍、肝、鳔、皮等，有些更被视为珍贵原料。

2．虾、蟹类在烹饪中的应用

虾的种类繁多，产量巨大，可长期供应，烹饪范围广，可使用多种烹调手段制成菜肴。虾肉呈白色、质地爽弹，可做虾泥造型成菜。蟹类在烹饪中经常用于整只蒸、煮成菜，也可用酒等调料腌制生食，或者切成小块，用爆炒等烹饪手段制成菜肴。蟹煮熟后可拆得蟹黄、蟹肉，可作为较高档次菜品，供人食用。

3．软体动物类在烹饪中的应用

软体动物类原料含有较多的氨基酸，且含水量较高，味道鲜美，质地软嫩，但其中胚层的结缔组织多而质脆，在烹饪中加热，易失水，口感变硬，故多采用快速加热的烹调方法，即爆、炝、氽、炒等方法加工。食用以鲜活为好，主要突出其自身特有的鲜味，因多数性寒，配料多以葱、姜、蒜及胡椒粉等调味品。

二、水产品的市场情况

这些年来，我国渔业及渔业经济发生了重大变化。我们国家水产品的人均占有量超过了全世界的平均水平，自1990年以来，我国的渔业产量一直名列世界首位，经历2011年南方主产区严重干旱灾情后，各省加强了渔业防灾和水产养殖能力建设，渔业生产得到有效恢复。东部沿海和中部地区14个渔业主产省，水产品产量增幅达到5.21%，为渔业生产的稳定发展打下坚实基础。“吃鱼难”早已成为历史，水产品产量以年均15.5%的速度递增。海水产品增长速度趋于平稳，其中甲壳类水产品的增长速率较快。我国目前已形成了冷冻冷藏、烟熏、罐藏、调味休闲食品、鱼糜制品、鱼粉、鱼油、海藻食品等十多个门类，有的产品生产技术已达到世界先进水平，成为推动我国渔业生产持续发展的重要动力。渔业工作重心由数量增加型向质量效益型转变，水产品加工业取得长足的发展，加工技术水平和质量卫生意识均有所提高，一批龙头加工企业与名牌相继涌现，已成为水产品出口的主导产品。

任务二　掌握淡水鱼、海水鱼和洄游鱼类的烹饪应用及特点

一、鱼类原料概述

（一）鱼类原料的分类

鱼类是在水中生活，用鳃呼吸，用鳍辅助运动与维持身体平衡，大多被鳞片，具有颅骨和上下颌的变温脊椎动物，属于脊索动物门、脊椎动物亚门中最原始和低级的类群。鱼类在全球水域中几乎都有分布，39%的种类（约8410种）生活在淡水河流湖泊中，61%的种类（约13000种）生活在海洋中。

鱼类是我国水产品中产量最大、品种繁多的自然资源，我国各水域分布的鱼类有3000多种，经济鱼类440多种。鱼类是人们十分喜爱的副食品，也是人们摄取动物性蛋白质的主要来源。了解鱼类原料的分类有助于识别鱼类，鉴定名称，认识鱼类彼此间的相同相异特征，有助于对鱼类进行合理烹饪加工。一般根据鱼类骨骼的性质可分为软骨鱼和硬骨鱼两大类（表2–19）。

表 2–19　经济鱼类的生物学分类

分类			典型品种	经济价值
软骨鱼纲	板鳃亚纲	鲨目	各种鲨鱼	我国约190种，主要渔业对象之一。肉可食用，皮可制革，肝脏富含油脂和维生素，可制药
		鳐目	各种鳐鱼或魟鱼	
	全头亚纲	银鲛目	黑线银鲛	
硬骨鱼纲	辐鳍亚纲（共36目）	鲱形目	太平洋鲱鱼、沙丁鱼、鲥鱼、鳓鱼、刀鲚等	鱼类最有经济价值的一纲，约为世界渔产量90%。以鲱形目、鳕形目产量最高，其次为鲈形目、鲤形目、鲽形目
		鳕形目	狭鳕、大西洋鳕、太平洋鳕、无须鳕等	
		鲈形目	鲈鱼、石斑鱼、大黄鱼、带鱼、鳜鱼等（鱼类中最大的一目，主要为海产鱼）	
		鲤形目	鲤鱼、鲫鱼、团头鲂、翘嘴红鲌、泥鳅等（鱼类中第二大目，主要为淡水鱼）	
		鲽形目	高眼鲽、牙鲆、桂皮斑鲆、半滑舌鳎等	
		鲶形目	鲶鱼、黄颡鱼、长吻鮠、海鲶等	
		鲀形目	绿鳍马面鲀、暗色东方鲀、弓斑东方鲀等	
		鲑形目	大麻哈鱼、虹鳟鱼、鲑色、银鱼	
		鳢形目	乌鳢、斑乌鳢、沙塘鳢等	
		鲻形目	鲻鱼、梭鲻、梭鱼等	
		鳗鲡目	鳗鲡、花鳗等	
		合鳃目	黄鳝	
		鲟形目	白鲟、鳇鱼等	

（二）鱼类原料的化学成分

鱼肉及其他可食用部分，含有人体必需的蛋白质、脂肪、多种维生素和矿物质，但糖类含量较少，对人类健康的调节和食物结构的改善，起到重要作用。近年来，西方人的饮食习惯受其他国家影响逐渐发生变化，不再以传统的食肉为主，开始提倡“减少肉食，多吃鱼类”的健康饮食习惯，并预言鱼类将成为21世纪最珍贵的食品。鱼类的营养价值有益于人体健康，是天然的平衡膳食的优选食品。现在消费者对鱼类的营养认识已经形成了“吃鱼健脑”“吃鱼健身”的观念，导致水产品的需求量迅速增长。

鱼类原料的化学成分见表2–20：

表 2–20 鱼类原料的化学成分

类型		特点
营养成分	蛋白质	鱼类肌肉的主要成分，一般含量在15%～22%，生物价较高
	脂肪	分为贮藏脂肪（主要由甘油三酯组成，运动时能量的来源）和组织脂肪（由磷脂和胆固醇组成）。脂肪含量的多少直接影响鱼的风味和营养价值
	碳水化合物	含量很少，一般都在1%以下，以糖原的形式存在于肌肉中
	矿物质	主要有钾、钠、钙、磷、铁、锌、铜、硒、碘、氟等
	维生素	肝脏中多含维生素A和维生素D，可供作鱼肝油制剂
	水分	含有大量的水分，烹调时仅损失10%～35%
风味成分	色素	呈红色肌肉主要由肌红蛋白和毛细血管中的血红蛋白构成
	呈味成分	各种鱼类都含有谷氨酸、IMP（肌苷酸）、GMP（鸟苷酸）等呈味成分
	气味成分	主要有含氮化合物、挥发性酸类、含硫化合物、羰基化合物及其他化合物等，构成腥臭异味和香气
嫌忌成分	天然毒素	如河豚毒、雪卡毒、鱼卵毒和刺咬毒等
	组胺毒素	金枪鱼、鲭鱼、鲍鱼、沙丁鱼等腐败而形成组胺

（三）鱼体的部位特点

鱼体从外形上主要分头部、躯干部和尾部三大部分，以躯干部为供食的主要部分。

1．鱼类的体形

鱼的种类繁多，由于其生活环境、生活习性各不相同，其外表形状也不相同。烹饪较常用的鱼，其体形大致归纳为以下4种。

（1）梭形　又称纺锤形，因其形似梭子故名梭形，其鱼体呈流线形。多数鱼属于这一类型，草鱼、黄花鱼等。

（2）扁形　形扁平如片状故名扁形。海洋鱼类中栖息海底的鱼，多属于这一类型，如比目鱼等。

（3）圆筒形　其形如细长的圆筒状故名圆筒形。此类鱼体长，较细，如黄鳝等。

（4）侧扁形　其形扁故名侧扁形，如鲂鱼、鲳鱼等。

除了上述4种，还有其他形状，如带形的带鱼等。

2．鱼类的外表结构

（1）口 口的主要功能是摄取食物，口的大小与鱼的觅食特点有关，像鳜鱼、带鱼、鲶鱼这类较凶猛的鱼类，以及以浮游生物为食的鱼类口都较大，而不同鱼类的口也各有不同，有的上翘，有的居中，有的偏下等。

（2）鱼鳍 鱼鳍是鱼类运动和保持平衡的器官。根据鱼鳍的生长部位分为背鳍、胸鳍、腹鳍、臀鳍、尾鳍。按照鱼鳍的构造，分为软条和硬棘两种，硬棘的鱼类较少，绝大多数的鱼类是软条。鳜鱼类的硬棘有毒腺，被刺后肿痛难忍，烹饪时应注意避免受伤。

从鱼鳍的情况还可以判断鱼肉中小刺（肌间骨）的多少。比如鲢鱼的鳍条分节且可屈曲，胸鳍在腹部，这类鱼小刺多，属低等鱼，一般有一个背鳍；而鳜鱼的第一背鳍由硬棘组成，第二背鳍由软条组成，这类鱼的刺少或者没有小刺，属于较高等的鱼类。

（3）鱼眼 大多鱼类的眼睛没有眼睑，而且不能闭合。鱼死后可以根据其眼睛的变化判定鱼是否新鲜，新鲜的鱼眼睛明亮不混浊，反之不新鲜。然而鱼眼的位置和大小根据鱼的不同品种也有差异。

（4）鱼鳃 鱼鳃的主要作用是呼吸，鳃丝是主要部位，呈鲜红色，是由于有许多细微血管构成。鱼鳃大多位于头后部的两侧，外有鳃盖。根据鱼鳃的颜色的不同，可以判断出鱼是否新鲜，颜色越鲜艳代表鱼越新鲜，颜色越暗越不新鲜。鱼的鼻孔的主要功能是嗅气味。

（5）侧线 侧线是对鱼类而言，主要功能是测水流、水温、水压，即鱼体侧面的两条直线，是许多特殊凸棱的鳞片连接在一起组成。侧线并非所有鱼类都有，不同的鱼类的整个侧线形状也有差异。

（6）鱼鳞 鱼鳞是保护鱼的身体，减少水中游动阻力的器官。少数鱼无磷、绝大多数鱼有鳞，无鳞鱼皮肤表面通常有发达的黏液腺，鱼鳞在鱼体表面呈瓦状排列。

（7）触须 鱼类的触须是一种感觉器官，触须上有发达的神经和味蕾，有触觉和味觉的功能，大多生长在口的两旁或口的周围，多数为一对，有的有多对（如胡子鲶）。

3．鱼类的组织特点

鱼体从外形上主要分为头部、躯干部和尾部3部分，以躯干部为供食的主要部分。除骨骼外，躯干部的组织主要是肌肉组织和脂肪组织。

（1）肌肉组织 鱼类的肌肉组织中肌纤维较短，结合疏松：白肌和红肌的分化很明显。由于白肌所含肌红蛋白较红肌少，色泽洁白，是制作鱼丸的上好原料。

由于鱼类肌肉中包蔓肌束很薄、肌纤维结合疏松，加热时，鱼类原料成菜的成形性降低。因此，烹饪中常用挂糊、上浆、拍粉等方法，以保成菜的形状。

（2）脂肪组织 鱼类的脂肪在鱼体中分布广泛，通常在腹部、颈部较多，背部、尾部较少。成年鱼体内脂肪含量相对较高；雌鱼在产卵前脂肪含量最高，此时，鱼肉味鲜而肥美，为最佳食用期。另外，冷水性鱼类通常含脂肪较多，如鲑鱼。

鱼类脂肪中不饱和脂肪酸含量高，熔点低，常温下呈液态，容易被人体吸收，消化率可达95%，但同时也使得鱼类在保存时极不稳定，很容易酸败，产生哈喇味，降低食用品质。另外，由于鱼类脂肪具有特殊的腥臭味，故鱼油一般不作为食用油脂使用。

（3）骨骼组织　鱼类的骨骼由脊柱、头骨和附肢骨构成，有的鱼类在肌肉中有游离的肌间刺。在生物学分类上，根据骨骼组织的差异，将鱼类分为硬骨鱼类和软骨鱼类两大类。硬骨鱼类的骨骼，除某些酥炸、香煎菜式外，其骨骼一般不单独用来制作菜肴。硬骨鱼类是烹饪中常用的鱼类原料。

软骨鱼类的骨骼全部由软骨组成，如鲨鱼、鳐鱼等。烹饪中，将软骨鱼类的鳍、骨等经加工后可制成相应的干制品，如鱼翅、鱼骨等，均为珍贵原料。软骨鱼类的鳞为盾鳞，较硬，深陷于皮肤内，烹饪加工时须经退砂处理。另外，由于软骨鱼无鳔，因此不能加工鱼肚。

4．鱼类原料的鲜味和腥味

（1）鱼类原料的鲜味　鱼类的肌肉中含有的多种呈鲜味物质，使鱼肉具有鲜味，主要来自肌肉中的谷氨酸和天冬氨酸等氨基酸类物质；同时鱼肉中的嘌呤类物质等对鱼肉的鲜美滋味也有增强作用。此外，鱼肉中的蛋白质、脂类、糖类等成分，也有增强呈鲜的作用。

（2）鱼类原料的腥味　鱼类中含有氧化三甲胺，是一种呈鲜物质，但其极不稳定，鱼类经捕捞出水后，其体表与空气接触就会产生腥臭味。一般体表黏液较多的鱼类，打捞后与空气接触会产生较重的腥味，是由于鱼体表面的黏液中含有的蛋白质、卵磷脂等被污染体表的细菌分解产生了氨、甲氨、硫化氢等腥臭物质而造成的，但腥味的产生随鱼种的不同而有所差异。

二、典型鱼类及烹饪应用

（一）淡水鱼

全世界淡水鱼类有8410余种，中国内陆水域定居繁衍的鱼类有850余种，居世界各国首位。我国主要经济鱼类有140余种，根据不同水系可分为冷水性、暖水性以及山区和高原水系淡水鱼，以温水性鱼类为主；以地理分布而论，又以长江流域的经济种类最多。其中有20多种可以作为渔业养殖对象，其中青鱼、草鱼、鲢鱼、鳙鱼总量占比在全国渔业较大，是中国传统养殖的“四大家鱼”。其他不同地区根据地区特点，鱼类占比各有差异，比如黑龙江的大马哈鱼、珠江的鲮鱼和卷口鱼、黄河的花斑裸鲤和扁啮齿鱼、乌苏里江的白鲑；然而像太湖的银鱼，虽然鱼类个体较小，但群体数量大，整体经济价值高。同时黄河鲤鱼、松江鲈鱼、兴凯湖白鱼、松花江鲑鱼并称为中国“四大淡水名鱼”。

1．青鱼

（1）品种特征　青鱼，鱼体呈长筒形，头稍扁平，尾部侧扁，腹圆无棱，嘴端较草鱼为尖，体背部青黑，腹部灰白，各鳍均为深黑色。口短，较尖，口长大于目径，上颌骨伸达鼻孔后缘的下方。唇部肌肉发达，唇后沟中断，间距较宽。眼位于头两侧的前半部分；两眼间距较宽而微凸，两眼距离是眼球直径的2倍多。鳞中大，侧线基本位于鱼体两侧中轴，呈微弧形，向后延长至尾部正中。生活在水的中下层，喜食螺、蚌、蚬等小型水生物（图2–82）。重可达5千克以上，养殖周期为3～4年。每逢元旦、春节两

图2–82　青鱼

大节日，青鱼便成为江南百姓不可或缺的年货。

（2）营养组成　青鱼含有丰富的蛋白质、碳水化合物、多种维生素以及锌、钙、铁等多种矿物质，尤其富含硒、碘等微量元素，对人体维护细胞的正常代谢，免疫功能的强化有促进作用，同时也有助于延缓衰老、抑制肿瘤。青鱼体内还含有EPA和DHA，可以促进大脑发育，适宜青少年食用。

青鱼肉性平、味甘、无毒，具有补血益气、健脾养胃、养肝明目等功效，对于脾胃虚弱、脚气湿痹、烦闷、疟疾等病症有食疗的作用。青鱼胆性寒味苦，有毒，具有泻热、消炎、明目的功效，内服可用于治疗扁桃体炎，外用可以治疗目赤肿痛、结膜炎等病症。

（3）烹饪应用　青鱼肉厚刺少而多脂，味道鲜美。适用于多种烹调方法，如煎、炸、炒、烹、熘、烧、蒸、烤等；也可加工成各种形态，如块、条、丝、丁、片、肉糜等。经过加工后，既可以作为主料单独成菜，也可作为配料辅助于其他菜肴，既可整条使用也可以分档使用。整鱼，适于蒸、烧等烹调方法，如红烧青鱼等；中段，可整段用也可剞成花刀或加工成片、丝、条、糜等，代表菜有红烧中段、粉蒸青鱼、菊花鱼、葡萄鱼、三丝鱼卷等；头和尾，即可分开各自成菜也可合用制作成菜，代表菜有红烧白桃（眼睛）、红烧下巴、红烧划水、红烧头尾、汤头尾等。在调味方面，适于多种调味技法和味型。青鱼的内脏也可以制作成菜肴，但是值得注意的是，青鱼的鱼胆有毒，在加工时应去除。青鱼除鲜食外，还可以加工成各种制品，可腌制、干制、风制、腊制、熏制、糟制、罐制等，加工成鱼松、鱼香肠等食品。

2. 草鱼

（1）品种特征　草鱼，鲤科，以水草为食，主要生活在平原地区淡水域，大多喜欢在水的中下层和近岸多水草区域活动。生性活泼，游动速度快，经常成群觅食（图2-83）。草鱼的幼鱼时期以幼虫、藻类为食，成鱼期也食，如蚯蚓、蜻蜓等荤食。品种在中国分布广泛，主要栖息于黑龙江至云南元江地区。

图2-83　草鱼

草鱼体形较长，口略钝，有两行下咽齿，呈梳形。通体呈茶色偏黄，腹部偏灰白色，鳍色整体为浅色，胸鳍、腹鳍略深。背鳍外部边缘平直没有硬刺，位置在腹鳍的上方。

（2）营养组成　草鱼含有丰富的蛋白质，主要以不饱和脂肪酸为主，对心脑血管，血液循环起到保护作用，是心脑血管病人最佳食物来源。草鱼营养丰富，富含多种微量元素和多种维生素，硒元素尤其多，具有美容养颜、延缓衰老的作用，同时对肿瘤的预防也有一定功效。草鱼可以增进食欲，是身体瘦弱、食欲不振的人的最佳食物选择。

中医认为，草鱼性温，味甘，入肝、胃经。具有暖胃和中、平降肝阳、祛风治痹、滋阴明目之功效。对体虚胃弱、营养不良、肝阳上亢等病症有一定的食疗作用。由于喂养草鱼的食料简单，饲料选择来源广泛，肉鲜味美，是养殖鱼类的优选品种，也是中国传统的四大淡水养殖鱼类之一，经济价值较高。

（3）烹饪应用　草鱼肉质细嫩，呈白色，肉厚而刺少，肉质富有弹性，肉味鲜美。《本草纲目》中记载："鲩鱼（即草鱼），其形长圆，肉厚而松。状类青鱼。有青鲩、白鲩二色，白者味胜"。在烹饪应用中，适用于多种加工方法，可以整条使用，也可加工成多种形状，如片、块、条、蓉、丝等；适用于多种烹调方法，如蒸、烧、煎、焖、炒等，也可制作鱼丸，比较有代表性的菜有清蒸鲩鱼、蒜香草鱼、草鱼豆腐等。

在烹制草鱼类菜肴时应注意，由于草鱼含水分多、草腥味较大、出水易烂，因此在制作菜肴时应选用鲜活的草鱼且烹制时间不宜过长，调味时可适当多放一些料酒、醋、葱、姜等调料，达到去除腥味的目的。

3．鲢鱼

（1）品种特征

鲢鱼，属于鲤形目，鲤科，又叫水鲢、鲢子，是著名的四大家鱼之一，属于典型的滤食性鱼类。

鲢鱼，体侧扁而稍高，腹部狭窄，腹棱自胸鳍直达肛门。头长约为体长的1/4，吻呈钝圆形，较短口宽。眼小，位置在头两侧中轴偏下。体被鳞片较多，呈圆鳞状，尾鳍呈深叉状。腹腔较大，腹膜呈黑色。通体呈银灰色，背侧面较暗，下侧偏银白色，各鳍为淡灰色（图2–84）。

图2–84　鲢鱼

（2）营养组成　鲢鱼的营养组成丰富，含有多种成分，蛋白质含量为15%～20%，消化吸收率高达95%以上，而脂肪含量却不高，仅为1%～10%。鱼肉中还含有多种人体必需的氨基酸，维生素A、维生素B_1、维生素B_2、维生素D和多种矿物质。鲢鱼中含有的胶原蛋白是女性美容养颜的滋补佳品，它对皮肤粗糙、头发干枯脆弱易脱落等症状有较好改善，是多数女性鱼类菜肴的最佳选择。鲢鱼暖胃，有补气、泽肤之功效，适用于脾胃虚寒体质者，同时对脾胃气虚所致的乳少等症有一定功效。鱼肉中含有的不饱和脂肪酸和鱼鳞中含有的卵磷脂，对动脉硬化有较好的预防作用，可以降低血脂，促进血液循环，抑制血小板凝集，降低血栓形成的风险，具有健脑作用。

（3）烹饪应用　鲢鱼肉薄，肉质细嫩，味道鲜美，以体较大者为佳，体重在0.75千克以上者口感较好，但小刺较多。《随息居饮食谱》中记载："其腹最腴，烹鲜极美，肥大者胜，腌食亦佳。"在烹饪应用中，可整用也可加工成多种形状，如段、块、片、丁等。适用于多种烹调方法，如炒、煎、煮、烧、炖、焖、炸、汆等，代表菜有红烧全鱼、豆瓣鲜鱼、炒鲢鱼片等。在烹制鲢鱼类菜肴时，由于鱼胆有毒，加工时应予以去除。

4．鳙鱼

（1）品种特征　鳙鱼又叫花鲢、胖头鱼。有"水中清道夫"的雅称，是中国四大家鱼之一，鳙鱼多生长在淡水湖泊、河流、水库、池塘里，主要分布栖息在水域的中上层。鳙鱼是中国特有鱼类，在中国分布广泛，但以长江流域中下游区域为主要产地，以冬季所产的质量较高。肉质细嫩，小细刺较多，以滤食浮游生物为生（图2–85）。

图2–85　鳙鱼

鳙鱼体侧扁，较高；头极大，前部宽阔。吻短而圆钝，口大，口裂向上倾斜，上唇中间部分很厚。眼小，位于头前侧中轴的下方。鳃耙呈页状，数目多，且排列紧密，但不连合。鳙鱼背鳍底部较短，起点在鱼体后半部位，位于腹鳍起点之后，各鳍上有许多黑色小斑点，整体呈灰色。体侧上半部及背部稍黑，也有许多不规则的黑色斑点，腹部呈灰白色。

（2）营养组成　鳙鱼属于高蛋白、低脂肪、低胆固醇的鱼类，每100克鱼肉中含蛋白质15.3克、脂肪0.9克。鳙鱼的鱼脑中含有一种人体所需的鱼油，其中含有大量的多不饱和脂肪酸，可以起到维持、提高、改善大脑机能的作用。鱼脑髓富含磷脂及脑垂体后叶素，可改善记忆力，常吃能祛眩晕、益智商、助记忆，对心血管系统也有保护作用。鱼头入药可治风湿头痛，妇女头晕，常用的养生方即人参鳙鱼汤。另外，鳙鱼还含有多种维生素及矿物质，如维生素B_2、维生素C、钙、磷、铁等营养元素。鱼鳃下边的肉水分含量高，呈透明胶状，且富含胶原蛋白，对人体组织修复有积极作用。

（3）烹饪应用　鳙鱼肉质细嫩，但小刺较多，味道鲜美，尤其是其头部，大而肥美，早在《本草纲目》中就有记载："鲢之美在腹，鳙之美在头。"除此之外，在《随息居饮食谱》中也有记载："盖鱼之鳙，常以此供馐食者，故命名如此。其头最美，以大而色较白者良。"在烹饪应用中，可整用或经刀工处理。鳙鱼头部较大，常单独烹制成菜。制作时，适用于多种烹调方法，如蒸、烧、炖、焖、炸等，代表菜有四川的砂锅鱼头、广东的鱼头煲、豆腐鱼头汤、四川的剁椒鱼头等。如果将鱼头拆烩，鱼头的选择宜大不宜小。

5．鲤鱼

（1）品种特征

鲤鱼，又称鲤拐子、鲤子。是中国分布最广、养殖历史最悠久的经济淡水鱼类，原产于中国，13世纪传往欧洲、北美以及其他地区，杂食性。

鲤鱼身体侧扁而腹部圆，口呈马蹄形，须两对。背鳍基部较长，背鳍和臀鳍均有一根粗壮带锯齿的硬棘。体侧金黄色，腹部白色，背部灰黑，雄性成体尾鳍下叶橙红色（图2–86）。按鲤鱼生长环境来说，河鲤鱼尾红，肉厚质嫩味鲜为佳品。鲤鱼鳞大，上颚两侧各有二须，常喜单独或成小群栖息于水草丛生的河湖、池塘，在水域不大的地方有洄游的习性，一年四季均产，但以2～3月最为肥美。背鳍底部较长，背鳍、臀鳍皆有粗壮的带锯齿的硬刺，口腔的深处有咽喉齿，用来磨碎食物。

图2–86　鲤鱼

优质的鲤鱼眼睛凸起，澄亮有光泽，鳃盖紧闭，鳃丝呈红色或鲜红色，无黏液污物，鳞片大而整齐，排列紧密无脱落，鱼体表面有光泽，体形直，鱼肚充实、完整，鱼头尾部弯曲，鲤鱼以500～750克重为最佳。

（2）营养组成　鲤鱼含有极高的优质蛋白，且人体消化吸收率高达96%，并含有多种人体所需的必需氨基酸、矿物质、维生素A和维生素D等营养物质。鲤鱼含有较多的不饱和脂肪酸，有防治动脉硬化、冠心病等心脑血管疾病功效，所以，鱼类是健康养生的佳品。

鲤鱼性平味甘，入脾、肾、肺经。中医学认为，鲤鱼有补脾健胃、利水消肿、通乳的功效作用。鲤鱼各部位均可入药，对孕妇安胎、妊娠性消肿有很好的食疗效果。对各种水肿、浮肿、黄疸、乳汁不通都有较好的食疗效果。

（3）烹饪应用 鲤鱼肉质肥厚细嫩，刺少，肉味纯正。陶弘景曾对鲤鱼有这样的描述："诸鱼之长、食品上味"。在烹饪应用中，多以整形烹调，经过花刀处理后使其成形美观，也易于烹调入味：也可经刀工处理后加工成多种形状，如块、条、段、蓉等。制作时，适用于多种烹调方法，如炒、烧、熘等，代表菜有金毛狮子鱼、抓炒鱼片、糖醋瓦块鱼、干烧中段、糖醋黄河鲤、三鲜脱骨鱼等。

在加工时值得注意的是，鲤鱼脊背两侧分别有一条白筋，俗称"腥线"，会使菜肴带有特殊的腥气。因此，在加工时要将其去除。去除方法：在靠腮的地方和脐门处分别割开一个小口至骨。用刀面拍鱼身使白筋显露，再用镊子夹住将其轻轻抽出即可。

6. 鳜鱼

（1）品种特征 鳜是鮨科、属鲈形目，鳜属的鱼类。因其主产于中国，产量居世界之首，故又称中华鱼，为中国名贵淡水鱼，多用于宴席。鳜鱼，体高，侧扁，眼后背部显著隆起。吻尖突，头中大，吻长大于眼径。眼中大，略大于眼间隔。口大，端位，斜裂。头、体被小圆鳞，吻部和眼间无鳞。通体背部棕黄色，腹面白色。鱼体表面有许多不规则褐色斑块和斑点。背鳍、臀鳍和尾鳍均具黑色点斑，胸鳍和腹鳍浅色（图2–87）。

图2–87 鳜鱼

鳜鱼一年四季均产，以2～3月最为肥美，食用鳜鱼的大小以750克为最佳。鳜鱼喜欢生活在江河、湖泊等水草丛生、水质干净的水体中，喜欢夜间四处活动觅食，白天藏于水中。鳜鱼生性凶猛，属肉食性鱼类，靠捕食其他鱼类和水生动物生存。除青藏高原外，分布于全国各水系，俄罗斯、朝鲜、韩国、日本等国家也有分布。

（2）营养组成 鳜鱼营养丰富，富含蛋白质、脂肪、钙、磷、烟酸等营养元素。鳜鱼鱼肉软嫩，味道鲜美，肉多刺少，早在唐代就有诗人张志和盛赞鳜鱼的诗句"桃花流水鳜鱼肥"，证明了自古以来鳜鱼就深受人们喜爱，现在也深受社会各界消费者青睐。鳜鱼具有重要经济价值，中医认为，鳜鱼肉性平、味甘，有补气血、益脾胃之功能，可补五脏、益脾胃、充气胃、疗虚损，适用于气血虚弱体质，对虚劳体弱等人群有食疗作用。

（3）烹饪应用 鳜鱼骨疏少刺，味道鲜美。肉质细嫩洁白，胶原蛋白质丰富。从肛门处削断直肠，用方头竹筷沿鳃口插入腹腔，绞拉出内脏，可保证鱼腹完整、清洗后即可供加工处理；也可整鱼出骨，既可保证鳜鱼整形、食之又无去骨刺之嫌，更可填入他料成菜。可削切解体加工成片、丝、丁、块、粒等使用，筵席制馔多用整形。鲜活入馔，最宜清蒸，以显其丰厚、肥嫩、腴美之特色，也可醋熘、红烧、干烧、火烤等。适合咸鲜、糖醋、五香、糟香、酱汁、茄汁、麻辣、酸辣等各种味型。名菜有清蒸鳜鱼、叉烤鳜鱼、八宝鳜鱼、松鼠鳜鱼、白汁鳜鱼、龙须鳜鱼、松籽鱼米、瓜姜鱼丝、鲜奶鱼馄饨等。安徽菜"腌鲜鳜鱼"系先经腌制、经发酵后蛋白质分解，虽出现臭味，也使呈鲜物质析出，烹制成菜反更鲜香，成为徽菜中名品。

鳜鱼脏杂中的幽门垂多而成簇，俗称“鳜鱼花”，是一种附生于鱼胃的可以帮助消化、输送养分的器官，为上等烹饪原料，可单独烹、炒、熘、烩成菜，清香扑鼻，软嫩滑脆，风味独特，应注意收集、利用，用于制作菜肴味清香、鲜脆可口。

7. 鲫鱼

（1）品种特征　鲫鱼是我国生活在除青藏高原地域以外各大水系的鱼类，是常见的淡水鱼类之一。鲫鱼，是杂食性，但植物为主要食物来源，喜欢群居，多生活在食物丰富、水草密集的水域。鲫鱼也可作为一种观赏鱼，颜色亮丽、姿态摇曳的金鱼就是由鲫鱼演变而来。鲫鱼体侧扁而高，整体体形较小，背部颜色发暗，腹部颜色偏白，鳍条呈灰白色，大多数呈黑色并带有金属光泽，但是，鱼体颜色也根据生长地域不同而有所不同。嘴上无须，鱼鳞较小（图2–88）。

图2–88　鲫鱼

鲫鱼在我国养殖历史悠久，是我国重要的养殖性鱼类，由于其食性种类广泛，对生存环境适应能力强、生育繁殖力强、成长速度快、对水温要求不高，易于养殖。

（2）营养组成　鲫鱼肌肉纤维细短，水分含量较多，因此鲫鱼鱼肉组织柔软细嫩，味道鲜美，比畜、禽肉更易消化吸收，是我国重要的食用鱼类之一，以2～4月份和8～12月份的最为肥美。鲫鱼营养价值很高，鲫鱼蛋白质的氨基酸组成与人体蛋白质氨基酸模式接近，属于优质蛋白，蛋白质含量13克/100克，脂肪11克/100克，并含有大量的钙、磷、铁等矿物质。鲫鱼脂肪主要以不饱和脂肪酸存在，其中EPA具有降血脂、预防动脉粥样硬化、抑制肿瘤等作用；除此之外，其鱼肉中的维生素A、维生素E、维生素D、维生素B_2、维生素B_1、烟酸的含量也很高。鲫鱼性平味甘，入胃、肾经，具有较高的药用价值，具有和中补虚、温胃进食、补中益气之功效。自古以来，鲫鱼就作为食疗食材，用来给体质虚弱者健脾益气、利尿消肿，尤其是在通乳方面，活鲫鱼炖汤有较好的效果。

（3）烹饪应用　立冬以后，正值鲫鱼繁殖旺盛时期，籽多且肌肉肥美，滋味鲜美。鲫鱼做法多样，烧、炖、焖均可，以做汤最为美味，比如鲫鱼豆腐汤、鲫鱼猪蹄汤等。鲫鱼肉质薄而细嫩，味道鲜美，营养价值较高，但刺较多。常分两大品系：银（品质较好，味鲜而肥嫩）、黑（品质较次，稍有土腥味）。在烹饪应用中，可整用也可经刀工处理进行烹调，一般整用较多。适用于多种烹调方法，如烧、煮、炸、蒸等。代表菜有豆腐鲫鱼、萝卜丝鲫鱼汤、荷包鲫鱼、清蒸鲫鱼等。

8. 黄鳝

（1）品种特征　黄鳝，体形细长呈蛇形，是我国特产野生淡水鱼类之一（图2–89）。黄鳝喜欢栖息在温热带淡水底的泥质洞穴中，分布极为广泛，我国除青海、西藏、黑龙江等水域以外，其他水域均有分布，其中长江和珠江水域产量最多。黄鳝体长20～70厘米，最长可达1米。鱼体前半部分圆后部扁细，尾尖细，头长而圆，口大，唇颇发达。上下颌有细齿，头粗尾细，鱼体体表光滑无鳞有黏液，鱼体有黄褐色或青色两种，长有不规则的暗黑斑点，各鳍基本退化，肉厚刺少。鳃严重退化，由口腔内壁表皮与肠道来掌管呼吸，喉部膨大能吞吐空气，适应缺氧的水体，离水不易死亡。

图2-89　黄鳝

（2）营养组成　黄鳝营养价值甚高，蛋白质含量高，每100克鳝鱼肉中蛋白质含量达17.2～18.8克、脂肪含量低，每100克鱼肉中含有0.9～1.2克，肉鲜味美，黄鳝肉中钙（钙38毫克）和铁（铁1.6毫克）含量较高，仅次于鲤鱼和青鱼，此外，还含有磷150毫克，维生素B_1、维生素B_2、烟酸、维生素C等多种维生素。

黄鳝不仅可作为宴席菜肴，还有很高的滋补药用价值，民间流传有“夏吃一条鳝，冬吃一支参”的说法。黄鳝肉性温味甘，其肉、血、头、皮均有一定的药用价值。据《本草纲目》记载，黄鳝有补中益血、治虚损、消炎、除风湿等功效。现代医学研究认为，鳝肉中的“黄鳝鱼素”对降血糖有较明显的生理作用，是糖尿病患者的首选食材。黄鳝为经济性食用鱼，市场上多以南部地区人工养殖的活鱼售卖。

（3）烹饪应用　黄鳝肉厚而刺少，从鳝肉到鳝皮，从鳝肠到鳝血，从鳝头到鳝尾，均可制作成菜肴；鳝骨也是一种制汤的良好原料，烹调时宜加蒜瓣，成菜后宜加胡椒粉去腥增香，加工后的鳝角料适应各种烹调鱼品的方法。粗大活鳝鱼剖腹去杂切段后适于红烧、清蒸、煲汤。在烹饪应用中，多经刀工处理后进行烹调，可以加工成段、丝、条、片等。适用于多种烹调方法，如炒、炖、烧、蒸、爆、煸等。代表菜有干煸鳝丝、红烧鳝段、生爆鳝片、油爆鳝球等。江苏淮安有“全鳝席”，菜品达100余种。在台湾地区多以切片油炒食之，在华人地区黄鳝被视为补血强壮剂。

9．鲶鱼

（1）品种特征　鲶鱼又名胡子鱼，头扁口阔、成鱼上下颌各有4根胡须，上颌须可深达胸鳍末端，下颌须较短，全身无特有鳞片分泌黏液作为保护体表，有些品种有强壮的背鳍刺和胸鳍刺。体长形，尾部侧扁。眼小，被皮膜。鲶鱼体色通常呈黑褐色或灰黑色，略有暗云状斑块（图2-90）。鲶鱼的前4～8个椎骨结合成一体，其骨骼排列方式特殊，鱼鳔和内耳常被小骨链连接起来；无顶骨，头部血管的构造组成与其他鱼类不同，排列方式特殊。鲶鱼在我国分布广泛，在长江和珠江流域生长较多，菜肴食材宜选用4～7月的鱼类为最佳食用原料。

图2-90　鲶鱼

（2）营养组成　鲶鱼营养丰富，鱼肉是优质蛋白的良好来源，含有人体所必需的8种氨基酸，是一种完全蛋白质，很容易被人体消化吸收，据测定，鲶鱼食用部分的每100克中，含有蛋白质14.4克，脂肪2.1克，另外还含有糖类、钙、磷、铁等营养元素。鲶鱼的脂肪含量低，对于高血脂、患有心血管疾病的老年是一种良好的食材。鲶鱼是肉食性鱼类，鱼肉细嫩、美味浓郁，易于人体消化，骨刺少，特别适合年老体弱者、幼儿和消化系统不好、体质虚弱、营养不良的人群食用，可以滋补身体、强健体魄。

（3）烹饪应用　鲶鱼刺少柔嫩，爽利滑润，因其体表黏液腥味较重，烹调时须汆水去除。烹制宜采用红烧、黄焖、红扒、清炖、清蒸等长时间的加热方法，调味可采用咸鲜、糖醋、酸辣等多种味型。鲶鱼可整用，也可加工成段、块、条、片、丁等。名菜有鲶鱼炖豆腐、大蒜烧鲶鱼、小笼粉蒸鲶鱼、豆汁蒸鲶鱼等。

10．罗非鱼

（1）品种特征　罗非鱼，原产非洲，又称非洲鲫鱼，生活在热带水域，属热带性鱼类，不耐低温，水温低于10℃就会死亡，喜欢生活在水域的中下层，以水草为主要食物的杂食性鱼类。罗非鱼繁殖能力强，成鱼速度快，作为淡水养殖鱼类，产量较高，觅食生存习惯标准较低，易少患疾病，故作为较常见的养殖鱼类之一。罗非鱼体侧高，背鳍具10余条鳍棘，尾鳍平截或圆，体侧及尾鳍上具多条纵网列斑纹（图2–91）。

图2–91　罗非鱼

罗非鱼是我国淡水养殖的主要鱼类，因为其营养丰富口味独特而深受人们喜爱，素有“白肉三文鱼”“21世纪之鱼”之称，近几年已经是鱼类产业中养殖、加工进出口的优选品种。目前，养殖罗非鱼以池塘精养为主，主要集中我国南部一带，包括广东、海南等温度较高的地区。除了在国内销售活鱼，其鱼类加工品，如鱼片、鱼排也销往海外，是良好的经济鱼类养殖品种。

（2）营养组成　罗非鱼肌肉蛋白质中的氨基酸组成，总量为14.41%～17.07%。谷氨酸含量最高，色氨酸最低。必需氨基酸占总氨基酸的50.45%～51.57%，风味氨基酸占总氨基酸的36.03%～37.06%。罗非鱼含有丰富的优质蛋白，有人体所需的多种必需氨基酸，营养全面，蛋白含量比鸡蛋含量还要高30%以上，氨基酸比例接近人体氨基酸组成模式，易于人体消化吸收；罗非鱼脂肪含量低，其组成多为多不饱和脂肪酸，具有疏通血管、降低血脂、预防心脑血管疾病，改善健康状况。另外，罗非鱼含有丰富矿物质和维生素，比如钙、铁、锌和B族维生素等，能够增强人体机能，提供人体所必需的微量元素，改善人体健康状况，提高骨骼质量，提升精神状态，增强机体的能量代谢和合成代谢，使人保持年轻活力。

（3）烹饪应用　罗非鱼性平，味甘，可补脾养胃，滋补肝肾，对于消化不良、面黄肌瘦、水肿、筋骨萎弱等症的食疗效果显著。肉质细嫩，味鲜肉美，而且鱼刺少，无肌间小刺，无论是红烧还是清蒸，都是家家户户餐桌上的一道美味，被广大人群所接受。罗非鱼，肉质相对较粗，以红烧、清蒸最好，也常用来煎烤。红烧罗非鱼的口味特点是香嫩酥软，味浓，适合任何人群。

（二）海水鱼

我国是一个海岸线较长（3.2万千米）的国家。我国沿海有渤海、黄海、东海和南海，四海跨越了温带、亚热带和热带水域，构成了我国咸水鱼类品种齐全、产量较高的特点。我国有咸水鱼3000多种，其中软骨鱼纲有237种，硬骨鱼纲有2786种。在硬骨鱼纲中，鲈形目鱼类占总量的一半以上，其次是鲜形目、鳗形目、鲽形目、鲻形目、鳕形目、纯形目等。我国咸水鱼南海占200多种（绝大多数为热带、亚热带鱼类），东海占700多种（大多数为亚热带和热带鱼类），黄海和渤海占300多种（大多数为温带鱼类和少量寒带鱼类）。

1. 带鱼

（1）品种特征　带鱼，又称刀鱼、银刀，属于脊索动物门下脊椎动物亚门中的硬骨鱼纲鲈形目带鱼科，喜欢生活在暖温性底层海域，主要分布在西太平洋和印度洋海域，在中国各大海域都有分布，以东海、黄海的分布密度为大，和大黄鱼、小黄鱼及乌贼并称为中国的四大海产。20世纪50年代后期，鲜带鱼一直颇受社会人士喜爱和推崇，是中国产量最高的一个经济鱼种，由于筵宴菜肴中经常出现，消费量巨大，导致捕鱼量猛增，20世纪80年代之后数量骤然减少，形势趋于恶化。

带鱼鱼体延长而侧扁，呈带状，尾部细长，背鳍长，无腹鳍，口大，下颌突出，牙齿发达尖锐，侧扁而尖，鳃孔宽大，细短。体表光滑，鳞退化成表皮银膜，旱银白色、体长一般50～70厘米，大者长达120厘米。带鱼腹部有小刺，不需要用鳍划水游动，而是通过摆动身躯产生前进的动力（图2-92）。带鱼是杂食性、肉食性鱼类，游动迅速，以捕食毛虾、乌贼及其他小型鱼类为食物，而且非常贪吃，有时会同类相食。喜微光，一般夜间上升至表层，有昼夜垂直移动的习性。

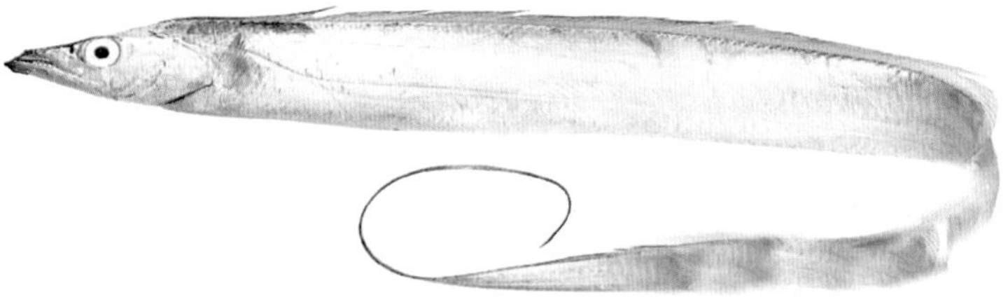

图2-92　带鱼

（2）营养价值　带鱼鲜品营养丰富，每百克带鱼含脂肪74克（不饱和脂肪酸为主），高于其他同类型鱼类，有降低胆固醇的作用，同时还含有优质蛋白质、钙、磷等多种矿物质和维生素。其体表覆盖的银白色脂质，可提取光鳞、海生汀、珍珠素、咖啡碱等供药用或工业用。故建议带鱼初加工，最好不要刮去银色体膜。中医学认为带鱼性甘、温，有滋补强壮、和中开胃、养肝止血、补虚劳之功效，适宜久病体虚、血虚头晕、气短乏力、营养不良之人及皮肤干燥者食用。

（3）烹饪应用　带鱼属高脂鱼类，肉质肥嫩而鲜美，有“开春第一鲜”之美誉，鲜食为佳。在烹饪应用中，常经改刀，成形后使用，可加工成段、块、条等。适用于多种烹调方法，如烧、煎、蒸、炸、焖等。适用于多种味型，如咸鲜、香甜、酸辣、麻辣、咸甜等。代表菜有红烧带鱼、清蒸带鱼、焖带鱼、糖醋带鱼等。需要注意的是，由于带鱼脂肪含量较高，因此在烹调时宜用冷水，不宜用热水，热水烹调后的带鱼腥味较重。

2．大黄鱼

（1）品种特征

大黄鱼，又称大黄花、桂花黄鱼。为暖温性浅海近底层结群性洄游鱼类，我国捕捞大黄鱼已有1700年的历史，为我国重要经济鱼类之一，该鱼的种群资源量虽然较大，但近数十年来，由于捕捞过度，导致该鱼资源几乎陷于枯竭境地。

大黄鱼分布于中国黄海南部、福建和江浙沿海。大黄鱼是石首鱼科、黄鱼属鱼类。体长而侧扁，尾部较细长，头钝尖形，口裂大而倾斜，吻不突出，上颌长等于下颌，牙尖细，背鳍具一缺刻而分成两部分，尾鳍稍呈楔形，侧线伸达尾鳍末端。体侧黄褐色，腹侧金黄色。背鳍、尾鳍浅黄褐色；臀、腹及胸鳍为鲜黄色。口腔内白色，口缘浅红色。一般成鱼体长30～40厘米，大的个体体长达50厘米，体重可达1.6千克。平时栖息较深海区，4～6月向近海游产卵，秋冬又回深海区。故大黄鱼被用作端午节前后的食品之一（图2-93）。

图2-93　大黄鱼

（2）营养价值　大黄鱼经济价值高，含有17种氨基酸，是肿瘤患者补充蛋白质的第一选择，肉质鲜嫩，富含蛋白质，是各界消费者的鲜食佳品，不仅售卖新鲜鱼类，也制作罐头加工成“瓜养鲞”“黄鱼鲞”。鱼鳔可以干制成名贵食品“鱼肚”，又可制成黄鱼胶，为工业用高级胶合剂的原料。中医认为，黄花鱼为石首鱼，具有开胃益气的功效，同时具有一定的药用价值，是一些中、西成药的原料。鱼鳔炒炼焙黄制成中药“鱼鳔胶珠”可治疗消化性溃疡、肾结石等，耳石研磨后与其他中药配伍制成“鱼脑石散”，对治疗鼻窦炎有较好的疗效。

（3）烹饪应用　大黄鱼肉质细嫩鲜香，呈蒜瓣状，制作出的菜肴味道鲜美清香，被视为咸水鱼类中的上品。烹饪应用中，既可整用也可经刀工处理加工成多种形状，如段、片、块、丝、丁等。适用于多种烹调法，如蒸、煎、炸、烧、焖等，且可制作成多种味型的菜肴，如酸甜、酸辣、五香、红油汁等。代表菜肴红烧大鲜、糖醋黄鱼、炸熘黄鱼、家常黄鱼等。值得注意的是，在黄鱼的头部含有大量的黏液，腥味较重，此在制作前应将头皮撕掉，以降低其腥味。在制作整鱼类菜肴时，为保持鱼体的完整性，可以采取鳃取法（鱼类取其内脏的一种方法，也可以叫作“口腔取”）将内脏取出。

3．小黄鱼

（1）品种特征　小黄鱼又称小黄花、小王鱼，是石首鱼科、黄鱼属鱼类。体延长，侧扁，体侧腹部有多列发光颗粒。头钝尖形，口裂大，上颌与下颌等长，上颌骨后缘与眼眶后缘齐平；头部及体侧前部被圆鳞，背鳍、臀鳍、尾鳍皆有小圆鳞。体侧上半部为黄褐色，下半部各鳞下都具金黄色腺体；下颌前端有褐色斑。鳍色以褐色、金黄色为主（图2-94）。

鱼汛期在每年的4～6月和9～10月。小黄鱼主要分布在我国黄海、渤海、东海。小黄鱼与大黄鱼统称为黄花鱼，但却是两个独立的品种。两者的区别在于：大黄鱼头部较大，小黄鱼头部较长；大黄鱼眼睛较大，小黄鱼眼睛较小；大黄鱼嘴部略圆，小黄鱼嘴部略尖；大黄鱼鳞片较小，小黄鱼鳞片较大；大黄鱼尾柄较长，小黄鱼尾柄较短。

图2-94 小黄鱼

（2）营养价值　小黄鱼营养价值与大黄鱼相似。中医认为小黄鱼味甘、性平，具有健脾开胃、安神止痢、益气填精之功效，对贫血、失眠、头晕、食欲不振及妇女产后体虚有良好疗效。但小黄鱼是发物，哮喘病人和过敏体质的人应慎食。

（3）烹饪应用　小黄鱼滋味比大黄鱼更加鲜美，小黄鱼肉嫩且多，肉呈蒜瓣状，刺少，味道鲜美，适合烧、煎、炸、糖醋等烹调方法，也可清蒸。如果用油煎的话，油量须多一些，以免将黄鱼肉煎散，煎的时间不宜过长。小黄鱼在烹饪中因其形体小，不如大黄鱼应用广泛。一般以干炸、熬汤等方法制作菜肴，用小黄鱼制作的菜肴有葱油小黄鱼、清蒸小黄鱼、香酥小黄鱼等。

4．鳐鱼

（1）品种特征　鳐鱼，软骨鱼纲。体平扁，吻呈三角形，突出或钝圆，边缘无吻齿。胸鳍发达，与头侧相连成体盘，口及鼻孔均腹位，有时头侧与胸鳍间有发电器。背鳍2个，无硬棘，位于近尾端；尾柄粗大，尾鳍发达，臀鳍消失。体盘宽大，近亚圆形或近斜方形。腹鳍前部分化为足趾状构造，具有掘沙土的功能。尾侧常具1对长纺锤形发电器官。背部有一喷水孔，内骨骼全由软骨组成（图2-95）。

图2-95 鳐鱼

（2）营养价值　鳐鱼含蛋白质、烟酸、钾、钠等。中医认为鳐鱼性寒、味苦。营养不足的人食用可补充营养，可有效防治风湿性关节痛、跌打肿痛、疮疖、溃疡等疾病。

（3）烹饪应用　烹饪上可采用烧、焖、炖、炸等方法。因其腥味较大，烹调时应多放些醋、酒、姜等去腥味原料。鱼肉质因种类不同而质量不同，以锯鳐科和犁头鳐科的肉质最佳，团扇鳐肉质较差，多制成盐干品。烹制取较长时间加热的烹调法为宜，可采用烧、焖、炖、炸等方法成菜。菜肴有家常焖老板鱼、烤炖鳐鱼、蒜泥拌鳐鱼等。锯鳐和犁头鳐的皮可制作鱼皮，鳍可加工成鱼翅（也称“群翅”），唇部可干制成鱼唇，头侧透明软骨可加工成明骨。

需要额外注意的是，鳐鱼因其血液中含有较多的尿素，烹饪前应做脱氨处理，否则会有尿素味，即将肉切成块状，用开水烫一遍，再用5%的食醋水浸泡半小时，脱氨效果较好。烹调时可用食醋、柠檬酸或番茄汁来解尿素，同时还可提高肉的质量。

5．石斑鱼

图2–96　石斑鱼

（1）品种特征　石斑鱼是暖水性的大中型海产鱼类。体形中长，一般呈椭圆或长椭圆形，侧扁；头长大于体高；背鳍棘部强大，与鳍条部相连，体附栉鳞，口大，牙细尖，一背鳍和臀鳍都有硬棘；胸鳍宽大，位低，一般呈圆形；腹鳍位于胸鳍下方；体被小栉鳞；侧线达尾鳍基部；尾鳍圆形、截形或凹形（图2–96）。其色彩变异很多，常呈褐色或红色，并有条纹和斑点，同种类的石斑鱼体型差异较大，30%以上的石斑鱼种类体长可达1米以上，超大体型者可超过2米。品种有红点石斑鱼、青石斑鱼和网石斑鱼。产季为4～7月时最为肥美。

（2）营养价值　石斑鱼中必需氨基酸含量较高，占氨基酸总量均超过37%，跟FAO/WTO所建议的理想蛋白模式比较，石斑鱼的必需氨基酸指数均接近人体氨基酸比例，说明石斑鱼是质量较好的蛋白质来源，且有益于人体消化吸收。另外，石斑鱼的鲜味氨基酸含量也十分丰富，这说明了石斑鱼味道比较鲜美。石斑鱼脂肪以多不饱和脂肪酸为主，且含量比其他海水鱼类略高，EPA和DHA含量占多不饱和脂肪酸含量的58%～88%，其对人体大脑健康发育、心脑血管疾病的预防有积极的作用。所以石斑鱼是味道鲜美、优质蛋白含量高、不饱和脂肪酸含量高、氨基酸组成合理均衡的鱼，是一种营养价值极高的上等食用鱼类。

（3）烹饪应用　石斑鱼肉厚刺少，蒜瓣肉，肉鲜味美，烹饪上根据不同品种分别使用不同的烹调方法。老鼠斑最宜清蒸，红玫瑰宜清蒸、炒或煲汤，东星斑宜清蒸，西星斑宜炒或煲汤。其肉剔下后可制成鱼丸或馅心。石斑鱼属于上等食用鱼类，是广东菜中的常用原料，著名菜点如麒麟石斑鱼等。

（三）洄游鱼

洄游是鱼类为寻找在生活的某一时期所需要的特定环境，最后返回出发地点的定期、定向、集群性地迁徙运动。鱼类的生活形形色色，大多数鱼类只单纯生活在一种水域中，然而有不到10%的洄游鱼类在淡水和海洋两种生境中来回迁徙。由于鱼类栖息环境的不同，洄游性质的不同。人们常常把洄游鱼类分成几大类。在海洋中生长但需要去淡水中繁殖称为溯河洄游（如中华鲟），在淡水中生长但需要去海洋中繁殖称为降海洄游（如花鳗鲡）。如果肥育和繁殖的迁徙发生在河湖之间，就称之为半洄游性鱼类，一般是在湖泊中肥育，在河流中产卵（如四大家鱼）。还有一些鱼类的生活限于河流的干支流，只进行相对较短距离的迁徙。根据鱼类洄游的性质，把进行长距离移动和海河之间运动的鱼类称作洄游鱼类，把不同淡水水体之间的移动或江河上下游之间的移动称作半洄游鱼类。如大、小黄鱼在生殖时期，由深海游向浅海和近海作产卵洄游。

从烹饪原料分类的角度来看，某些洄游鱼类品种既不属于淡水鱼，也不是海产鱼，如大麻哈鱼、鲑鱼、东方豚类等是在海洋中生活成长，溯河到淡水中产卵，被称为“溯河洄游鱼”；鳗鲡、松江鲈鱼是在淡水中生活成长，到海洋中产卵，被称为“降海洄游鱼”。由于长期过度捕捞、水质污染，兴建大型水利工程，影响了鱼类的洄游通道和产卵场所，一些经济价值高的鲥鱼、刀鱼、河鲀等濒临灭绝。

1. 大麻哈鱼

（1）品种特征　大麻哈鱼，属硬骨鱼纲、鲑形目、鲑科、鲑亚科、大麻哈鱼属，是太平洋鲑属的一种凶猛的肉食性鱼类。为名贵的冷水性经济鱼类之一，中国东北著名特产鱼类，由于滥捕，资源一度受损。大麻哈鱼体延长稍侧扁，头后逐渐隆起。背腹外廓相对称，头长与体高略相等，纺锤形，口裂大，眼小，在体轴线的下方，牙尖锐，背鳍、胸鳍和腹鳍较小，背鳍居于体中央稍后，尾鳍呈叉形，背部近尾端有脂鳍。鳞细小，生活在海洋时体银白色，洄游入河不久色彩即非常鲜艳。体色逐渐变暗，并在体侧出现10～12条紫红色纵斑纹的婚姻色。当到达产卵地时，整个体色变得黯淡。背部与体侧先变为黄绿色，后渐暗至青黑色，腹部银白色。体长可达100厘米（图2-97）。

图2-97　大麻哈鱼

大麻哈鱼属于冷水性溯河产卵洄游鱼类，幼鱼在海洋里生活3～5年，通常4龄达到性成熟，成熟后回江河产卵。平时于海洋中生长，秋季生殖季节集群进入黑龙江、乌苏里江产卵，雌鱼在产卵后死亡。正如黑龙江渔民所说："海里生，江里死"。幼鱼在4～6月顺流而下，在河口中咸淡水区生活1个月后入海，至性成熟后又复归江河中产卵。

（2）营养价值　大麻哈鱼素以肉质鲜美、营养丰富著称于世，历来被人们视为名贵鱼类。大麻哈鱼体内每千克鱼肉含有5毫克的天然虾青素，虾青素是一种优质的保健营养物质。研究发现，虾青素一种强抗氧化剂，因此长期吃鲑鱼的爱斯基摩人基本没有心脏病、糖尿病、动脉硬化等，而且体力超强，营养学家推测可能是由于虾青素的作用。

大麻哈鱼除了肉鲜味美，柔软细嫩，其鱼子更为名贵。它的鱼子营养价值极高，且价格昂贵，由于其鱼子比其他一般鱼子大得多，直径约7毫米，色泽嫣红清亮，晶莹剔透，营养丰富，故是制作鱼子酱的上好原料。经盐渍的鱼子，具有丰富的蛋白质及卵磷脂，对维护人体的神经系统，控制脂肪代谢的紊乱均有积极意义，被誉为养生佳品。

（3）烹饪应用　鱼肉有补虚劳、健脾胃、暖胃和中的功能，可治消瘦、水肿、消瘦、消化不良、胸闷胀饱等症。鱼肉质紧实、细嫩，富有弹性，脂肪含量较高，味道鲜美；肉色呈橘红色或红玫瑰色。在烹饪应用中，适用于多种烹调方法，如烧、焖、炖、蒸、煮等，可制作生鱼片，也可做馅心。因其生产季节气温较高，过去鲜运不太容易。因此将大麻哈鱼进行腌制加工，腌制后的肉质紧密、红润、细嫩，可加工成段、块等，以清蒸供食，自动出油，味道清香。将其与豆腐同炖，是家常名食；经熏、烤，也饶有风味。名菜有清蒸大麻哈鱼、清炖大麻哈鱼、干烧大麻哈鱼等。另外鱼体可制成罐头或干燥盐腌、烟熏与冷冻，以清蒸、油炸、火烤等方式烹煮均美味。值得注意的是，大麻哈鱼的卵比一般鱼卵要大，大小如珍珠，呈红色，晶莹透亮，可制成"红鱼子"，深受西方人的喜爱。

2．银鱼

（1）品种特征 银鱼又称银条鱼、面条鱼。体形延长，近圆筒形，后段略侧扁，体长约12厘米。头部极扁平，眼大，口大，吻长而尖。上下颌等长，前上颌骨、上颌骨、下颌骨和口盖上各有一排细齿。珠湖银鱼因为个体较小，肉质透明性较好，黑点透射使整体呈亮灰色时为上品（图2-98）。主要分布于我国山东至浙江沿海。

图2-98 银鱼

（2）营养价值 银鱼含有的钙元素丰富，肉质细腻，无骨无肠，无鳞无刺，可做宝宝辅食。据现代营养学分析，银鱼营养丰富，具有高蛋白、低脂肪之特点。

（3）烹饪应用 明代医学泰斗李时珍在《本草纲目》中说银鱼："食之甚美，味甘无毒，可作'羹食'，宽中健胃，补肺清全，滋阴火，补虚劳。"《食疗本草》也载有"银鱼利水，润肺止咳"的作用。银鱼经过晒干之后，其营养元素富集，其中以钙含量最高，在鱼类中占据第一。据营养学家研究显示，食用高钙食品，能显著降低骨折、骨质疏松的发生风险，同时能有效地控制大肠癌的发生概率。所以，银鱼是延缓衰老、强健体魄、养生保健的食补佳品。

3．河豚

（1）品种特征 河豚，称河豚龟鱼、气泡鱼等，为鲀形目鲀科东方鲀属鱼类的通称。河豚体粗大，体呈圆筒形，向后渐狭，体裸露无鳞或被覆刺鳞，嘴中有牙眼大且位高；无腹鳍，背鳍与臀鳍相对各一个，胸鳍一对，尾鳍截形或圆形或新月形鳍；鱼体背部色深，腹部为乳白色、体表有花纹，体色及花纹随种类的不同而异。

图2-99 河豚

河豚属于溯河洄游鱼类。河豚产卵时生活于近海底层或河口半咸水区，少数品种也可进入淡水中产卵。幼鱼在淡水中成长后，即返回海洋中生活。我国长江、鸭绿江、辽河等各大河流都有产出，以长江所产最多，集中在江阴、镇江一带。每年春、夏两季为捕鱼最佳时期。河豚生性胆小而贪婪，其食道结构特殊，向前腹侧及后腹侧扩大成囊，遇敌害时能吸入水和空气，使胸腹部膨胀如球，浮于水面用于自卫，被捕获后，虽离水亦能吸气膨胀，发出咕咕的声音。挑选河豚，以新鲜无腥味、表面光泽无伤痕，少淤血，肌肉富有弹性，无污染者为最优质。

（2）营养价值　河豚鱼肉味腴美，鲜嫩无刺，蛋白质含量高达28.2%，钙、磷含量较高，营养价值较其他鱼类更为丰富，长期以名贵鱼类著称。河豚鱼高蛋白、低脂肪，是鱼类中脂肪含量最低的一种，据测定，100克河豚鱼肉中蛋白质含量高达18.7克，而脂肪含量仅为0.26克。此外，河豚鱼还含有丰富的维生素B_1、维生素B_2以及硒、锌等多种有益的微量元素。

中医认为，河豚性温味甘，具有除风湿、补脾、利湿等功效，适用于久患风湿、腰腿无力、疼痛酸楚、脾虚水肿者食用。但是值得关注的是，河豚中含有的神经毒素如处理不当将会有致命的风险，其毒性比氰化钾要高近千倍。在日本，每年都有一些人因误食河豚毒而死。

（3）烹饪应用　河豚肉味美至极而无芒刺，被誉为“三鲜”之冠，中国江阴、镇江等沿江居民有传统食用豚类习惯，在江阴每年都要消费掉400～500吨河豚，并逐渐形成了一套烹食河豚的独特技术。整个烹制过程严格缜密而精细，在江阴由专职厨师加工的河豚肴馔有白汁河豚、红烧河豚、椒盐河豚鱼排、巴鱼汤、滑炒西施肝、河豚三鲜煲等。

4．鲥鱼

（1）品种特征　鲥鱼是鲱科、鲥属的一种鱼类。平时生长在海中，每年4～6月在江中产卵繁殖，后返回大海，幼鱼在淡水中生长，一般长到150毫米左右入海，继续生长。在我国长江、珠江、钱塘江均有产出，以长江下游所产最多最肥。体背部呈绿色，体侧和腹部银白色。幼鱼期吻部乳白色，体侧有斑点，背、尾鳍边缘灰黑色，鳍淡黄色（图2–100）。

图2–100　鲥鱼

新鲜的鲥鱼，鱼目明亮，鱼鳃呈红色或鲜红色，鱼鳞完整，无伤痕，肉质硬实，无腥臭味。鲥鱼属名贵食用鱼类，该鱼初入江时体内脂肪肥厚，蒜瓣肉，肉厚，软嫩多汁、肉中刺多而软。产卵后肉质变老，质量大为逊色，故鲥鱼上市季节较短，以端午节前后20天所产最佳，过此季节，质较老。

（2）营养价值　由于鲥鱼多以浮游生物为食，故肉质肥美、味道清鲜，营养价值和经济价值较高，有“鱼中之王”的美誉。鲥鱼还有药用食疗价值。据药书记载，鲥鱼肉性温味甘，具有滋补壮体、消炎解毒的功效，古时鲥鱼也是地方给朝廷的进贡佳品，被列入御膳美食。

（3）烹饪应用　鲥鱼初入江时，丰腴肥硕，脂肪含量高，鳞片下也富含脂肪，在制作菜肴时可使鱼肉更加鲜美。因此，鲥鱼在初加工时不用去鳞。在烹饪中为高档菜肴原料，多用来制作宴席中的大菜。鲥鱼宜整条烹制，也可剖片或大段使用。此鱼最宜清蒸，以保持其本身鲜美滋味，辅料以鲜笋片为好。鲥鱼也可烟熏、火烤成菜，油煎、煮汤也不失其味；鲥鱼调味力求清淡，以突出清香本味。用鲥鱼制作的菜肴有清蒸鲥鱼、毛峰鲥鱼、酒酿蒸鲥鱼等。

任务三　掌握虾、蟹、软体、贝类等常用水产原料的烹饪应用及特点

虾蟹类是生活在海洋和淡水中一类常见生物，是甲壳类中营养和经济价值较高的一个类群。蟹的甲壳坚而脆，它们一生中要蜕壳多次，否则会限制其身体的继续生长。蟹腹腔内容物多，肌肉少。虾则相反，虾的身体上都包裹着一层甲壳，称为外骨骼，虾的甲壳软而韧。虾的内脏少、肌肉多。虾蟹类由于其肉味鲜美，肉质软嫩，又含有较高的营养物质，是人们十分喜爱的高档水产品。

一、虾蟹类形态特征

（一）虾类形态特征

虾类是甲壳动物十足目中体形延长、腹部发达、能作游泳或爬行活动的种类的统称。全世界的虾类约2000种，有经济价值的种类近400种，中国虾类栖息于南海的有200多种，东海有100多种，黄海和渤海有近60种，产量最大的是毛虾，其次是对虾。

虾的口在头胸部的底部。头胸部有2对胡须，负责嗅觉、触觉及平衡。头胸部还有3对颚足和5对步足，分别起把持食物、捕食和爬行的作用。背弓呈节状，尾部有硬鳞脚多善于跳跃。利用身体腹部的屈伸动作，也能作短距离的游动。尾肢和尾扇用来控制虾的游泳方向。虾吃微小生物，有的吃腐肉。雌虾可产卵1500～14000粒，附在游泳肢上。虾类肉色透明、肥嫩鲜美、营养丰富，是菜肴中的佳品，中小型对虾类和长臂虾类可煮熟后晒干去壳制成虾米，鲜虾经发酵能制成特殊风味的虾酱和虾油，特别是虾中珍品的对虾，更是我国出口创汇的名贵水产品。

（二）蟹类形态特征

蟹类是甲壳动物十足目爬行亚目短尾派的统称，身体被硬壳保护着，靠鳃呼吸。在生物分类学上，它与虾、龙虾、寄居蟹是同类动物。世界蟹类有4500多种，中国有800多种，以海蟹为多，绝大多数种类的螃蟹生活在海里或近海区，也有一些栖于淡水或陆地。中国的经济食用蟹主要有三疣梭子蟹、锯缘青蟹、远海梭子蟹和淡水产的中华绒螯蟹等。目前青蟹的人工养殖已在广东、海南、台湾等省开始小面积进行，中华绒螯蟹的人工养殖已在沿海各省广泛开展。

蟹从外形看，坚甲利足，横行逞凶，蟹的身体分为头胸部与腹部。头胸部的背面覆以头胸甲，形状因种而异。腹部退化，扁平，曲折在头胸部的腹面。雄性腹部窄长，多呈三角形，只有前两对附肢变形为交接器；雌性腹部宽阔，密布刚毛，用以抱卵。多数蟹为海生，以热带浅海种类最多。

二、虾蟹类的品质检验及储存

（一）虾类的品质检验及储存

1．品质检验

（1）质量良好　质量好的虾，虾壳硬，颜色发亮呈青灰色，有透明感，须硬，眼睛突出，头部与颈部连接紧密，气味鲜腥。

（2）质量较差　质量较差的虾，虾壳较软，呈灰色，且不发亮，无透明感，略黑，须软，眼睛稍有凹陷，头部与颈部连接不紧密，或有微臭。

2．储存

虾类的储存可采用多种方式，如冰藏保鲜、冷海水保鲜及冻结保鲜等。

（1）冰藏保鲜　用冰作为冷却介质，将虾体温度降至冰的融点附近，并在该温度下进行冷却保鲜。外包装可采用白色泡沫塑料箱进行保温。由于虾的甲壳较软，所以宜用片冰、粒冰冷却保鲜，防止损伤虾体。

（2）冷海水保鲜　冷海水保鲜是将鲜虾浸在温度为-1℃～0℃的冷海水中进行保鲜的方法。冷海水的制备可以是碎冰和海水混合制得，也可以用机械制冷设备制得。如果在冷海水中通入CO，海水的pH下降，可抑制细菌生长。

（3）冻结保鲜　冻结保鲜是将虾体的中心温度降至-15℃以下，体内90%以上的水分冻结成冰。并在-18℃以下或-25℃的低温下储藏和流通的保鲜方法。虾体的冻结宜采用卧式平板冻结装置的小盒形式冻结，也可采用回转式冻结装置和钢带连续式冻结装置的单体快速冻结形式。我国出口的对虾大多采用卧式平板冻结装置快速冻结。

（二）蟹类的品质检验及储存

1．品质检验

（1）质量良好　质量好的蟹，关节处无褶皱，色淡，断肢处流出透明液体，嘴闭，脐部不易被揭开，肢体不易压扁，活动时动作灵敏，河蟹在嘴部有白沫吐出。

（2）质量较差　质量较差的蟹，关节处有褶皱，色泽较暗，断肢处流出的液体混浊，嘴张开，脐部易揭开。肢体也易被压扁，河蟹不吐白沫。

2．储存

（1）低温保活　活蟹可以在流动的海水中暂时养活，然后用冷库内降温至0～1℃的低温木箱保活运输。

（2）冷冻保鲜　可以将梭子蟹肉段分类冷冻保藏，冻结保鲜储藏期约为：-18℃，6个月；-25℃，12个月；-30℃，15个月。

三、虾蟹的主要品种

（一）虾类

1．沼虾

（1）品种特征　沼虾，沼虾是甲壳纲、十足目、长臂虾科、沼虾属的总称，温、热带淡水中重要的经济虾类（图2-101）。额角发达，侧扁，上、下缘均具齿。前两对步足螯状。最大的种如罗氏沼虾，雄性体长可达40厘米。沼虾头胸甲发达，额角上下缘有锯齿，具有肝刺、触角刺而无鳃甲刺。腹肢具内附肢，能将左右内肢连在一起，便于游泳。

图2-101　沼虾

沼虾略大，产量也高，一些种幼体在海水中孵化，年轻时可在海洋中生活。此外，在各地山溪中常见的粗糙沼虾是山区的一种经济虾。分布于东南亚一带的罗氏沼虾是个体最大的沼虾，体长可达40厘米（一般种体长50～100毫米），体重达600克，是世界最重要的淡水养殖种，现已在我国许多省市养殖。

（2）营养价值　沼虾含蛋白质、脂肪、碳水化合物、钙、磷、铁、锌，还含有维生素A、维生素E等。中医认为，河虾性温，味甘，具有补肾、壮阳、通乳、托毒等功效，可用于治疗阳痿、腰膝酸痛、神疲乏力、健忘、乳汁不下等症。适合中老年人、孕妇、心血管病患者、肾虚阳痿、腰脚无力之人食用，可用于中老年人缺钙的食疗。

（3）烹饪应用　沼虾，生命力较强，易保鲜，肉质细嫩，烹制后味道鲜美。烹熟后的沼虾周身通红，色泽好，有很高的营养价值。根据加工方法的不同可烹制出不同的菜肴，如淮扬菜中常有的"炝虾"，是将活虾用酒等调味料生炝而成；将沼虾的须、钳剪去后，可适用于多种烹调方法，如爆、炒、炸等，代表菜有油爆虾，盐水虾等；将虾肉挤出后可作为虾仁，又称大玉，可烹制成清炒虾仁、龙井虾仁等名菜；挤虾仁时将虾尾留下，可制成"凤尾虾"。除此之外，也可以作为馅料，还可配以其他辅料制成各种菜肴。

2．螯虾

（1）品种特征　螯虾又称克氏螯虾、淡水小龙虾等，十足目螯虾下目中淡水种类的通称。体形较大，呈圆筒状，甲壳坚厚，头胸甲稍侧扁。颈沟明显，头部有5对附肢：前2对为发达的触角。由于前3对步足呈螯状，其中第1对特别强大、坚厚，用来抵御天敌，故称螯虾。末2对步足简单，为爪状（图2-102）。

图2-102　螯虾

小龙虾原产于美国南部路易斯安那州，第二次世界大战期间小龙虾从日本传入我国，现已成为我国淡水虾类中重要经济种类，其广泛分布于长江中下游各水域。每年6～8月是捕捞小龙虾的最佳时机，也是其肉质最为饱满和人们享用的最好时节。

（2）品质鉴别　鉴别小龙虾是清水还是浑水养出来的，首先看背部是否红亮干净；其次翻开看它的腹部绒毛和爪上的毫毛，如果是白净整齐的，则是干净水质养出来的。小龙虾是吃腐殖动物尸体的，细菌和毒素会越来越多地积存在体内，所以尽量购买刚刚长大的小龙虾。老龙虾或红得发黑或红中带铁青色，青龙虾则红得艳而不俗，有一种自然健康的光泽。用手捏壳较硬的是老龙虾，像指甲一样有弹性的才是刚长大才换壳的，死亡的小龙虾不能食用。

（3）营养价值　淡水螯虾体内蛋白质含量较高，占总体的16%～20%，脂肪含量不到0.2%。含有多种微量元素，如锌、碘、硒等矿物质的含量都要高于其他类别食品，肌肉纤维细腻软嫩，易于人体消化吸收。虾头和虾壳中含有的甲壳素，工业提取之后，还可以用于食品、化工、医药、农业、环保等领域，同时还可以做成保健品，改善人体免疫系统以及预防肿瘤发生风险。

（4）烹饪应用　淡水螯虾可食部分较少，但肉质细腻味美，价格便宜，多用于家常菜品。一般多带壳烧、煮、卤制，剥壳食用，也可剥取虾仁，以其肉烹制成菜，肉质较河虾仁为老。还可剁成蓉泥后再次成形烹制成菜。

3．对虾

（1）品种特征　对虾又称明虾、大虾，是对虾总科的概称，属节肢动物门、甲壳纲、十足目、游泳亚目、海产经济虾类。由于中国北方市场上人们常以“一对”来出售，故名“对虾”。

中国对虾个体较大，体形侧扁，甲壳薄、光滑透明，全身由20节组成，雌雄异体，成体雌虾大于雄虾，体色也有所不同；中国对虾雌虾体色灰青，雄虾体色发黄。一般所指对虾为中国对虾，主要产于黄海、渤海，是我国北部沿海特产之一。其生长迅速、繁殖力强，产量较高，渤海捕获季节为春秋两季，黄海最高年产量达5万吨。

（2）营养价值　对虾属高蛋白、低脂肪食品，且属优质蛋白，对人体保健有较明显的功效。对虾中含有丰富的镁、磷、钙，对幼儿、孕妇尤其有益；中医认为对虾性温味甘咸，有补肾壮阳、健脾化痰、益气通乳等功效，对虾肉与适合的中药配伍食疗，对辅助治疗手足搐搦、神经衰弱等症有改善作用。同时对虾体内含有的虾青素，是一种强氧化剂，有延缓衰老、美容养颜之功效，提取后可广泛用于化妆品、食品以及药品中。

（3）烹饪应用　对虾肉质爽弹、细嫩而洁白，肉鲜味美，列为海产“八珍”之一。熟后通体橙红，弓腰长须，是佳节盛宴餐桌上的必备佳肴，同时也作为主料制作许多高级菜肴。可整只烹调，也可分段、切片根据不同的烹制方法、菜品的需要制作，可用于蒸煮、油爆、面拖、干烧等烹调方法，也可制成泥蓉，可制虾饺、虾丸。如红焖大虾、干烧明虾、熘虾段、琵琶大虾、炒虾仁等。对虾的干制品称为“大金钩”，鹰爪虾的干制品称为“金钩”或“海米”，均为上乘的海味品。

（二）蟹类

1．梭子蟹

（1）品种特征　梭子蟹，有些地方俗称“白蟹”，因头胸甲呈梭子形，故名梭子蟹。属甲壳纲、十足目、梭子蟹科，是一群温、热带能游泳的经济蟹类。雄性脐尖而光滑，螯长，壳面带青色；雌性脐圆有绒毛，壳面呈赭色，或有斑点（图2-103）。梭子蟹肉肥味美，有较高的营养价值和经济价值，且适宜于海水暂养增肥。广泛分布于太平洋、大西洋和印度洋。中国群体数量以东海居首，南海次之，黄海、渤海最少。

图2-103　梭子蟹

（2）营养价值　梭子蟹肉质细嫩、洁白，富含蛋白质、脂肪及多种矿物质。其中硒含量在虾蟹类中是最高的，中医认为梭子蟹味咸，性寒，无毒，具清热、散血、滋阴功效，但脾胃虚寒者不宜多食。梭子蟹在冬季洄游季节个体最为健壮，一般重250克左右，最大可达500克。

（3）烹饪应用　冬季的梭子蟹肉肥膏满，壳薄肉实，水分含量少，俗称“膏蟹”，为一年中最肥美的季节。梭子蟹可鲜食，或蒸、煎、炒，或一切两半炖豆瓣酱，或用蟹炒年糕、炒咸菜、煮豆腐，是沿海一带居民餐桌上的常菜。也可制成蟹粉，制成多种菜式。梭子蟹肉又可用于做馅料，制成包子、饺子、春卷、馄饨之类。

2．中华绒螯蟹

（1）品种特征　中华绒螯蟹，俗称河蟹、大闸蟹，属甲壳纲、十足目、方蟹科、绒螯蟹属。我国著名的淡水经济蟹，驰名中外的阳澄湖“清水大闸蟹”，每年有数百吨销往港澳地区。

中华绒螯蟹体形较大，头胸甲呈圆方形，边缘有细颗粒，前半部窄于后半部，背面较隆起，各个突起均有细颗粒；眼窝缘近中部的颗粒较锐，雄性掌、指节基半部的内、外面均密具绒毛，而雌性的绒毛只在外侧存在，内侧无毛。中华绒螯蟹头胸部背面覆一背甲，俗称“蟹斗”，一般呈黄色或墨绿色，腹部为灰白色。第一对螯足称为蟹钳，成熟的雄性蟹螯足壮大、掌部绒毛浓密。成熟雌蟹的螯足略小、绒毛也较稀，是分辨中华绒螯蟹雌、雄较直观的特征，另雌蟹的腹部为圆形，称为“圆脐”；雄蟹的腹部为三角形，称为“尖脐”。

图2-104　中华绒螯蟹

（2）营养价值　中华绒螯蟹可食部分约占体重的1/3，含有蛋白质、脂肪、钙、磷、胡萝卜素、硫胺素、核黄素等，都高于一般水产品，且肉质鲜美超过一切荤食，故被视为美味佳肴，据分析测定，100克蟹肉中含维生素A高达5900国际单位，热量高达582千焦耳，为水产品之首，脂肪、碳水化合物、核黄素的含量均远高于许多名特水产品。中医认为河蟹具有舒筋益气、理胃消食、通经络之功效，对于腰腿酸痛和风湿性关节炎等疾病有一定的辅助疗效，但蟹肉性寒，不能过多食用，脾胃虚寒者尤应注意。

（3）烹饪应用　农历九十月间（生殖洄游季节）正是中华绒螯蟹黄满膏肥之际、民间流传“九月圆脐十月尖”的说法、道出了食用的最佳时节。以蟹入馔，带壳整只最宜清蒸，洗刷洁净的活蟹以草绳捆牢，大火蒸熟后佐以姜、醋剥食。熟剥壳取出蟹肉、蟹黄或蟹膏（肉和黄合称蟹粉），经烹调入味后，如入蟹壳上桌，谓“昼斗菜”：单取成熟的肉、蟹黄、蟹膏为料，更可烹制多种菜肴和点心，如炒蟹粉、葫芦虾、粉狮子头、蟹黄鱼肚、炒面、黄汤包等：还可熬制蟹油充当调味料，可供制蟹油豆腐、蟹油菜心等。作为筵席菜肴必须后上，否则易夺其后菜品之味。

四、软体动物类原料

（一）贝类形态结构特点

贝类是软体动物门中瓣鳃纲动物，是三胚层、两侧对称，具有真体腔的动物。软体动物种类繁多，分布广泛。现存的有11万种以上，还有35000化石种，是动物界中仅次于节肢动物的第二大门类。软体动物的真体腔是由裂腔法形成，也就是中胚层所形成的体腔。但软体动物的真体腔不发达，仅存在于围心腔及生殖腺腔中。特别是一些软体动物利用“肺”进行呼吸，身体具有调节水分的能力，使软体动物与节肢动物构成了仅有的适合于地面上生活的陆生无脊椎动物。

（二）贝类的主要种类

瓣鳃纲动物一般生活在海水中，少部分生活在淡水中。瓣鳃纲动物包括扇贝科、贻贝科、牡蛎科等，约有20000种，但只有10%为淡水种类。

1. 牡蛎

（1）品种特征　牡蛎属，广东俗称“蚝”，北方俗称“海蛎子”。隶属软体动物门，双壳纲，珍珠贝目，是世界上第一大养殖贝类，是人类可利用的重要海洋生物资源之一，为全球性分布种类。除极地和寒带外，世界各地沿海均产，目前全世界牡蛎的年产量超过100万吨。壳在断面上可以分为三层：最外至内分别是角质层、棱柱层和珍珠层。中褶上有大量的感觉细胞或感觉器，具有触觉、视觉等功能。外褶有很强的分泌功能（图2-105）。

图2-105　牡蛎

我国沿海牡蛎约有20多种，浅水牡蛎肉色雪白，外形略带椭圆，俗称“白肉”，每年冬春两季（1～4月）浅水牡蛎尚未产卵，其肉饱满肥美，肝糖含量多且其体内的甜菜碱（三甲胺乙内酯）含量增加，鲜美度大有提高，是最佳食用时期。

（2）营养价值　牡蛎肉的产地直接影响其营养成分，但碘含量远远高于蛋黄和牛乳，含锌量极高，并含有多种维生素和铁、锰、铜等矿物质元素，作为一种常见的经济性养殖贝类，牡蛎的药用和食用价值早已被人们所认识，其味美肉细，易于消化。蛎肉还含有生物所特有的活性物质和多种氨基酸，具有“养血，补血，滋阴”之功效，《本草纲目》中记载了牡蛎治虚弱、解丹毒、止渴等药用价值。牡蛎在中国已由卫生部批准列为第一批既是药材，又可作食品的保健品之一。

（3）烹饪应用　鲜牡蛎可生食也可熟食。多数为熟食，因其仅食硅藻类、肠胃较洁净，全体可食，因此在加工时无须择拣。烹制牡蛎时，将肉冲洗干净即可，做主配料均可，适用于多种烹调方法，如汆、炸、炖、烩、烧、煎、炒、烤、蒸等。牡蛎含游离谷氨酸较多，故鲜味较高，其汁最为鲜美，色白如牛奶，故有“海底牛奶”之美称，代表菜有炸蛎黄、生炒明蚝、生煎牡蛎等。

2．贻贝

（1）品种特征　贻贝也称海虹、青口，煮熟后加工成干品即为淡菜，是一种双壳类软体动物，壳黑褐色，生活在海滨岩石上。分布于中国黄海、渤海及东海沿岸。贻贝壳为膨胀起的长三角形，壳顶向前，表面有环形条纹，覆有黑褐色壳皮，内侧白色，带有青紫，生活在澄清的浅海海底岩石上。每年1～4月采捕活鲜品。贻贝种类繁多，我国沿海有30余种，其中经济价值较高的有10多种，如紫贻贝多产于黄海和渤海，尤以大连沿海最丰富，现大多数为人工养殖。

（2）营养价值　贻贝的营养价值高，还由于它所含的蛋白质有人体需要的缬氨酸、亮氨酸等8种必需氨基酸，其含量大大高于鸡蛋以及鸡、鸭、鱼、虾和肉类等必需氨基酸的含量。贻贝中多以不饱和脂肪酸为主，适宜人体食用。

（3）烹饪应用　贻贝肉质细嫩，味道鲜香，雄肉呈白色，雌肉呈橘黄色，食用方法有多种，如清蒸、白灼、炒吃和煲汤等均可，口味鲜咸。清蒸时剖开贝壳，加姜、葱、大蒜、酒、酱料等，味香可口，多吃不腻。其干制品——淡菜加料煲汤或煮粥，也受各类人群喜爱。

3．蚬

（1）品种特征　蚬是蚬科贝类的统称。因壳上有自顶端发出的壳肋，肋上有状如瓦楞的小结，因此俗称“瓦楞子”。贝壳中等大小。壳质厚而坚硬，贝壳两侧略对称，壳顶膨胀，突出。腹缘很弯几乎呈半圆形，壳面呈棕黄色、黄绿色、黑褐色或漆黑色，并有光泽，壳面颜色与栖息环境及年龄有关，具有同心圆的粗的生长轮脉（图2-106）。河蚬为雌雄异体，但也见到有雌雄同体的个体。中国沿海分布的蚬类30余种，大多是经济品种，其中较为著名食用较多的有泥蚬和毛蚬两种。

图2-106　蚬

（2）营养价值　蚬肉含蛋白质、铁，还含有丰富的维生素A、维生素B_1、维生素B_2、维生素B_{12}、血红素和其他微量元素，中医认为蚬类性寒、味甘，具有补血益气、温中健胃、润五脏、滋补强壮的功效。

（3）烹饪应用　蚬类肉质鲜美，肥嫩丰满。在烹饪应用中，入烹前先将其放入清水中静养半天，使其吐尽泥沙。入烹取肉的方法有熟开法（沸水煮开壳）、半熟开法（沸水烫开壳）和生开法。生开法是用刀背将斧足拍几下，破坏其肌纤维组织，可保持肉质细嫩。适用于多种烹调方法，如炒、蒸、熘、烩、焖及汆汤等。代表菜有葱爆蚬肉、韭黄炒蚬肉、凉拌蚬肉、软炸蚬等。值得注意的是，在烹调过程中要注意掌握其火候，温度过高，时间稍长，蚶肉就会变得老韧难消化，但加热时间都应在5分钟以上，忌生食，因为蚬为多种病原微生物和寄生虫的中间宿主，尤其以甲肝病毒最为突出。

4．扇贝

（1）品种特征　扇贝常见的为栉孔扇贝。因贝壳呈扇形得名，扇贝表面有放射肋，表面颜色有紫红或橙红色，极美丽，开闭壳肌发达，取下即为鲜贝（图2-107）。扇贝在我国北方沿海均出产，现已人工养殖。每年7月下旬为扇贝的捕捞季节。栉孔扇贝、华贵栉孔扇贝、嵌条扇贝，还有虾夷扇贝、海湾扇贝等品种可供食用。

扇贝又称海扇蛤，贝壳多呈圆盘或圆扇形，壳面具放射肋或同心片状雕刻。闭壳肌痕明显。我国沿海已发现50余种。栉孔扇贝是我国北方沿海重要的养殖贝类，产量很大，经济价值高，扇贝柱的干制品称为“干贝”，为名贵海珍品。

图2-107　扇贝

（2）营养价值　扇贝的主要的食用部分是闭壳肌，即扇贝柱，其肉质细嫩，味道鲜美，是营养价值极高的保健食品。每100克鲜栉孔扇贝中含有蛋白质111克、脂肪0.6克、钙142毫克、磷132毫克，还含有丰富的铁和锌，B族维生素也十分丰富，是很好的营养补品，且含有对人体极为有益的脂肪酸，可降血脂、软化血管。扇贝闭壳肌的干制品俗称干贝，是我国传统的“海八珍”之一，深受消费者喜爱。也有一定药用价值，扇贝韧带的浸出物可治癌症，卵巢提取物对白细胞病具有较好的疗效。

（3）烹饪应用　扇贝软体部分肉质肥嫩鲜美，清鲜爽滑，营养丰富，属高级水产品。可带壳烹制也可先取其闭壳肌后进行烹制，适用于多种烹调方法，如爆、炒、氽、熘、清蒸等。代表菜有鲜贝冬瓜球、八宝原壳鲜贝、豉汁蒸扇贝、生炒扇贝肉、白沙扇贝、油爆鲜贝等。闭壳肌干制后即是“干贝”，被列入八珍之一。

5．鲍

（1）品种特征　鲍是腹足纲、鲍科、鲍属贝类的总称，俗称鲍鱼。是一种可供食用和药用的珍贵海产贝类，在世界水产市场上被视为海珍品。每年7～8月份水温升高，此时鲍鱼的肉足丰厚，最为肥美，是捕捉的好时期。鲍鱼的身体外边，包被着一个厚的石灰质的贝壳，它的贝壳是一个右旋的螺形贝壳。鲍鱼的单壁壳质地坚硬，壳形右旋，表面呈深绿褐色。壳内侧紫、绿、白等色交相辉映，珠光宝气（图2-108）。全世界鲍类有100多种，经济价值较高的有10多种。

图2-108　鲍

（2）营养价值　鲍鱼营养丰富，同时还富含多种生理活性物质，如EPA、DHA、牛磺酸、超氧化物歧化酶等，对维持机体酸碱平衡、神经肌肉兴奋方面具有重要作用的金属元素（Ca^{2+}、Mg^{2+}等）的含量也较丰富。杂色鲍食部每百克鲜品含蛋白质126克、脂肪0.8克、碳水化合物6.6克；干品含有的各类营养物质均高于鲜品，且含有鲍灵素，对抑制肿瘤有明显效果。中医认为鲍肉味咸性温，具有养血柔肝、行痹通络、滋阴清热等功效，是公认的保健美食。鲍的贝壳，有平肝明目功效，可以治疗眼疾。

（3）烹饪营养　鲍鱼是中国传统的名贵食材，其肉质细嫩、鲜味浓郁，位列八大“海珍”之一，素称“海味之冠”，是极为珍贵的海产品。鲜鲍鱼烹调，可与多种荤、素原料相配，适于爆、炒、炝、拌等烹调法，可得原汁鲜香。干鲍肉质坚硬，且纹理紧密，宜使用沸水焖发。涨发后的鲍鱼，整体发软，肉质膨胀，可用来制作多种菜肴，应用与鲜鲍鱼相同，但干鲍鱼的鲜香滋味浓醇，胜于鲜鲍。

6. 田螺

（1）品种特征　田螺为田螺科、圆田螺属动物。淡水螺类，群栖于江河、湖泊、池塘和水田中，以宽大的足匍匐于水草上或爬行于水底（图2-109）。对环境的适应性强，具有耐旱、耐寒的能力。肉可供人食用，也是鱼类的饵料或家畜家禽的饲料。田螺耐寒而畏热，最适宜的生长温度为25℃，超过40℃会热死。中国已知田螺科贝类有70余种，常见的有中国圆田螺和中华圆田螺。食用田螺主要种类为中国圆田螺。中华圆田螺略小，成体高5厘米左右，螺壳略显萎缩，余均与前者同。广泛分布于华北和黄河平原、长江流域等地，是我国常食的淡水螺之一。

图2-109　田螺

（2）营养价值　田螺肉味美，营养价值高，富含蛋白质、脂肪、维生素A、维生素B_1、维生素B_2、维生素D和烟酸、钙、磷、铁等成分。除此之外，田螺还有利尿通便、消暑解渴及治黄疸等作用。

（3）烹饪营养　在烹调前要用清水反复洗净，并用竹刷搅洗至污物去尽。再用清水养3～4天，每天换水几次直至螺内的泥沙、粪便全部排净为止。田螺可食用部位是其足，肉中水分含量高，结缔组织多，故适合于快速加热烹调，质地才脆嫩。烹制时有整用、出肉两种。整用时剁去螺尾部2层左右，加香料卤煮后供做小吃“卤田螺”。出肉则可取螺肉批片炒食，如炒田螺、五香田螺、田螺片或剞花刀加配料制成“油爆螺球”等，又可批片氽热供拌、炝做凉菜；螺肉取出后与猪肉同剁成肉糜状，然后填至螺壳内，卤煮而成“田螺瓤肉”。也可用作汤菜原料，如四川“竹荪响螺汤”。如加热时间稍长，即老而不堪咀嚼，一般调味厚重。

7. 鱿鱼

（1）品种特征　一般将头足纲、枪形目（十腕目）枪乌贼科和柔鱼科的种类通称为“鱿鱼”。

鱿鱼，生活在海洋中的软体动物，身体细长，呈流线形，前端有吸盘。头部两侧具有一对发达的眼和围绕口周围的腕足，加上端鳍的辅助推动作用，为头足类中游速最快的类型之一（图2-110）。内壳不发达，如一条细线，常活动于浅海中上层，垂直移动范围达百余米。身体细长，呈长锥形，以磷虾、沙丁鱼、银汉鱼、小公鱼等为食，本身又为凶猛鱼类的猎食对象。

图2-110　鱿鱼

（2）营养价值　鱿鱼肉质软嫩，其淡干品俗称“鱿鱼干”，肉质特佳，是海味中的珍品。柔鱼类蛋白质含量较高，每100克肉中含蛋白质15~18克，鱿鱼富含钙、磷、铁元素，利于骨骼发育和造血；鱿鱼还含有大量的牛磺酸，可抑制血液中的胆固醇含量，缓解疲劳，改善视力，修复肝脏功能；用肝脏提炼鱼肝油，用其他内脏制作酱油等。干制品“鱿鱼干”肉质略粗，在国际海味市场上被列为二级品。

（3）烹饪营养　鱿鱼肉细嫩洁白、味道鲜美，质量上远超墨鱼，鱿鱼的可食部分达98%。鱿鱼需煮熟、煮透后再食，其含有的多肽成分，若高温祛除会导致肠运动失调。鲜鱿鱼多取胴体肉加工成丝、片或花刀形，用大火热油爆炒成菜，或氽水后拌、炝成菜，成菜质感脆嫩。其头部经刀工处理后一般应用于烧、烩、氽、焖煮菜品中。鱿鱼之类的水产品性质寒凉，且胆固醇含量较高，脾胃虚寒及高血脂类人群应少吃。

8．乌贼

（1）品种特征　乌贼头位体前端，呈球形，其顶端为口，外围有5对腕。头两侧具一对发达的眼，构造复杂。乌贼的足生在头顶，所以又称头足类。头顶的10条足称为腕；另有两条较长称为触腕，只有前端内侧有吸盘。在身体的两侧有肉鳍，颈短，头部与躯干相连，有二腕延伸为细长的触手，用来游泳和保持身体平衡。头较短，两侧有发达的眼。头顶长口，口腔内有角质颚，能撕咬食物（图2-111）。

图2-111　乌贼

（2）营养价值　乌贼的肉可食，它的墨囊里边的墨汁可加工为工业所用，墨囊也是一种药材，内壳可喂笼鸟以补充钙质。按照中医理论，乌贼性平味咸，入肝、肾经；具有养血、催乳、补脾、益肾、调经之功效；墨鱼肉、脊骨（中药名为海螵蛸）均可入药。

（3）烹饪营养　乌贼类体大肉肥厚，可鲜食，也可干制或制罐。鲜品乌贼肉质柔软肥美，色泽洁白，味道鲜美。加工时将其头、须与胴体分开，剥去胴内之皮，挤去两眼紫黑色液体和口中两片角质腭，抽去内壳与墨囊等，用清水冲洗干净即可改刀入烹。可切成墨鱼花、鱼卷、鱼丝，还可剁肉糜加工成小丸子等。适于爆、氽、烧、拌、卤、烤等多种烹调方法，适用各种味型。菜品如爆乌花、煸墨鱼卷、铁板花枝卷（台湾）、卤鲜员鱼等。

任务四　掌握水产制品与人造水产品的区别与特点

一、水产制品

水产制品是用水产类食材作为原料经过加工而成的各种制品。常见的虾蟹类制品有虾米、虾皮、虾干、虾丸、虾子、虾酱、蟹粉、蟹子等。

（一）虾类制品

1．虾米

虾米，又称金钩（体弯如钩）、开洋、海米（海虾制作）、湖米（淡水虾制作）等，是将中型虾类的虾仁取出后，经煮制后的熟干品。虾米的加工方法主要是水煮法和蒸煮法，常以白虾、鹰爪虾和赤虾等虾类作为原料。

成品特点：前端粗圆，后端尖细呈弯钩形；以含盐量少、肉质饱满，色泽暗红有光泽、大小均匀、体形完整、脱壳完全者为佳。

在烹调前用开水浸泡或用凉开水加黄酒浸泡至软即可使用，适用于多种烹调方法，如爆、炒、炝、拌、烧、烩、煮等，最适宜汤水较宽的烧、烩菜式，或长时间加热的煮、煨菜式，虾米中的呈味物质能很好地溶于汤汁中，增强风味。因虾米具有很强赋鲜性，所以特别适用于本身无鲜味原料的烹制，如鱼皮、鱼肚、蹄筋、白菜、冬瓜、豆腐等，通过与虾米同烹可赋予其鲜味。此外，虾米还可用于火锅，也可作为馅料等。代表菜有海米芹菜、开洋冬瓜、虾米炖豆腐、海米蹄筋、海味抄手等。

2．虾油

虾油作为一种调味品，是用新鲜虾为原料，经食用盐腌渍、发酵、浓缩后得到的一种味道极为鲜美的油状液体。我国虾油主要产于天津市、河北省和辽宁省的一些沿渤海地区。

虾油清香爽口，是鲜味调料中的不可多得的珍品。可用于炒、扒、烧、烩、炸等菜肴的提味增鲜，使菜肴锦上添花，鲜醇爽口。还可用于蘸饺子、拌面、拌凉菜，以及制卤味和菜汤调味等。

（二）蟹类制品

蟹粉

蟹粉是将体形较大的蟹类煮熟或蒸熟后，取出蟹肉、蟹黄和脂膏后经干制或速冻而成的名贵蟹类制品。成品以色泽油黄，香味浓郁，无杂质、无碎骨者为佳。蟹粉在使用前，必须先煸制。烹调中经常作为提鲜的主料和配料，适用于多种烹调方法，如蒸、炒、烧、烩、扒、炖等，也可作为馅心。代表菜有蟹粉狮子头、炒蟹粉、蟹粉水晶饺、蟹粉扒鱼翅、蟹粉豆腐等。

（三）鱼类制品

鱼类属于易腐烹饪原料，通过各种加工处理后可加工成各种鱼类制品。

1．鱼肚

鱼肚，是用大中型鱼类的鱼鳔干制而成，这些鱼类的鱼鳔比较发达，鳔壁厚实，是制作鱼肚的良好原料，因其富含胶质又称为鱼胶。

鱼肚具有一定的食疗作用，含有丰富的蛋白质、胶质，是美容养颜的珍品，对身体各处均有滋补功效，是补而不燥之珍贵佳品。鱼肚性平味甘，入肾、肝经，具有补肾益精，滋养筋脉之功效。

干制鱼肚在正式烹制之前，都需经过涨发，经常用的涨发方法有油发、水发和盐发，一般肚形较大，厚实或当补品吃的以水发为好。肚形小而薄或制菜肴者宜用油发，避免因水发导致鱼肚软烂。

2．鱼子

鱼子是鱼卵经过腌制和干制而成。鱼子含有脂肪、粗蛋白质等。鱼子中维生素A、B族维生素、维生素D的含量也很丰富。中医认为鱼子性温、味甘，鱼子中含有的EPA、DHA对人体，尤其是对婴幼儿生长发育极为重要，鱼子中丰富的营养物质是人类大脑和骨髓的良好补充剂、滋长剂。

在菜肴制作中，鱼子主要用于凉拌，也可烹炒、调汤或作鱼子酱，涂夹于面包片或馒头片中。需要注意的是，鱼子酱切忌与气味较重的原料搭配食用，也不能使用银质餐具，以免破坏鱼子酱的特有风味。

二、人造水产品

“人造食品”，一般是指采用价格低廉的原料，经过加工处理而制成的与天然高档食品的色、香、味、形以及营养价值等方面极为相似的食品。

人造水产食品是20世纪80年代开始发展起来的一门新兴食品加工科学，它最初是由日本开始研究并首创人造海蜇皮成功，之后其他国家相继投入人造水产食品的研制和生产。目前，世界上已经研制成功的人造水产食品有人造蟹肉、大虾、鱼翅、扇贝肉、鱼子酱、海蜇皮、海参、海胆等。

（一）人造水产品的优点

人造水产品之所以能迅速地发展，是因为它具有以下优点：

（1）人造水产品的原料来源广泛，就地取材。如目前生产的大量低值鱼虾和藻类都能作为人造水产品的原料，解决低值鱼、虾的综合利用和销路问题。

（2）人造水产品的色、香、味、形可用天然水产品模仿，可满足消费者对各种水产品的日常所需。

（3）人造水产品的营养价值可与天然水产品大概一致，所以受到消费者的青睐。

（4）人造水产品的加工方式和制作工艺较为简单，一般食品厂就可批量生产，销往各地。

（二）人造水产品种类

人造水产品在加工过程中，添加很多食品添加剂，有些甚至没有任何海产品原料，完全是人工合成的原料，有些对人体健康并无益处，建议人们少吃或慎吃。

1．人造虾肉

利用低值鱼类制成肉，经加工使其蛋白质纤维化，再与小型虾肉混合，进行调味、调色，最后挤压成形，制成外观、味道和质地与天然虾相似的人造虾肉。

2．人造蟹肉

目前经人为加工后制成人造蟹肉，与真蟹肉的肌肉纤维基本一致，主要原料有明胶蛋白、鱼肉、蛋清、乳酪蛋白、褐藻酸钠等物质，有的用低值鱼、虾等，基本混合后再添加调味剂、着色剂制成基本形状，即得到风味、外观均与蟹肉极为相似的人造蟹肉。

3．人造海蜇皮

20世纪70年代初，日本利用食用褐藻胶、大豆蛋白试制人造海蜇皮。另外，还有一种是用新鲜猪皮为原料，经加工、调味后制成人造海蜇皮，它不需要像天然海蜇皮那样进行特别处理且质量稳定。

但是为了使人造海蜇的口感更有嚼劲，其中加入的无水氯化钙溶液和明矾的危害性很大，而且里面的海藻酸钠会妨碍人体对有益矿物质的吸收，影响人体对铁、钙等成分的吸收。

辨别方法：人造海蜇仿造最像真海蜇，甚至有人往里面添加海砂，以让顾客完全消除怀疑。人造海蜇也能做到天然海蜇的所有特性，一般人肉眼和感官极难分辨。只有用显微镜看看切片有没有细胞结构，才是最准确的办法。口尝辨别的方法是：天然海蜇不同部位的韧性、脆性是不一样的，而人造海蜇同一片海蜇各个不同部位的口感完全一样。

4. 人造鱼子

大麻哈鱼的鱼子含有丰富的卵磷脂、脑磷脂、维生素等多种营养成分，十分珍贵，但因数量少，价格极为昂贵。目前日本利用胶果、卡拉胶、糊精、明胶、琼胶等胶中的一种或几种为主要原料，经调味后，加维生素、油料，然后经凝胶、包膜、干燥等工艺，制成人造鱼子，虽然酷似真品，但是营养价值相差甚远，其中食品添加剂也没有任何营养价值。

实践活动

实训项目：

虾蟹类原料、软体动物原料的主要种类特征识别。

实训目的：

识别虾类主要原料的特征。

识别软体动物类原料主要种类的特征。

实训内容：

对照教材和参考资料，识别下列原料，并记录其主要特征：

虾类：龙虾、对虾、白虾、毛虾、日本沼虾、罗氏沼虾、螯虾。

蟹类：三疣梭子蟹、锯缘青蟹、中华绒螯蟹、溪蟹。

腹足纲：鲍鱼、红螺、扁玉螺、田螺、螺软。

瓣鳃：蚶、贻贝、海蚌、江珧、扇贝、日月贝、牡蛎、文蛤、蛤蜊、西施舌、竹蛏、河蚌。

头足纲：金乌贼、无针乌贼、枪乌贼、长蛸、短蛸。

实训要求：

1. 描述所观察的虾蟹原料及软体动物原料的主要特征。

2. 三疣梭子蟹和中华绒螯蟹、乌贼（墨鱼）和枪乌贼（鱿鱼）的主要形态差别。

巩固练习

一、简答题

1. 举例说明某一地域（省、市或太湖流域、洞庭湖流域等）的特产鱼类及其烹饪应用。
2. 鱼类的化学成分与菜肴风味的形成有什么关系？
3. 从营养、卫生、风味三方面比较养殖鱼类与野生鱼类。
4. 鱼类新鲜度的变化是什么原因导致的？分析其变化过程。
5. 什么是水产品烹饪原料？简单列举水产品种类。
6. 鱼的腥味主要源于鱼体内的氧化三甲胺，请简述氧化三甲胺产生腥味的化学原理。
7. 请简述洄游鱼类的特点。
8. 食用虾蟹类应该注意哪些方面？

二、案例分析

揭开一氧化碳金枪鱼的养颜骗局

作为深海鱼类的一种，金枪鱼主要依靠远洋捕捞供应。金枪鱼在世界范围内被誉为“低热量、低脂肪、低胆固醇、高蛋白”的高级水产鱼类，价格不菲。除了身价高贵，金枪鱼对储藏的要求也非常严格，只有在−60℃的超低温冷库中，才能保持正常的颜色和鲜美的肉味，否则鱼肉就会发生褐变，卖相不好。可事实上，在市场流通领域，能够达到如此储藏要求的基本屈指可数。不管是水产市场还是大型超市，露天放置在冰块上的金枪鱼几乎随处可见。值得怀疑的是，即使这样存放的金枪鱼还是能够照样色泽鲜红有光泽。

“驻颜有术”的背后，其实是一氧化碳在起作用。金枪鱼颜色的褐变主要是因为鱼肉中特有的血红蛋白和肌红蛋白很容易与空气中的氧结合生成高铁氧化，如果利用高纯度的一氧化碳气体熏制鱼肉就可以有效阻止这一现象的发生，而且会使鱼肉变得颜色更加新鲜，甚至优于未处理的鱼肉，且多数都以高价卖到了星级饭店和大型超市。

为了避免这一现象的日益恶化，2006年2月22日，国家农业部颁布出台了《生食金枪鱼》标准（SC/T3117−2006），自同年5月1日起正式实施。其中，最为引人注目的是关于“不应使用一氧化碳（CO）保色”的条款。

资料来源：陈颖华．揭开一氧化碳金枪鱼的养颜骗局［J］．上海标准化：2007，04.

请根据以上案例，分析以下问题：

1. 经一氧化碳处理的金枪鱼对人体有什么危害？
2. 如何鉴别经一氧化碳处理的金枪鱼？

延展阅读

海南常见海鱼品种

黑棘鲷，又称黑鲷，海钓最常见的目标鱼，俗名乌格、厚唇等，是辐鳍鱼纲鲈形目鲷科的其中一种。黑棘鲷属于热带、温带沿岸杂食性底栖鱼类，喜栖息在沙泥底层水域，有时会进入河口内湾。体侧扁，背缘弯曲，腹缘较平。背鳍单一，硬棘强大。侧线上方至背鳍硬棘中央部位有鳞片7～8枚，侧线起点有一不规则黑斑。幼鱼期全为雄性，到3～4年生才转变成雌性。春季到初秋为其产卵期。性敏感多疑，警戒性强。

图2-112　黑鲷的一种——黑沙立

图2-113　黑牛

注：黑鲷也分黑沙立、白腊之说，广东人称黑牛。

图2-114　大白腊

注：黄花鱼的兄弟

图2-115　大白姑鱼

注：也叫日本白姑鱼

图2-116　大头叫姑鱼

图2-117　皮氏叫姑鱼

注：俗名：黑鲵、加网

图2-118　白叫姑鱼

图2-119　红牙

注：石首科，与黄花、叫姑鱼同科

图2-120　钝头叫姑鱼

注：钝头叫姑鱼（圆头叫姑鱼）俗名：黑加网

图2-121　道氏叫姑鱼

注：道氏叫姑鱼，俗名：春子

沙钻

沙钻，据统计大概有35种之多，在北海常见的有两种，即多鳞鱚和斑鱚，背部青色的为多鳞鱚，有花纹的为斑鱚。

图2-122　金线鱚

图2-123　多鳞鱚

图2-124　多鳞鱚的背

图2-125　褐菖鲉

图2-126　细鳞鯻

图2-127　突吻鯻

图2-128　六带牙鯻

图2-129　四带牙鯻

模块三　植物性原料

学习目标

知识目标

1. 了解粮食的分类，以及不同类型粮食的特点。
2. 掌握谷类、豆类、薯类的常见品种及其烹饪应用。
3. 熟悉大米的品质检验和贮存方法。
4. 了解如何分类各种蔬菜及其烹饪应用的特点。
5. 掌握各类蔬菜典型品种的特性、烹饪应用及营养保健功能。
6. 掌握各类蔬菜的感觉器官检验方法。
7. 掌握果品的风味特点及营养价值。
8. 掌握果品的烹饪应用和品质检验及保藏方法。
9. 了解菌藻类原料的一般形态结构及产地。

能力目标

1. 能识别、利用各种杂粮。
2. 能鉴别大米、面粉的品质。
3. 能识别和合理应用各种蔬菜。
4. 能检验常见蔬菜的品质。
5. 能够识别辨别不同的果品。
6. 根据果品的特点选择适合的加工烹调方法。
7. 根据菌藻的特点选择合适的加工烹调方法。

思政目标

1. 具有节约粮食的意识。
2. 提高食品安全意识。
3. 引导注重日常合理饮食，培养健康的生活理念。

教学重点

1. 了解粮食的分类及不同类型粮食的特点。
2. 掌握各类型粮食常用的烹饪应用方法。
3. 了解蔬菜的化学成分及营养保护方法。
4. 了解蔬菜瓜果的分类及品种特征。

项目六　粮食类原料

案例导入

在人类长期的生活和生产实践过程中，粮食谷物和水是人们得以生存的基础，因此古人提出“五谷为养”的观点。从现代营养学观点来看，粮食谷物中的营养成分几乎可以覆盖人体生长和发育过程中所需要的所有营养，淀粉作为其中含量最多的营养成分，其水解后所释放出的能量是人类各项生理活动必不可少的能量来源。此外，粮食谷物中所含有的矿物质元素、膳食纤维和糖类、脂肪等为人类的成长提供其他营养支持。因此，如果粮食谷物摄入不足，维持人体正常生长的基本营养就有所欠缺，会严重影响人体的发育，影响健康。

项目概述

粮食（Grains）是粮食作物的种子、果实或块根、块茎及其加工产品的统称。联合国粮农组织（FAO）所称的“粮食”主要指谷物类，包括稻谷、小麦、粗粮（玉米、大麦、高粱等）三大类。因此FAO每年公布的“世界粮食总产量”实际上是世界谷物的总产量。根据我国国家统计局每年公布的粮食总产量指标显示，我国粮食的概念包括谷类、豆类和薯类三大类，及这三类粮食的制品。

任务一　了解谷类原料

谷类植物是禾本科植物，其生长的许多独立的干燥果实是谷物。谷物作为最早的食物，在人类历史上具有极其重要的地位。体积小、耐储存的特点使其成为人类食物中热量的主要来源。作为历史上最早驯化、大面积种植的作物，它是人类狩猎采集生活方式到农耕文明社会过渡的标志，奠定了人类文明的基础。

谷物作为一种植物的胚胎后代，可食用部分被包裹在种皮内，谷物是浓缩的营养元素的来源。它们含有蛋白质和碳水化合物，还含有脂肪。但是所有的谷物都缺少一种或多种必需氨基酸，所以提供的是不完全蛋白质。

谷物包括稻谷、小麦、玉米、大麦、黑麦、小米、燕麦、荞麦、藜麦、粟、高粱、薏仁、亚麻等植物的种子。谷类的制品有挂面、方便面、各种形状的意大利面、乌冬面、荞麦面、米线、米粉、玉米饼、锅巴、面筋、爆米花等。

一、面粉

一般来说，“面粉”通常是指由小麦碾磨而成的粉。虽然小麦粉是西点中用得最多的一种面粉，但面粉一词的定义一般指谷物经研磨得到的粉。换句话说，用大米、小米、大麦、大豆和玉米等谷物研磨而成的粉也可以统称为面粉。此处所说的面粉只涉及小麦面粉。

（一）了解面粉的历史

从利用石头捣碎，到第一台石磨的出现，再到现代磨粉和筛分工序的机械化，最终结果都是谷粒受到粉碎并被分成可加工营养粉体。除了磨粉技术以外，谷物和面粉的历史充满了对世界文明产生深远影响的技术和农业成果。无论是原产于中亚的小米和大米，还是原产于美洲的玉米，或是地中海和中东的小麦，都经过了从采集（公元前约10000年）到栽培，从游牧到定居的过程。当人类的祖先从狩猎和采集转变到栽培谷物时，其新生活模式赋予了他们较多的空闲时间来从事艺术、发明工具，并且对于我们这些享受着精致法棍面包或柔软黄油羊角包的后人来说，最为重要的是古人开始对烹饪和烘焙技术进行改进。

（二）了解面筋

所谓面筋，即小麦面粉洗去其中的淀粉、脂肪、碳水化合物（水溶性）和其他成分后所剩下的蛋白质成分，呈软胶状。面筋是植物性蛋白质，由麦醇溶蛋白和麦谷蛋白组成，几乎只存在于小麦面粉中，是一种对中西式面点师来说最为重要的蛋白质。面筋不仅对面包、蛋糕和糕点的质地和味道有影响，而且在发酵面团中，面筋起到与膨松剂结合的作用。

面筋具有弹性和可延展性，想要塑造出这种弹性，就需要面团有醒发的过程。醒发不仅使面团中的酵母有机会将气体释放到面筋中，而且也使面筋有机会松弛，弹性变弱，部分面筋丝断开，变松弛，可塑性增加。醒发后的面团再次压实和捏合，使面筋蛋白质重新排列后，可再次醒发或直接成形。想要得到有脆性、有小面包屑的产品时，应限制面筋发展，可以加入糖、脂肪等。大多数糕点面团或面糊要用混合方式将各种配料联合在一起，从而得到短面筋面团。

国内面点制作行业通常按面粉含面筋的多少将面粉分为高筋面粉、中筋面粉和低筋面粉三种级别（表3-1）。

表 3-1　面粉蛋白质含量及湿面筋值

种类	蛋白质含量	湿面筋值
高筋面粉	12%～15%	35%以上
中筋面粉	9%～11%	25%～35%
低筋面粉	7%～9%	25%以下

1．高筋面粉

高筋面粉，又称强筋粉，是加工精度较高的面粉，色白，含麸量少，适宜制作面包、起酥点心、泡芙点心、汤包、鲜花酥等，多用于高端宴席菜品中。

2．中筋面粉

中筋面粉，含麸量高于高筋面粉，色乳白，适宜制作一般家庭烘焙制品和用于大众餐饮中。

3．低筋面粉

低筋面粉，色较黄，面筋性差，适合制作油条、饼、麻花等。

（三）了解面粉的灰分

灰分指面粉中所含的矿物质含量，主要包括钙、钠、钾、镁及铁等金属盐类。面粉的加工精度越高，面粉的矿物质含量越低，其灰分越低，反之则越高。面粉中灰分少，色泽白；灰分高，色泽深。常见的面粉灰分值有T65，T55，T45和T80，数值越高，代表灰分越高，颗粒度越粗。如做法棍要用T55和T65，做布里欧要用T45和T55。

不同国家对面粉的类型划分稍有不同，其叫法也不同。下表所表示的是法国面粉类型和美国面粉类型，在蛋白质和灰分上的对比（表3–2）。

表 3–2　法国面粉类型与美国面粉类型比较

法国面粉类型	美国面粉类型	蛋白质含量	灰分
55	通用面粉	11%	0.55%
40	糕点面粉	9%	0.4%
150	全麦面粉	13%	1.5%

（四）淀粉

淀粉是高分子碳水化合物，是由葡萄糖聚合而成的多糖。面粉中70%以上的成分是淀粉，10%左右为面筋。

淀粉的一个重要特征是其具有较高吸水性。例如，面包和蛋糕的水分和嫩度是淀粉吸水能力和持水性的反应。淀粉的另一个重要特征是与水按照一定比例混合后经过加热会呈现出糊化的现象。

面团中的淀粉和面筋会相互作用，淀粉可防止面筋形成胶质，从而保持面粉水分和柔嫩性。淀粉使糕点增加质感，并只允许保持制品完好的面筋发展。

（五）常见小麦面粉的类型

在介绍小麦粉类型之前，先了解一下小麦的种类，常见的小麦分法有以下几种。

硬质小麦和软质小麦，根据面粉的面筋含量和强度确定。硬质小麦粉面筋含量较高，并且面筋体较强，从而具有优良的发面特性，使其非常适合用于制作面包。软质小麦面粉的面筋强度较弱，是理想的糕点面粉。

春小麦和冬小麦，根据小麦种植和收获季节确定。冬小麦均在秋季播种，越冬，并在来年夏初收获。春小麦在春季播种，在夏末或秋天收获。硬质春小麦比硬质冬小麦含稍多面筋，这是它成为面包粉的首要原因。

红色小麦和白色小麦品种，按相应种子的颜色命名。除了滋味有细微差异外，红小麦的面筋含量稍高（图3–1）。

图3–1　白色小麦和红色小麦

市场中常见面粉的品种有：

1．通用粉（55号粉）

通用粉的性能类似于中筋面粉，通常用硬质冬小麦生产，适宜制作一般重型水果蛋糕，及各类的家庭烘焙点心。也可以制作蛋糕，只要处理适当，通用粉正如其名所指，能够完全满足所有用途要求。

2．面包粉

面筋含量很高，面筋本身比较强，通常用红色硬质春小麦生产，因此适合制作面包，尤其制作发面良好并且焙烤后具有弹性的面团。

3．蛋糕粉

蛋糕粉主要用于制作蛋糕，选择面筋率在7%～8%的软质红小麦研磨制成。大多数蛋糕的结构主要来自鸡蛋和淀粉，因此，弱面筋面粉被用来调节蛋糕保持形状与嫩度之间的平衡。

4．糕点粉（45号粉）

糕点粉采用软质红小麦微粉碎制成，面筋含量8%～9%，用于生产较嫩的酥性面团，也可使糕点糊有较好的延展性。

5．全麦粉（150号粉）

以上几种面粉都属于“精粉”，去掉了小麦中的麸皮和胚芽。全麦粉（whole wheat flour）则保留了大部分麸皮和胚芽，保留了90%～100%整小麦粒成分，结果就是蛋白质含量增加。然而，这种情况下的增加蛋白质并非面筋蛋白，而是存在于胚芽中的蛋白质。这些胚芽蛋白会对发面有干扰，并会产生密度较大的面包产品，因此全麦粉往往要与精面粉混合使用。选择全麦面粉是由于其营养价值高，包括含较多的蛋白质、纤维和矿物质等（图3-2）。

图3-2　全麦粉

二、大米

稻米是世界上最重要的粮食作物之一，全世界约一半以上的人口以大米为主食。栽培稻是热带和亚热带原生品种，短型稻米约公元前7000年出现在中国南方长江流域，长形稻米则略迟出现在东南亚。稻米由亚洲取道波斯传入欧洲，到十六、十七世纪，西班牙人和葡萄牙人把稻米引进美洲全境。稻米是单位面积可以生产最多的碳水化合物、热量的主要作物。我国是最早种植水稻的国家之一，有记载的水稻种植历史已经超过七千年，当代我国的水稻种植面积和总产量均居世界第一位，总产量占世界30%左右。作为一种喜高温、喜湿的农作物，主要分布在我国南方地区，其中长江流域和珠江流域是主产区。

（一）稻米的种类

传统上，栽培稻分为两大类，这两大类基本便涵盖了所有品种。籼稻，俗称再来米的基本稻种，通常长在热带和亚热带低地，像中国的四川、湖南、广东，印度和泰国等地，储存了大量直链淀粉，长出坚实的长粒稻米。粳稻，俗称蓬莱米的稻种，包括几个早稻品种，在热带地区（印度尼西亚和菲律宾的品种有时也称爪哇稻）和温带气候区（中国的华北、东北、江苏，日本，韩国，意大利和美国）都能蓬勃生长，其直链淀粉的比例远低于籼稻品种，米粒较短，质地较黏。大体而言，稻米品种的直链淀粉比例越高，所含淀粉粒的构造也就越规则、越稳定，因此煮熟稻米所需水分、热量和时间都较多。所以通常，煮长粒米比短粒米所需的水分和时间都较多。

常见稻米包括以下类别：

（1）长型米　米粒瘦长，长为宽的4～5倍。由于直链淀粉比例较高（22%），煮饭所需水量和米量的比例最高，体积比例为水：米=1.4：1。米饭具有弹性，粒粒分明，冷却后变得结实，冷冻后则更加结实。中国米和印度米多为长型籼稻米。

（2）中型米　长度为宽度的2～3倍，和长型米相比，直链淀粉比例较低（15%～17%），添加较少水分便能蒸出柔软米饭，米粒彼此黏附成团。意大利炖饭和西班牙海鲜饭所用稻米都是粳稻的中型米。

（3）短型米　长度略超过宽度，此外便与中型米相似。短型和中型粳稻是中国北方、日本和韩国最喜爱的稻米。这类稻米是理想的寿司米，因为可彼此结成一团，就算降至室温上桌，仍能保持柔软。

（4）糯米　这种短型米，几乎全是支链淀粉。糯米蒸煮所需水分最少，按体积，水：米=0.8：1。蒸煮时变得非常黏，很容易裂开。糯米通常先浸泡，然后用蒸煮而非水煮。糯米是老挝和泰国北方的标准稻米。

（5）香米　香米是独树一帜的类别，主要都是长型和中型品种，所含的挥发性化合物超乎寻常。知名香米包括印度和巴基斯坦的“印度香米”（basmati）、泰国的“茉莉香米”和美国的“三角洲香米”。

（6）有色米　包括黑米、紫米、红米、绿米等品种。具有较高的营养价值，享有“神仙米”“补血米”“药米”“长寿米”的美称，历史上曾作为贡品。

①黑米：在籼稻、糯稻中都有黑色品种，著名的有陕西洋县黑米、云南墨江紫米、广西东兰墨米、贵州惠水黑糯米等。但黑米质感粗糙，尤其是黑籼米，常与糯米配合使用。

②红米：是一种优质稻米，米粒细长稍微带有红色，煮熟后色红如胭脂。江苏的胭脂赤，又称胭脂米，古时为御用胭脂米，经过康、雍、乾三朝，已传至大江南北。常熟的鸭血糯为红稻佳品，煮粥亦佳。

（二）炊煮稻米

1. 多种传统做法

炊煮稻米需要让水分遍布整颗米粒，接着加热至足够温度，让淀粉粒软化，并凝成胶状。

（1）中国和日本厨师则只用刚好足够的水，接着紧盖锅盖炊煮，煮熟后米粒相黏成团，方便用筷子取食。

（2）印度厨师以大量的水来煮稻米，煮熟后再把水倒掉，因此米粒完整且粒粒分明。

（3）东亚大多数地区都一向以米饭为日常主食，而且通常只加水炊煮，优劣则根据米粒有多完整、多光滑，颜色白不白，质地软不软，还有风味好不好来评断。

（4）至于不常吃米饭，甚至以米饭为奢华享受的地带，如中亚、中东和地中海地区，米饭往往加入汤、油、奶油等成分，料理出土耳其pilafs什锦饭、意大利炖饭和西班牙海鲜饭等米食料理。

（5）伊朗人或许是最懂得炊煮米食的行家，伊朗polo什锦饭是以大量的水来煮长型米，还铺上各式熟肉、蔬菜、干果和坚果，接着以文火慢蒸完成料理，他们还设法调节热度，让底层米饭烧成焦褐锅巴，这就是备受青睐的“tahdig”。

2. 淘米、浸米

干燥米粒经初步淘洗，可冲掉表面淀粉，炊煮后才不会过黏。有些米炊煮前先浸泡，或先淘洗，静置20～30分钟（特别是印度香米和日本米），这样可以让米粒吸收若干水分，加速炊煮过程。糙米和菰米也可以用类似手法来处理。

3. 炊煮之后：静置、再度加热

米饭一旦煮好，便可以静置一段时间，稍微降温，好让米粒变得结实，这样盛饭上桌时，米粒就比较不容易破裂。剩饭常因淀粉回凝，导致米粒变硬，这时只需再度加热至糊化温度，米粒便可软化。剩饭很容易软化，只需加热至70℃或更高温度便可。煮第二次时还可添加少许水分，或摆进微波炉加热，也可做成炒饭、米糕，或是油炸菜肉丸的馅料。

4. 米饭安全储存法

事实证明，熟米是食物中毒的潜在病源。生米几乎都掺杂蜡状芽孢杆落（Bacillus cereus）的休眠芽孢，这种细菌会产生很强的肠胃道毒素。芽孢能耐受高温，有些还能熬过炊煮。倘若熟米摆放在室温下好几小时，芽孢便会发芽，细菌开始滋生，并累积毒素。因此以一般方法炊煮的熟米，应该立刻食用，剩饭则应冷藏，以免细菌滋长。日本寿司中的米要降至室温下才食用，不过，寿司米粒裹上了米醋和糖，既可调味又能抑制微生物。米饭沙拉也应该添加醋、柠檬汁或莱姆汁做酸化处理。

5．米食制品

（1）米粉　指大米经加工磨碎而成的粉末状原料，是制作各类糕团、点心、小吃等的主要原料。米粉是一种色泽洁白，干燥松散，均匀无结块，非常细腻的粉末状固体，经温开水冲泡或煮熟后，呈润滑的糊状。米粉以我国广东、湖南、四川等省为主要产区。可分为以下种类。

①干磨粉：用干燥的大米直接磨制而成，其特点是质地干燥、松香，易于保存，使用方便。炒熟后的大米也可进行干磨，称为炒粉或干磨熟米粉。

②湿磨粉：先将大米用冷水浸泡透，捞出晾干，再磨成粉，称为湿磨粉。其特点是粉质细腻，口感较滑，但贮存性较差。

③水磨粉：将大米用冷水泡透，连水带米一起磨成粉浆，然后装入布袋，将水挤出即为水磨粉，其特点是粉质细腻，口感软滑，色泽洁白，品质较好。

在菜肴制作中，粗米粉可参与制作荷叶粉蒸鸡、粉蒸肉等菜肴；细米粉可煮粥或参与制作鸡粥、鱼粥、虾粥等菜品。籼米粉一般以制作糕点、粉条、粉卷等居多，质地松软滑爽；粳米粉一般制作糕点或与糯米粉（图3-3）掺和使用；糯米粉使用最广，可制作各种糕团。

（2）米线　以大米为原料，经洗米、浸泡、磨浆、搅拌、压条、干燥等一系列工序制成的粉丝状米制品，又称米粉、粉干等。云南所产米线独具特色，为我国代表品种，其制法有二：一是取大米发酵后磨制而成，俗称“酸浆米线”，具有筋骨好，滑爽回甜，滋味清香等特点，为传统制法；二是取大米磨粉后直接放入机器中挤压，靠摩擦的热度使其糊化成形，称为“干浆米线”，制品具有筋骨硬、有嚼劲、线绵长等特点，以红河州蒙自市所产最具特色，但香味不及酸浆米线。

米线具有熟透迅速、均匀，耐煮不烂，爽口滑嫩，煮后汤水不浊，易于消化等特点，多作主食或小吃，以炒、煮、烩、炖等方法居多，也适合火锅和休闲快餐使用（图3-4）。以米线制作的菜点、小吃有云南过桥米线、玉溪小锅米线、贵州牛肉米线、广东炒沙河、大锅肠旺米线、香菇炖鸡米线、麻辣米线、三鲜米线、砂锅米线、凉米线、卤米线等。

图3-3　糯米粉

图3-4　米线

三、玉米

玉米起源于墨西哥，由于植株高、果实大，比较容易栽种，因此玉米很快便成为美洲其他早期文明的基本粮食。秘鲁印加人、墨西哥玛雅人、阿兹特克人，美国西南方崖居人都是以玉米为主要粮食。哥伦布把玉米带回欧洲，不到一代的时间，玉米便传抵南欧全境。明朝时期，玉米传入中国，主要在东北、华北、西北、西南等地方生产。如今玉米是全世界第三大粮食，仅次于小麦和大米。玉米以其特殊风味备受青睐，还能为煎煮烤炸等多种菜肴和制作点心带来特殊的质地和口感。玉米还可以制成玉米浆，用来生产威士忌，玉米淀粉可以调制浓稠的酱汁和填料，玉米糖浆可以调味，也为多种甜品提高黏稠度，此外玉米还可以炼油。玉米其他的部位都可以转变为多种工业制品（图3-5）。

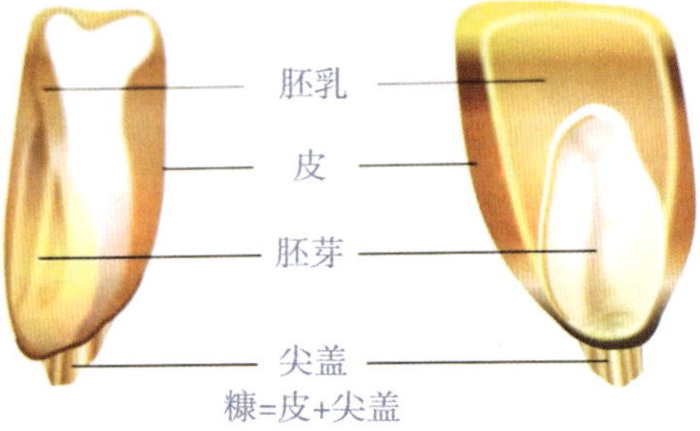

图3-5　玉米粒构成

（一）品种

玉米可以分为六大类。

（1）爆玉米（Popcorn）和硬玉米（Flint corn）　含有丰富的直链淀粉，蛋白质含量较多（图3-6）。

（2）马齿玉米（Dent corn）　这个品种最常作为动物饲料，也最常作为碾制食物的配料（碎玉米、玉米粉和玉米谷粉）。马齿玉米粒在顶冠部位含有“蜡质”淀粉，这个部位在谷粒干燥时会凹陷，因此又称“凹玉米”。

（3）粉玉米（Flour corn）　包括蓝色玉米的标准品种，质地柔软，易于磨粉，这是由于胚乳构造脆弱又不连续，成分多为蜡质淀粉，蛋白质含量较少，胚内还有中空穴室（图3-7）。今天我们所称“印第安玉米”，指的就是谷粒带斑驳色彩的粉玉米和硬玉米。

（4）甜玉米（Sweet corn）　未成熟时糖分含量比淀粉还高，因此玉米粒呈半透明，成熟后表皮松弛褶皱。因此人们多半食用未成熟的甜玉米，人们又称它为“水果玉米”。

图3-6　爆玉米

图3-7　粉玉米

（5）糯玉米（Waxy corn）　是在我国形成的品种，营养成分高于普通的玉米，含70%～85%的淀粉，10%以上的蛋白质，4%～5%的脂肪，2%的多种维生素。淀粉为100%支链淀粉，富有黏糯性，比普通玉米淀粉易于消化。作为鲜食玉米的开发前景非常乐观。

（二）烹饪应用

玉米作为烹饪原料，在完全成熟前少量被直接使用，在成熟后通常需要加工后食用，像干磨、湿磨、烤制等。

干磨玉米食品：

（1）碎玉米　质地较粗，可用来制作早餐谷片、点心、酿酒，还可以煮成玉米粥（图3–8）。

（2）玉米面（cornmeal）　玉米面比碎玉米细致，比玉米粉粗，有明显颗粒感。玉米面可用来制作不膨发糊团、杰克饼、葡萄牙玉米饼以及意大利玉米粥（polenta），还有玉米面包、英式松饼，还可以加入若干小麦面粉和膨发剂，制成比较蓬松的烘焙、油炸食品（图3–9）。

（3）玉米粉（corn flour）　是粉质最为细致的玉米制品，通常与其他风味配料混合，调制出多种烘焙、油炸食品。

图3–8　碎玉米

图3–9　玉米面

湿磨玉米食品：马萨面团、玉米饼和玉米片。

湿磨玉米是事先将玉米先浸入浓度为0.8%～5%的石灰溶液，烹煮数分钟至1小时，熄火后静置浸泡8～16小时并慢慢放凉。浸渍期间，谷皮和细胞壁受碱的影响彻底软化，于是内部的蛋白质彼此键结，部分玉米油也因此分解，成为绝佳乳化剂。浸渍过后，把浸泡液和软化的谷皮冲除干净，接着用石磨把玉米粒（含胚芽）碾成面团，称之为马萨面团。

我们所常见的马萨面团的形式为粉状，被称为马萨面粉（masa flour）。调制方法为先将玉米谷粉经过一系列工序后制成新鲜的马萨面团，再通过高温和通风环境将面团急速干燥为细小粉粒。调制这种面团时，添加的水分原本就比普通马萨面团还少，接着又经过干燥处理，因此马萨面粉不如马萨面团那么香，不过带有褐变、烧烤香气，成品质地则比新鲜马萨面团更软。

玉米饼的原料是细磨马萨面团，先把面团擀成薄饼，接着快速烹调，传统做法是放在浅锅中加热1～2分钟，现在则以连续式商用烤炉烘烤20～40秒。

玉米片是油炸而成，原料可以用玉米饼或马萨面团直接制成。玉米薄片就是以玉米薄饼油炸而成，至于玉米脆片则是把粗磨马萨面团捏成较干的长条，接着下锅油炸即成。

四、小米

小米也称粟米、谷子、粟谷。小米是粟的种子脱壳后的种仁，原产于中国北方黄河流域，现主要分布在华北、西北和东北各地。小米对干旱地区的贡献特别重要，因为它们是谷物当中需水量少的一群，在贫瘠的土壤也能生长。小米的蛋白质含量非常高，比例为16%～22%不等（图3-10）。

图3-10　小米

1．品种

按照小米的性质可分为粳性小米、糯性小米。

（1）粳性小米　由非糯性粟加工制成，米粒有光泽，黏性小，通常黄色、白色、橘色、红色、褐色的多为粳性小米。粳性小米多作为主食。

（2）糯性小米　由糯性粟加工制成，米粒略有光泽，黏性大。糯性小米多用于制作各种糕点及粥类。

我国有名的小米品种有：产自山西的太后香小米（阳曲县）、檀山皇小米（沁县）、东方亮米（广灵县）；产自山东的金米（金乡县）、龙山米（济南市章丘区）；产自河北的桃花米（蔚县）和产自陕西的米脂小米（米脂县）等。

（1）广灵小米　山西省广灵县特产，是由具有当地特色的优良谷子品种“大白谷”和“东方亮”加工而成。自2007年8月起，国家对广灵小米实施地理标志产品保护。

（2）金乡金米　仅产于山东金乡县马庙镇的马坡，位居中华“四大名米”之首。金米常被做成稀饭，性黏汤浓，悬而不浮，油而不腻，闻之清香，食之甘美，具有热补、润肠功能，是滋补的佳品，在清康熙年间就被列为贡品。

（3）龙山小米　山东济南章丘的著名特产，全国“四大名米”之一，龙山“三珍”之首，曾被选为历代皇室贡品，被誉为“龙米”。

（4）太后香小米　又称旱地小米。山西太原市的阳曲县，盛产各种小杂粮，是历史上远近闻名的“小杂粮王国”。

2．烹饪应用

小米在烹饪中主要作为主食原料，可制成小米饭、小米粥；磨制成粉后，可制成窝窝头、丝糕，与面粉、糯米粉掺和发酵后，可以制成多种点心。小米是五粮液、汾酒、山西陈醋、小米黄酒的主要原料。

五、高粱

高粱在非洲中、南部干旱草原和莽原地带演化而来，人类约于公元前2000年开始栽植，不久之后被携带到印度，接着又传入中国。由于其抗旱、耐热的属性，在多数耕地有限的温带国家占有重要地位（图3–11）。

1．品种

（1）甜高粱　也称“二代甘蔗”。甜高粱可以用于生食、制糖、制酒，也可以加工成优质饲料、酒精燃料、纸等。巴西的芦粟酒就是用甜高粱酿造而成的。

（2）弯头高粱　秆粗壮，汁液少。叶鞘无毛；叶舌硬膜质，近半圆形，顶端具短纤毛；圆锥花序紧密，椭圆形或卵状椭圆形，分枝粗糙，斜升，基部坚硬，具粗糙纤毛；花序总梗弯曲呈鹅颈状，或直立；无柄小穗宽卵形至倒卵形，顶端钝或微尖。

（3）光高粱　须根较细而坚韧。全株可作牧草，高粱米常提取淀粉，可食用。光高粱有无芒和具芒两种类型。叶可作家畜饲料；种子含淀粉，可磨粉或酿酒。

2．烹饪应用

（1）作为主食　原粮经清理、脱壳、碾去皮层（多道碾白）、成品整理后得到高粱米成品。由于加工除去了皮层，并含有碎米、糠粉等，极易吸湿发热，不耐久储。在历史上曾是东北地区的主要食粮之一（图3–12）。食用方法主要是炊饭或磨制成粉后，再做成其他各种食品，如面条、面鱼、面卷、煎饼、蒸糕、黏糕等。腊八粥是家家户户在腊八节用多种食材熬制的粥，也称作七宝五味粥。做腊八粥常选用大米、糯米、高粱米、绿豆、薏米等食材熬制而成。高粱米还可以制成红豆饭、杂粮粽。高粱米做米饭显得略粗糙，但是磨成高粱面粉做成点心，既细腻又营养。高粱粑是在高粱面粉中加入泡打粉、白糖、鸡蛋和适量水调至黏稠状，揉成面团，按平，蒸熟，下油锅稍炸，撒上芝麻而成。外脆内软，香酥可口。

图3–11　高粱

图3–12　高粱米

（2）制作菜肴　高粱米也可用于菜肴制作。一般是与其他食材混合炖制汤品，营养美味。如高粱猪肚粥，是将高粱米炒至褐黄色有香味，除掉余壳，把猪肚、莲子肉、胡椒、高粱米放入瓦锅，加水武火煮沸后，文火煮至高粱米熟烂为度，调味即可。

六、燕麦

燕麦麦粒采自禾本科燕麦属，目前认为燕麦源于西南亚，后来被作为作物，随大麦和小麦一起种植。希腊和罗马时代把燕麦当作野草，直到1600年，燕麦已经成为北欧重要作物。

燕麦主要分布于我国西北、内蒙古、东北一带的牧区或半牧区。

如今，英国和美国是燕麦食品的最大消费国，主要作为早餐燕麦片食用。燕麦就像大麦，不含有能制成面筋的蛋白质，这就表示燕麦不能用来烘焙蓬松的面包，而且燕麦麦粒具有黏性外壳，很难加工处理。燕麦的脂肪含量很高，是小麦的2～5倍，主要是位于麸皮和胚乳中，而非胚芽，而且还富含一种脂肪消化酵素。因为这几个特点，燕麦很容易酸败，必须加热让酵素失去活性，以防燕麦在储存时变质。

另一方面，燕麦也含有一种难消化的β–聚葡萄糖，这种碳水化合物能吸收水分，因此温热的燕麦粥显得均匀浓稠，若制成烘焙食品，则具有软化和保持水分的效果，还能帮我们降低血胆固醇水平。燕麦还含有几种具有抗氧化作用的酚类化合物（图3–13）。

七、荞麦

荞麦原产于中亚，1000年前才在中国种植。荞麦能耐受恶劣生长环境，生长略超过2个月便成熟。由于生产季节很短，因此长久以来在寒冷地区备受重视。在我国的主要产区为东北、西北及西南一带高寒地区（图3–14）。

图3–13　燕麦

图3–14　荞麦

荞麦粒呈三角形，80%为淀粉，14%为蛋白质，油脂含量是多数谷粒的2倍，因此脱壳的荞麦和荞麦粉的货架寿命都很有限。

荞麦粉含有少量黏质，吸水后带有些许黏性，因此全荞麦面条才能勉强黏合成形，市面上的荞麦面条通常都掺入了面粉，提高了耐煮性。荞麦虽然蛋白质含量高达14%，但其独特的蛋白质却没有良好的发面性能，不适合制作面包。荞麦多磨成粉供煮饭熬粥食用，有特殊香气，也可与小麦粉混合制作煎饼、薄饼、面条、水饺之类的制品。

八、黑麦粉

黑麦与小麦家族有较远的亲缘关系，其麸质与水反应的方式有相当大差异，焙烤产品的最终滋味及质地也不同。黑麦粉的面筋非常弱，单独使用没有多大的发面能力。因此，常见黑麦面包配方通常要加一些小麦粉，以改善发面能力和最终面包结构。

黑麦粉虽然缺乏面筋，但含有高水平的纤维，它们具有吸收和保留液体的能力。这种特点使得黑麦面包与其他面包相比，较潮湿并且保质期较长。像黑面包，即使烘焙一周多时间，其湿润性、质构仍将基本保持不变。

市场上有各种经过不同程度精加工的黑麦粉：淡黑麦粉已去除所有胚芽和麸皮，中黑麦粉包含除麸皮以外的全部谷粒，全黑麦粉由谷粒所有部分构成，而深色黑麦粉则是用淡黑麦筛出麸皮和胚芽加工而成。黑麦粉含有麸质，因此不适合麸质不耐症者（图3-15）。

图3-15　黑麦粉

任务二　了解豆类原料

豆类属豆科，对人类的重要性仅次于禾本科。豆类含有丰富的蛋白质，含量是小麦和稻米的2～3倍，对人类贡献匪浅。豆类能制造这么多蛋白质，得归功于它们与特定土壤细菌的共生关系。根瘤菌会侵入荚果根部，把空气中的氨大量转化为植物能直接使用的物质，以用来制造氨基酸，再以此生成蛋白质。动物性食物蛋白质含量丰富，但价格昂贵，长久以来，荚果类作为动物性食材的基本替代品，是为人类提供蛋白质的重要食材。在亚洲、地中海地区和中南美洲的食品当中，更是特别重要。

大约有20种豆科植物经人工大规模栽培。相对于完整食用，更多的豆科植物用来榨油，像大豆和花生。豆类油脂除厨房使用外，还兼具工业用途。

一、豆类的基本构造和组成

豆类的种子含有一个胚胎植株，外被种皮保护。胚胎则含两枚大型储存营养的叶片（称为子叶），加上一株细小胚茎。子叶提供大半养分，作用就如谷子的胚乳。

荚果种皮只有在种脐处有裂口，这个细小的凹陷，就是种子附着于种荚之处，一旦种子落地或下锅，它就是从这里吸水。有的种皮很薄，例如花生，有的种皮也很厚，像鹰嘴豆的种皮占了全豆的15%，羽扇豆的种皮甚至占30%。荚果的种皮几乎全都是细胞壁的碳水化合物，人类无法消化的纤维也大半位于种皮。有些豆类色彩缤纷，呈粉红、红色和黑色等，因为种皮含有丰富的花青素，还有相关的酚类化合物，因此都具有抗氧化功能。

多数豆类都是由蛋白质和淀粉构成。主要例外为含油丰富的大豆和花生，含油量分别约为25%和50%。许多荚果还含有蔗糖，重量达好几个百分点，因此滋味很甜。

有些豆类的种子含有毒素，特别是蛋白酶抑制剂、凝集素和会生成氰化物的化合物质，例如热带种菜豆；至于美国和欧洲的菜豆，只有微量甚至全无氰化物。倘若以全生豆饲料喂养动物，它们的体重有可能不增反减。这类潜在毒性化合物可以借着烧煮来去除或破坏。

二、豆类的营养

豆类营养丰富，通常都是好几种养分的绝佳来源，包括蛋白质、铁、多种B族维生素、叶酸和淀粉或油脂。种皮带色的品种能提供宝贵的抗氧化物。然而，大豆在所有荚果中，对人类健康影响更具特殊的潜力。流行病学研究显示，以大豆为主要粮食的国家，心脏病和癌症发病率都较低，这种现象或许部分可以归功于大豆。

后来发现，原来大豆含有几种储藏形式的酚类化合物“异黄酮素”，在经过我们肠内细菌的作用之后，异黄酮素会转变成金雀素黄酮、木质素黄酮和大豆素黄酮，而这些活性化合物的作用类似人类动情激素（estrogen），因此这些活性物质素有“植物雌激素”之称。绿豆和其他荚果也含异黄酮素群，不过含量远不如大豆（我们常吃的大豆食品当中，沸煮过的全豆所含异黄酮素最多，约是豆腐的2倍）。植物雌激素对人体有几项影响，其中确实也包含类激素等物质的作用。证据显示，异黄酮素群或许能延缓骨质流失，抑制前列腺癌和心脏病。然而也有些研究指出，乳癌患者若摄取植物雌激素，病情有可能恶化，而且，即便这种激素能够防范某些癌症，但要在青春期摄取才有实效。我们对植物雌激素的认识仍然非常有限。大豆是否比其他种子更有益于人类健康，还有常吃大豆究竟好不好，目前要断定还太早。

三、豆类的烹煮方式

（一）新鲜食用

新鲜带壳豆类成熟时，仍含水分，加热10～30分钟很快就能煮软。这种豆子比干豆更甜，我们通常叫这种食用的豆子为“毛豆”，最常新鲜食用的荚果种子有豌豆、菜豆、蔓越莓豆和大豆。

（二）干燥豆类的食用

完整的干燥豆类有可能要1～2个小时才能煮软，比干燥杂谷更费时。部分原因是豆子尺寸较大，不过也由于豆子种皮会有效控制吸水，而细胞壁和淀粉都必须吸水才能软化。刚开始，水分只能透过豆子凹陷处的细孔（种脐）渗入。冷水浸泡30～60分钟（热水浸泡会更快），种皮便完全含水，体积也会膨大，此时水分便能透过种皮渗入豆内，不过速度依然有限。去壳荚果（去荚干豌豆瓣和印度多种辣味豆类料理）能较快煮软，还会碎裂成柔软的豆糊。

（三）煮液

豆子的烧煮时间和烹调后的品质都由煮液来决定。烹调时加入的水越多，豆子流失的颜色、风味和养分便越多，稀释程度也越高。因此，烹煮时水量只要能淹过豆子就可以了。还有，尽管豆子在沸腾温度下可以更快煮软，滚烫的沸水却会损害种皮，使豆子碎裂；温度较低（80～93℃）较慢煮软，破坏程度却也比较轻微。

煮液所含溶解物质，也会影响烹调时间和食品质地。若以钙或镁含量偏高的硬水烹煮，豆子的细胞壁还会进一步强化。因此硬水可以延缓豆子软化，甚至让它无法完全变软。酸性煮液可以减缓细胞壁半纤维素的分解速度，让豆子较慢软化，而碱性煮液则作用相反。最后，许多厨师和食谱都说，在煮液中加盐，可以防止豆子变软。这的确可以降低豆子的吸水速度，然而豆子终究还是会吸饱水分然后软化。还有，若用盐水预先浸泡，豆子还会更快煮软。

（四）让豆子煮熟后维持原有质地

倘若能减缓豆子的软化速度，豆子就算熬煮好几小时也不怕碎裂，或即使重新加热也能保持豆形完整。有三种物质能达到这个效果，酸性物质、糖分和钙质。酸性物质能稳定细胞壁的半纤维素，延缓溶解速度；糖分有利于强化细胞壁构造，让淀粉粒较慢膨大；钙质则能交叉连接、强化细胞壁果胶。因此，若需长时间熬煮或重新加热，便可加入略呈酸性并富含糖分和钙质的糖蜜，或是带酸性的番茄等，如此便能保持豆粒构造，已烘烤好的豆子要再调理时，也可如此处理。

四、常见豆类

（一）大豆

中国古称菽，原产于中国北方，目前在东北、黄淮流域、江南各省南部、广西、长江下流地区种植，以东北豆质量最优。大豆营养非常丰富，蛋白质含量是其他豆类的2倍，而且氨基酸的比例十分理想，又含有丰富的油脂，以及微量元素成分，对人的健康非常有益，被称为豆中之王、田中之肉。

1. 品种

大豆根据皮色可分为黄豆、黑豆、青豆、褐豆等（图3-16），黄豆在我国占豆类总产量的90%以上。食用大豆一般分油用大豆、粮用大豆和菜用大豆3类。粗脂肪含量大于或等于16%的大豆可作为油用大豆；水溶性蛋白含量大于或等于30%的大豆可作为粮用大豆；菜用大豆（又称毛豆）一般要求烹调容易，味道香甜的鲜豆或青豆。东北大豆产地多种植油脂含量较高的油用大豆，南方多种植蛋白含量较高的粮用大豆。

图3-16　不同皮色的大豆

2. 大豆制品

（1）豆浆　传统豆浆制法是把大豆泡软后磨碎，接着先滤除豆渣并煮成豆浆，日本人通常先烹煮豆泥之后再滤除豆渣，最后成品具有强烈豆腥味。将大豆浸泡在65℃热水1小时，让大豆吸收与本身等重水分，接着就迅速加热到80～100℃，随后才取出磨碾，或者就浸泡在同样温度范围的热水中，以预热的研磨机加工处理。这种方式制作豆浆能抑制酵素作用，将大豆风味减至最轻。

豆浆与牛奶相比，所含蛋白质和脂肪都大约相仿，可以一定程度的替代牛奶，但豆浆所含饱和脂肪较少，钙含量较低。

（2）油豆皮　动物乳汁或种子乳浆下锅后开盖加热，表面就会结成一层凝固蛋白质。这是由于液体表层累积了大量的热量，蛋白质受热张开后彼此纠结，接着又接触到室内干燥空气导致水分流失。豆皮干燥之后，连接程度会更紧密，构成一种很稀薄却又相当牢固的蛋白层，里面含有油滴，带来一种软韧又富嚼劲的纤维质地（图3-17）。

图3-17　油豆皮

刚凝成的豆皮十分软嫩，滋味很美，有些日本餐厅会预备小锅豆浆，上桌加热后形成豆皮，由食客当场取食，接着再加入少许食盐，让残余豆浆凝结成柔软的豆腐。

（3）豆腐　豆腐从化学成分的角度可以理解为豆浆的凝固状态，其主要成分为植物蛋白和油脂，在油脂中溶解的蛋白质与盐粒子结合会发生结晶析出现象，因此加盐便会凝结，其蛋白成分和外被蛋白质的油滴结合，产生这种浓缩团块。传统中式豆腐均以石膏点卤凝结，日本和中国沿岸地带则采用“卤水”（nigari），卤水是海盐（氯化钠）结晶后残留的镁盐和钙盐的混合产物。

（4）发酵大豆制品　发酵大豆制品主要包括豆腐乳、酱油、味噌。

豆腐乳，豆腐经霉菌发酵制成的食品，所用菌种包括放射毛霉属（Actinomucor）和毛霉属（Mucor），豆腐乳相当于中式和素食版本的霉菌熟成乳酪。

味噌和酱油都是用大豆长期发酵制成的食品，具有浓郁美妙的独特风味。这种风味出自微生物之手，豆类蛋白和其他成分经微生物分解，化为美味物质，接着还彼此作用，增添多层次繁复风味。

味噌可以当汤底，也可以作为许多菜肴的调味料和卤汁配方，还可以用来腌渍酱菜。

中国酱油大多以大豆为主要原料，或全部由大豆制成，日本的玉溜也是如此。日本酱油通常都以比例均衡的大豆和小麦混合酿造，小麦含有淀粉，发酵产生其特有甜味和较高的酒精含量，也带有更多酒精衍生的芳香成分。白露酱油色浅味淡，小麦原料的比例高于大豆。

（二）蚕豆（Broad bean）

蚕豆是常见食用豆类中籽粒最大的一种，中国是全球蚕豆最大的生产国，以四川、云南、江苏、湖北等地种植为主。蚕豆的种皮厚实坚硬，不论是鲜绿的种子还是干燥的种子，种皮通常都要加工去除。浸入碱水杀青，可以让种皮软化松脱。

图3-18　蚕豆

蚕豆的食用方法很多：

（1）制作菜肴　可煮、炒、油炸，也可浸泡后去皮，炒菜或做汤。新鲜蚕豆可做酸菜蚕豆、焖蚕豆、蚕豆炖排骨。老蚕豆去壳后，可以熬制蚕豆浓汤。

（2）蚕豆制品　蚕豆可以制成蚕豆芽，磨成粉后，制成粉丝、粉皮，也可加工成豆沙，制成糕点，也可油炸后或者烘烤后，调味，制成休闲风味小食品。

（3）发酵制品　蚕豆含有丰富的淀粉，可以制造酱油、豆瓣酱、甜酱等。郫县豆瓣酱的主要原料就是蚕豆，经清洁、去壳、焯水、沥干工序后，拌入面粉，在40℃高温天气下摊放发酵7天，长出黄霉后转入陶缸内，加入食盐、清水混合均匀，进行翻晒。白天要翻缸，晚上露放。40～50天后，豆瓣变成红褐色，加入碾碎的辣椒末和盐，混合均匀，再经3～5个月的贮存发酵，酿制而成。

对于那些先天遗传缺乏某种特定酶的人，吃了蚕豆便会引发严重的蚕豆症。此病分布于地中海南岸和中东地区，多发生在孩童身上，或者这些地区移民的后代。他们一旦接触到蚕豆籽粒或花粉，就会引发过敏反应，导致严重贫血，甚至丧命。

（三）鹰嘴豆

鹰嘴豆原生于西南亚干旱地区，也称为小黎豆（图3-19）。鹰嘴豆和蚕豆、豌豆以及小扁豆，同样都有经人工培育达9000年左右的历史。

图3-19　鹰嘴豆

鹰嘴豆一般分为两大类，一类称为“德赛型”，另一类称为“喀布里型”。德赛型比较接近野鹰嘴豆，种子小、种皮厚实、坚韧，还含有大量酚类化合物，因此颜色很深。德赛型是伊朗、埃塞俄比亚和墨西哥等国的主要栽植品种。喀布里型较常见于中东和地中海地区，籽粒较大、呈奶油色，种皮细薄轻盈。另外还有子叶色深绿的几个品种。鹰嘴豆含有丰富油脂，在豆类中数一数二，高达重量的5%；其他豆种含油量多半为1%～2%。

鹰嘴豆是中东和印度料理的常用配料，流行于地中海东部地区，将鹰嘴豆捣泥后加入蒜、红椒和柠檬调味而成；意大利部分地区也会将鹰嘴豆磨粉来烘焙发酵饼。鹰嘴豆是印度最重要的豆类食材，他们把鹰嘴豆去壳、对半分开，制成“半边鹰嘴豆”chana dal，还磨粉制成薄脆饼papadums、油炸面团pakoras和其他油炸食品，也拿来沸煮、烘烤，或是吃鹰嘴豆芽。

（四）豌豆

图3-20　新鲜豌豆

豌豆的栽培历史已达9000年左右，很早就从中东传至地中海地区、印度和中国。在我国主要分布于中部、东北部地区，有四川、河南、湖北、江苏、青海等省区。豌豆是寒冷气候型豆类，生长季节依地区有别，在地中海地区为潮湿冬季，在温带国家则为春季（图3-20）。

豌豆主要有两种品种，一种是含淀粉、种皮平滑的品种，用来生产干豌豆和半干豌豆；另一种是皱皮的高糖分豌豆，通常在未成熟时收成，作为青菜食用。

豌豆在烹饪上的应用很广泛：

（1）制作菜肴　嫩豌豆可以清炒，可以焖煮。“豆汤饭”是成都传统小吃，是选用淀粉含量很高的老豌豆与米饭在鸡汤中煮制，豌豆中的淀粉和米混合，饭稠，味道香浓，在成都湿寒的冬日，是暖身排湿的佳肴。

（2）制作糕点和馅心　将老豌豆磨粉，可熬煮粥饭、制曲酿酒、制作凉粉，还可包馅制糕。豌豆糕是太原特色小吃，它是用上等豌豆脱皮磨粉，加入白糖、柿饼、红枣，传入北京改名叫作豌豆黄，成了北京著名小吃。故有“从来食物属燕京，豌豆黄儿久著名；红枣都嵌金居里，十文一块买黄琼”之说。

（3）制作豌豆淀粉　可用于上浆、勾芡，还可制成豌豆粉丝、豌豆凉粉，川菜中的凉粉多数是豌豆淀粉和绿豆粉做成。

（五）绿豆

图3-21　绿豆

绿豆原产于印度、缅甸，中国和缅甸是绿豆的主要出口国，主要产区在华北及黄河平原地区。比较有名的品种有明光绿豆，大明绿豆，宣化绿豆，嘉兴绿豆等。

绿豆可以制成绿豆汤，或与大米混合制成绿豆粥，是夏季最佳的清凉防暑食物。绿豆是优质的淀粉原料，可以磨成粉末，制成绿豆粉丝，绿豆粉皮，或制成绿豆淀粉，用于烹制菜肴。绿豆经煮制后去皮可制成绿豆沙糕点，如绿豆糕、绿豆饼。绿豆浸水发芽称为绿豆芽，为菜中佳品。绿豆酿造的明绿液曲酒，风味独特。

（六）赤豆

赤小豆又称红小豆、赤豆，起源于我国，在我国主要产于华北、东北、黄河流域、长江流域及华南地区等。赤豆的种皮颜色多为赤褐色，有的品种为黑色、白色、浅黄色以及杂色，种皮平滑有光泽，种脐位于侧缘上端，白色，不显著突出，也不凹陷。赤豆易与其他豆类混杂，根据其纯度分为纯赤豆和杂赤豆两类，纯赤豆是指混杂的各色小豆不超过总量的10%，杂赤豆则超过10%。

在中西烹饪中，赤豆多用于制作汤羹、粥品，如赤豆汤、赤豆糯米饭。也可将其煮制后，用擀面杖压制成赤豆泥，做馅制成红豆包。还可以与面粉、糯米掺和做成红豆饼、红豆糯米糕。还可以煮熟去皮后制成红豆沙，用于面点的馅心，如红豆沙月饼、豆沙面包等。

图3-22　赤豆

任务三　薯类烹饪原料

马铃薯、甘薯、木薯和芋头属于块根和块茎，这些块根、块茎储存了丰富的淀粉，也等于一袋袋浓缩且能长期储存的粮食。据部分人类学家推论，约200万年前，非洲莽原气候变冷，果实不足，根茎食物或许便曾协助人类更好地生存。由于块茎数量充足，且烹煮后养分还更高。因此，或许要到早期人类学会了挖掘出地下根茎并将之放入火堆中烧烤后，根茎才对人类有重大贡献。近代社会，尤其是饥饿年代，这些薯类作物更是人们填饱肚子的主要粮食作物。

一、甘薯

甘薯又叫红薯、番薯、地瓜、红芋等，甘薯是南美北部的一种原生植物，哥伦布把甘薯带到欧洲，16世纪末，从南洋引入中国福建、广东，而后向长江、黄河流域及台湾等地传播，在中国站稳脚跟。目前中国的甘薯种植面积和总产量均占世界首位。

甘薯含有丰富的糖分、蛋白质、膳食纤维和多种维生素，是重要的粮食作物，也是一种高级的保健食品。欧美人称赞甘薯为第二面包，在世界卫生组织（WHO）评出的六大最健康食品中，甘薯被列为“最佳蔬菜”冠军。甘薯中含有一种氧化酶，俗称“气化酶”，这种酶容易在人的胃肠中产生大量二氧化碳气体。因此红薯吃多了会使人腹胀、打嗝等。

（一）品种

甘薯品种繁多，从常见于热带地区的低水分的粉质品种，到又甜又多汁的品种都有，颜色有白、黄、红、紫等多种颜色。肉为白色的甘薯，淀粉含量多，水分较少，适宜提取淀粉；肉为红色的甘薯，含有丰富的胡萝卜素，糖分、水分较多，味道香甜，常供新鲜食用；肉为紫色的甘薯，营养丰富，糖分适中，易于消化。

1. 紫薯

紫薯正名为参薯，肉呈紫色至深紫色，皮薄，为淡紫色。紫薯除了具有普通甘薯的营养成分外，还富含硒元素和花青素，是提取花青素的主要原料（图3–23）。紫薯可以蒸煮后鲜食，口感绵软，香甜可口；也可将紫薯切片或切块后与大米或糯米煮制成紫薯粥；还可将紫薯蒸熟后压成泥，加入面粉、糯米粉，制成各种面食、点心，如紫薯面包、玫瑰花卷等；紫薯还可制成菜肴，如紫薯五花肉、拔丝紫薯、蜜汁紫薯等。

2. 黄心甘薯

黄心甘薯外皮颜色为淡黄色、红色，肉有润黄色和润红色。黄心甘薯口感香甜，红心甘薯香味较浓。味甜香味浓郁，纤维细，是鲜食、蒸煮、烘烤的最佳品种，还可以加工成薯脯和薯干。黄心甘薯是“烤红薯”的最佳原料，也是“粉蒸肉”的最佳辅料（图3-24）。

3. 白心甘薯

肉为白色的甘薯有白皮白心甘薯、红皮白心甘薯两种。白皮白心甘薯的肉质比较面，但水分较少，口感粗，纤维含量大；红皮白心甘薯的甜度比白皮白心甘薯的高，水分也高（图3-25）。

图3-23 紫薯

图3-24 黄心甘薯

图3-25 白心甘薯

（二）烹饪应用

（1）鲜食　甘薯可以直接煮、蒸、烤熟后食用，如甘薯稀饭、紫薯奶酪、烤红薯等。

（2）制作面食　可以烹制后，与面粉、米粉混合后制成糕点；可磨成粉，与面粉掺匀，做成馒头、面条、饺子等。

（3）制成红薯淀粉　用于原料的上浆、拍粉、菜肴的勾芡等。

（4）制成红薯粉条　晶莹剔透，经凉拌或煮制，调味后食用，口感爽滑、筋道。

（5）制成菜肴　如粉蒸肉、粉蒸排骨。

二、木薯

木薯又称树薯、木番薯等，这种植物的根延伸得很长，而且具有一种很实用的习性：能在地下存活长达3年。呈椭圆形、圆柱形，块根的皮色呈白、灰白、浅黄、紫红色等，薯肉呈白色，肉质富含淀粉（图3-26）。木薯培植于南美北部，过去100～200年向四方散播，如在19世纪20年代引入中国，首先在广东高州一带栽培，随后引入海南岛，现已广泛分布于华南地区，以广西、广东和海南栽培最多。

图3-26 木薯

常用来制作大饼、发酵面包，也可以单独烹调。熟制的木薯可以放心食用，不会对人体造成伤害，因加工中已将有毒物质去除了。

（一）品种

木薯有苦木薯和甜木薯两种。苦木薯淀粉含量高于甜味品种，但氯酸较多，专门用作生产木薯粉；甜木薯可以食用，使用方法类似马铃薯。重要的品种有广东的青皮木薯、海南韶关的面包木薯等。

（二）烹饪应用

木薯的烹饪食用方法多样，可以直接通过煮、蒸、烤等简单的方式食用，也可以将其煮熟后捣泥作为原料与米粉、面粉等食材混合加工烘焙制成各类美味的点心和小吃。

由于新鲜木薯具有易腐烂变质的特点，一般会在收获后短期内将其加工成木薯淀粉、木薯干等食材原料。木薯淀粉是将木薯干制后，从中提取淀粉类物质。木薯粉的特性是色泽洁白、细腻，口感平淡，无味道，无余味，因此，相较普通淀粉，木薯淀粉更适合用在需要精细调节味道的产品上，例如，布丁、蛋糕和西饼馅心等。

木薯的各部位均含氰苷，有毒。新鲜的木薯的肉质部分需先去掉皮，并切成片，经水泡，使氰苷溶解，一般泡6天左右就可以去除70%，再通过烘烤、蒸煮等方法煮熟后，便可食用。制成木薯粉，是干燥去毒加工处理后的，可食用。

三、芋头

芋头原产于东亚和太平洋群岛，和海芋、蔓绿绒同属白星海芋属。芋头和其他白星海芋同样也含有草酸钙结晶针，沉积在蛋白质消化酶的存放处附近，结果便形成一种“军火库”，有点像是尖端带毒的飞镖。如果有动物生食芋头块茎，晶体会刺破皮肤，接着酵素便攻击伤口，引发剧痛。烹调能使酵素变性，并溶化晶体，从而瓦解这种防御系统。

芋头有大小两类。一类是由主块茎增长生成，可能重达数千克；另一类较小，由侧边块茎长成，每块几百克，且质地湿润。芋肉有斑纹，那是由酚类化合物染成淡紫色的脉管。烹调时，酚类物质和色彩会扩散深入米色芋肉，让芋肉染上淡淡色泽。芋头炖煮后形状不变，放凉后转呈蜡质。芋头带明显香气，有的像栗子，还有的像蛋黄（图3–27）。

图3–27　芋头

任务四　粮食的品质检验与贮存方法

粮食种类繁多，鉴别方法与贮存要求各不相同，这里以人类每日不可或缺的主食米面为例，说明粮食的品质检验和贮存。

一、面粉的品质鉴定

面粉的品质可根据其含水量、颜色、气味及滋味等方面来鉴定。

（一）从含水量鉴别

根据我国相关标准，食用级面粉的标准含水量区间为13.5%～14.5%。

我国面粉标准规定，面粉的含水量为13.5%～14.5%。测试面粉含水量是否符合标准的方法为：用手捏一把面粉以标准的力度甩在操作台上，面粉呈现出爽滑、自然散落开的状态；如果面粉捏而不散，甩在操作台上时不能自然散落开，说明含水量超标。面粉含水量超标会导致面粉在保存过程中易结块和发霉变质，造成保质期短、制作食物口感差的情况。面粉含水量的科学检测方法还可以通过化学检验来测定面粉的具体含水量。

（二）从颜色上鉴别

随着面粉的加工精度的不断提高，面粉的颜色会逐渐向纯白靠近，呈现出“精面粉”的外部特征，但是精加工会使面粉中的膳食纤维、矿物质含量减少，从而降低其营养价值。另外，面粉的存储时间和存储环境也会使面粉的颜色发生变化，存储时间的加长和环境湿度的变大都会造成其颜色逐渐加深，面粉的品质也随之降低。

（三）从气味和滋味上鉴别

质量好的面粉具有新鲜而清淡的香味，口中咀嚼时略有甜味。凡是带有酸味、苦味、霉味和腐败臭味的面粉都属于变质面粉。一般以面粉的酸度来鉴别面粉的新鲜度。

二、面粉的贮存方法

（一）做好进仓登记

采购回的面粉要注明进仓的时间、数量、种类和保质期等，便于有计划地使用面粉，做到先进先出，保证在保质期内使用完。

（二）放置在阴凉通风处

贮存温度过高，面粉容易霉变，最好的贮存环境温度为18～24℃。面粉具有可燃性，因此避免面粉接触火源，并保持仓库的通风。

（三）防止面粉吸潮

面粉具有吸潮性，如果储存环境湿度较大，面粉就会膨胀结块，加剧变热、发霉和变质。相对湿度以55%～60%为宜。

（四）防止面粉吸收异味

面粉易吸收各种异味，贮存时避免与其他浓重气味的原料混放。

三、大米的品质鉴别

大米以当年所产的新米为佳，质量要求粒型完整，色正而有光泽。质地坚实，手搓不易碎裂，腹白、心白、腰爆、碎米少，米糠、沙石等杂质少。做饭沥出的米汤浓且黏，有特有的滑香味，饭粒黏而有嚼劲，无陈仓米的陈腐味。

《中华人民共和国国家标准（大米）》（GB1354–2009）中规定了做饭用的大米检测项目包括加工精度、不完善粒、最大限度杂质（糠粉、矿物质、稻谷粒）、碎米率、水分、色泽、气味、口味等，对于经过贮藏的大米，判断其品质除了外观、色泽、气味等简单观察外，常用的检验项目有水分变化、发芽率、发芽活性测定、脂肪酸度、还原糖量、维生素B_1含量、酶测定等。精白米中脂肪含量随加工精度的提高而降低，因此脂类含量被用来测定粳米程度。白米中脂肪成分的酸败是大米贮存中风味劣变的重要原因，所以游离脂肪酸测定成为判断大米新陈的指标。

四、大米的贮存方法

（一）大米品质的变化

大米没有外壳保护，营养物质直接暴露于外，因此，对外界温度、湿度、氧气的影响比较敏感，吸湿性强，害虫、真菌易产生直接危害，易导致营养物质加速代谢。所以大米比稻谷容易受潮、发热、生霉、生虫、不耐贮藏。大米贮藏日久，色泽逐渐变暗，失去新米的清香，出现糠酸味，酸度增加，产生不良的“陈米臭”。游离脂肪酸、蛋白质与淀粉相互作用可形成环状结构，加强了淀粉分子间的氢键结合，影响大米蒸煮时的膨润和软化。与新米相比，陈米做的饭硬，且黏度下降，烹煮时间延长。水分越大，温度越高，贮藏时间越久，陈化越严重。大米如果直接吹风或骤然冷却降温、高温烘干或阳光直射暴晒降湿，易造成大米爆腰，降低品质。另外，未熟粒、虫害粒等受伤害或发育不健全的米粒，不仅易发生劣变，还会导致正常大米的劣变。

（二）大米的贮藏方法

要抑制大米的不良变化，首先要注意，精白米不宜长期贮藏。因为精白米无生命，而毛稻、糙米有生命状态，贮藏期间较长。其次，保藏条件最重要的是低温和低湿，低温是抑制微生物和虫害等引起大米自身劣变的重要措施。一般微生物活动在温度低于15℃时可以得到有效抑制，在温度低于10℃时大米害虫几乎停止繁殖，而在温度达到20℃以上时，微生物、害虫将会变得活跃起来，繁殖和生长较快。气候较暖的地方常温贮藏6个月后，理化指标将会发生大的变化；10个月口味明显降低。如何安全度夏是稻米储藏中最重要的课题。除了控制温度和湿度外，大米堆放时要架高，并有铺垫物，适时通风，既能降温，又可散湿防潮。另外，进货时不能一次进的太多，以免一时用不完而吸湿霉变。

实践活动

杂粮的识别与调查

实践目的：

认识常见杂粮品种及其形态特征，了解其营养保健功能及烹饪应用。

实践内容:

素材准备

按下表杂粮的种类，提前准备各种杂粮的实物，通过观察杂粮的形态、色泽，闻杂粮的气味等，认识各种杂粮的感官特征。

类别	品种
谷物	大麦、燕麦、黑麦、小米、高粱、荞麦、薏米、莜麦、藜麦
豆类	蚕豆、豌豆、芸豆、赤豆、红豆、豇豆、扁豆、鹰嘴豆、利玛豆、四角豆
薯类	木薯、紫薯、芋头
其他	野米、皂角米、竹米、莲子、芡实、龙牙米

杂粮市场调查

（1）通过淘宝网，检索出销售杂粮的店铺多达8000多家。挑选杂粮品种多、销售量高的店铺作为调查对象，进行杂粮调查。

（2）实地到附近的超市和菜市场进行调查，了解当地杂粮的商品流通情况。

实训要求:

小组合作完成《__________店铺杂粮资源调查表》，填写内容应包含：杂粮品种与名称、味道与品相、产地与价格、烹饪使用特征等。

按照指定种类的杂粮素材，从产地价格、味道品相、种类特征、烹饪应用、营养保健、储藏保鲜等方面进行研究，完成800～1500字的品种介绍。

巩固练习

1. 高筋粉、中筋粉和低筋粉的区别是什么？它们在烹饪应用上有什么区别？
2. “薏米”被卫生部列为既是食品又是药品，说明其营养保健功能及烹饪应用方法。
3. 马铃薯既是蔬菜，又是主食，请阐述马铃薯在全球范围内如何体现主食地位的。

延展阅读

能产“大米”的树

在东南亚地区生长着一种神奇的树，这种树的学名叫作“西谷椰子树”，但是当地人民却亲切地称它为“米树”，顾名思义它的神奇之处在于能够生产“大米”。西谷椰子树是一种热带常绿树木，树干高大挺直，高度能达到10～20米，其叶子为羽状，形似椰树，故称为

“西谷椰子树”。米树的茎干是储藏淀粉的主要部分，其淀粉储量在开花之前达到最高峰，一旦开花之后其树干内的大量淀粉将会在很短的时间内被自身消耗殆尽，因此当地人为了及时获得大自然馈赠的粮食，会在其开花之前将树砍倒来采集树干中丰富的淀粉资源。他们把采集来的淀粉集中盛放在装有水的容器内，经过搅拌–澄清–干燥等一系列加工工序后，原有的淀粉就会变成一粒粒洁白晶莹的“大米”，这就是著名的“西米”。西米制作的食物味道香甜可口，营养价值丰富，成为当地人的主要食物和营养价值来源。以至在许多生长西谷椰子的地方，人们认为“哪里有西谷椰子，哪里就不会有饥饿发生”。

项目七 蔬果类烹饪原料

案例导入

某学校为丰富同学们的课余生活，培养同学们的动手能力和设计创造能力，特举办一场水果拼盘大赛。同住一个宿舍的黄力、李明、邓辉三人十分感兴趣，组队报名参加比赛。由于该组没有充分做好水果挑选，购买的香蕉过熟，质地过软，支撑不起来，没有摆出理想的形状，在初赛中被淘汰，由此他们认识到选料的重要性。

水果拼盘是利用水果的形状、质地和色彩进行艺术性结合，创造出具有观关赏性的形体，进而刺激食者的感官，增进食欲。水果拼盘没有食品雕刻那般复杂，但也不能随便应付，制作前应充分考虑到选料的性质，因为水果的颜色、质地、口感等搭配不当，就会影响成品效果。

任务一 蔬菜原料概述

一、蔬菜的概念及分类

蔬菜是指可作副食品的草本植物的总称，也包括少数可作副食品的木本植物的幼芽、嫩叶以及食用菌类和藻类。蔬菜是人们日常生活中不可缺少的烹饪原料。蔬菜中含有丰富的营养成分，对保持人体的酸碱平衡有着重要的作用。

我国蔬菜栽培历史悠久，品种繁多，产量丰富，品质优良。随着农业科技的不断发展，绿色蔬菜、特色蔬菜等新品种不断涌现，使我们的蔬菜市场更加丰富多彩。

为了便于学习和研究，必须对种类繁多的蔬菜进行系统分类。目前常用的方法是根据蔬菜的主要部位进行分类，主要可分为六大类，见表3–3。

表 3-3　蔬菜原料的分类

类别		实例
根菜类	肉质根类	萝卜、胡萝卜、牛蒡、芜菁、芜菁甘蓝、婆罗门参、美洲防风等
	块根类	豆薯、葛根、何首乌等
茎菜类	地上茎类	竹笋、茭白、芦笋、茎用莴笋、茎用芥菜、球茎甘蓝等
	地下茎类	块茎：马铃薯、菊芋、草石蚕、山药等 根茎：藕、姜等 鳞茎：洋葱、大蒜、薤、百合等；球茎：荸荠、慈姑、芋艿等
叶菜类	普通叶菜类	白菜、乌塌菜、豌豆苗、菠菜、苋菜、蕹菜、茼蒿、莼菜等
	香辛叶菜类	芹菜、芫荽、茴香、球茎茴香、韭菜、大葱、番芫荽、藿香等
	结球叶菜类	结球白菜、结球甘蓝、结球莴苣、孢子甘蓝等
花菜类	花器类	朝鲜蓟、黄花菜、食用菊、荷花、霸王花等
	花枝类	花椰菜、青花菜、菜薹等
果菜类	瓠瓜类	西葫芦、笋瓜、冬瓜、丝瓜、苦瓜、瓠瓜、蛇瓜、节瓜等
	浆果类	茄子、番茄、辣椒等
	荚果类	菜豆、豇豆、扁豆、刀豆、菜用大豆、豌豆、蚕豆、青豆等
孢子植物类	食用菌类	蘑菇、香菇、草菇、木耳、银耳、平菇、滑菇等
	食用藻类	海带、紫菜、石花菜、石莼、裙带菜、螺旋藻等
	食用蕨类	蕨菜、紫萁（薇菜）、观音座莲等
	食用地衣	石耳、树花、石蕊、冰岛衣等

二、蔬菜的化学成分及营养保护

（一）蔬菜的化学成分

蔬菜中含有多种化学成分，各种成分的含量及组成比例随植物的种类可食部位、采摘收获的季节及贮藏情况的不同有很大的差异。

1．糖

蔬菜中的糖类可分为带甜味的糖和不带甜味的淀粉及膳食纤维。蔬菜含糖量一般较低，胡萝卜、南瓜、甜瓜、洋葱等含糖较多。马铃薯、芋头、山药、慈姑和豆类中含有较多的淀粉，其他蔬菜中淀粉的含量较少。纤维素是构成蔬菜细胞壁的主要成分，含量为0.2%～2.8%，在蔬菜梗中含量更多。纤维素常与水质、栓质和果胶等结合成复合纤维素，具有较高的稳定性，能保护蔬菜不易受到微生物的侵害及其他外力的损害。因而表皮厚的蔬菜较易贮藏。纤维素是草食动物的主要营养来源，但人类对其却没有消化吸收的能力，纤维素可以促进肠道蠕动，提高肠胃的消化吸收功能。纤维素还能提高就餐时的饱腹感和延缓对糖的吸收，这对糖尿病和肥胖症患者更有特殊意义。就蔬菜的品质而言，纤维素含量少的蔬菜脆嫩多汁；纤维素含量过多则皮厚多筋，食用时多渣粗老，多少年来解决这一矛盾一直是良种选育专家攻关的难题。

2．含氮物质

蔬菜中存在的含氮物质主要是蛋白质和氨基酸，其次是酰胺、硝酸盐、亚硝酸盐及铵盐等。蔬菜含氮物质的含量为0.6%～9%，由于豆类植物含有大量的蛋白质，因此豆类蔬菜含氮量最高，叶菜类蔬菜次之，而根菜类与果菜类含量最低。

蔬菜中氨基酸的含量对菜品的加工有着一定的影响。氨基酸能与还原糖产生羰氨反应，使制品变成褐色。如酪氨酸在酪氨酸酶的作用下发生氧化反应产生黑色素，马铃薯切片后变色就是这个原因。氨基酸与醇类物质反应时能生成具有香味的酯类，是食品香味的来源，这一点在蔬菜腌制（发酵）加工中有着重要的意义。

3．维生素

蔬菜中含有较丰富的维生素C，是人体维生素C的主要来源。蔬菜中含有少量的B族维生素，如维生素B_1（硫胺素）、维生素B_2（核黄素）、烟酸等。

各种蔬菜中维生素含量不同。在蔬菜中含维生素C较多的有番茄、辣椒、菜花及叶菜类。维生素C的性质极不稳定，易被氧化，易被高温破坏，所以蔬菜保管时间过长或烹调时间过长，都可造成其中的维生素C的大量损失，若烹调时加入碱，则维生素C会全部遭受破坏。绿、黄、橙等色泽的蔬菜富含胡萝卜素，胡萝卜素在人体内可转化为维生素A，故又称维生素A原。维生素A不溶于水，而溶于脂肪，故其吸收率与膳食中的脂肪摄取量有关。

4．色素

蔬菜中的色素主要有叶绿素、类胡萝卜素。

（1）叶绿素　蔬菜中呈现出的绿色是由蓝绿色的叶绿素a和黄绿色的叶绿素b所决定的，二者含量的比例为3∶1。叶绿素是不稳定的物质，不耐热也不耐光，在沸水中颜色会变深。这是由于细胞壁中的空气出来而变为透明、深绿。随着植物生长期的结束，叶片衰老，叶子所含的叶绿素逐渐分解，绿色渐渐消减，原来被掩盖的类胡萝卜素呈现出原有的颜色，即成为黄色。叶绿素不溶于水而溶于乙醇、乙醚等有机溶剂，叶绿素中的镁可被铜、锌所取代。铜叶绿素色泽亮绿，性质稳定，在食品工业中常作为着色剂。叶绿素在酸性条件下，分子中的镁被氢离子所取代，会生成暗绿色或黄绿色的脱镁叶绿素。

（2）类胡萝卜素　是一类脂溶性物质，主要存在红色、黄色、橙色等食材中，为人体维生素A的重要来源，主要由胡萝卜素、番茄红素及叶黄素所组成，它们同叶绿素一同存在于植物组织中。

5．有机酸

蔬菜中番茄含有较多的有机酸，其他蔬菜有机酸的含量较少。菠菜、茭白、竹笋含有较多的草酸和鞣酸，能影响人体对钙的吸收。因此，在加工草酸含量过多的蔬菜时须进行焯水处理，以除去草酸及鞣酸。

6．矿物质

蔬菜中所含的矿物质有钙、磷、铁、钾、钠、镁、碘、锌等，其中以钾的含量最多，其次为钙、磷、铁。各类蔬菜矿物质的含量是不相同的，如叶菜类为0.4%～2.3%，根菜类为0.6%～1.5%，葱蒜类为0.3%～1.3%，瓜类为0.2%～0.7%，茄果类为0.4%～0.5%，鲜豆类为0.6%～1.7%。

7．芳香物质

许多蔬菜具有特殊的香气，这是蔬菜中呈油状的挥发性物质产生的作用，又称之为挥发油。在蔬菜中挥发物质含量甚微，大蒜仅含0.005%～0.009%（大蒜油），洋葱中含有0.037%～0.055%（洋葱油）。但这些含量甚微的芳香物质对蔬菜的香味起着重要的作用，它们是形成蔬菜特殊滋味的物质。

芳香物质的香气，能刺激食欲，帮助消化，具有杀菌、解腥的作用，所以富含芳香物质的蔬菜被广泛用于菜肴的调味。

8．糖苷类

苷又称甙，是由糖与醇、醛、酚、硫的化合物等构成的酯类化合物。在酶或酸的作用下，苷可水解为上述成分糖和苷配基。植物性食品原料中存在各种各样的苷，大多数都具有苦味或特殊的风味，其中一些苷类不只是果蔬独特风味的来源，也是食品工业中主要的香料和调味料。但其中也有一部分苷类有剧毒，在食用时应予以注意。

常见的苷类有苦杏仁苷、茄碱苷、橘皮苷等。苦杏仁苷存在于多种果实的种子中，以核果类含量最多，苦杏仁苷本身无毒，具有止痰镇咳作用。食用苦杏仁时，在同时摄入的苦杏仁酶的作用下生成有剧毒的氢氰酸。因此，在食用苦杏仁苷含量高的种仁时，应先进行必要的处理，促使苦杏仁苷水解，使生成的氧氰酸逸出方为安全。水解产物苯甲醛具有特殊的香味，是重要的食品香料，故工业上多利用苦杏仁等为提取苯甲醛的原料。茄碱苷又名龙葵苷，存在于马铃薯块茎、番茄和茄子中，是一种有毒且有苦味的生物碱。当含量达到0.02%时，即能强烈破坏人体的红血球，因而引起黏膜发炎、头痛、呕吐，严重时可以致死。橘皮苷是存在于柑橘类果实的一类苦味成分，其含量因果实种类和品种、果实部位、砧木、成熟度等不同而有差异。在橘皮、橘络中含量最多，其次是囊衣和砂囊，汁液中含量极少。橘皮苷在稀酸中加热或者随着果实成熟，逐渐水解为橘皮素、葡萄糖和鼠李糖，其苦相应减轻直至消失。

9．单宁

单宁具有收敛性的涩味，对果蔬及其制品的风味起着重要的作用，普遍存在果蔬中。单宁物质可分为两类：一类是水解型单宁，具有酯的性质；另一类是缩合型单宁，不具有酯的性质，它以碳原子为核心，相互结合而不能水解，果蔬中的单宁即属于此类。单宁的含量与果蔬的成熟度密切相关。未熟的果实含量较高，往往是成熟果实的5倍，果皮通常比果肉高3～5倍。单宁在果实中可以水溶态或不溶态两种方式存在，果实含有1%～2%的可溶性单宁时就会产生强烈的涩味，含量在0.25%（涩柿）及以上时可尝出明显的涩味，一般水果可食部分含0.03%～0.10%时具清凉口感。

10．脂类物质

脂类包括脂肪、蜡质、磷脂、萜类化合物等，其中与果蔬贮藏加工关系密切的是脂肪和蜡质。在植物体中，脂肪主要存在于种子和部分果实中，根、茎、叶中含量很少。各种果蔬种子中的脂肪含量都很丰富，它们是提取植物油的极好原料，故在果蔬加工中应重视种子的收集与利用。食用菌中含有高比例的非饱和脂肪酸，是作为健康食品的重要因素之一。

11．水

蔬菜中含量最多的是水。大多数蔬菜含有65%～90%的水分，正常的含水量是蔬菜的主要质量指标。蔬菜越是鲜嫩多汁，其质量就越好，但是含水量高的蔬菜不易贮藏而容易腐烂变质。

（二）蔬菜的风味控制与营养保护

蔬菜种类繁多、色泽各异、风味不同，是人们饮食生活中的主要食品，日不可缺。掌握蔬菜的烹饪特性和运用规律，才能正确运用蔬菜类原料烹制出营养丰富且色、香、味、形俱全的菜肴。

1．蔬菜初加工与营养素的保护

如去皮时要削薄点，因为表皮下通常是维生素含量最丰富的部分，可根据菜肴要求切成段、块、条、片、丝、丁、末、泥、汁等各种形状。但刀切形状越细，原料越小，与空气接触面越大，维生素C和矿物质等水溶性营养物质越容易氧化损失或流失。另外，生食类的蔬菜营养非常丰富，特别是水溶性维生素能直接摄入，但要求蔬菜一定要非常新鲜、清洁卫生，防止植物寄生虫及细菌污染，保证消费者食用安全。

2．蔬菜初加工与保色措施

有些蔬菜不论生鲜或煮熟，只要一接触空气就会变色，主要原因是多酚氧化酶催化多酚类底物所引起的氧化反应。可将鲜切根茎类、苹果等浸在加了含酸物的水里（厨师会经常在水中挤点柠檬汁），有显著的护色效果，因为柠檬酸是一种无毒抗氧化剂。汆烫可以帮忙留住蔬菜的色泽，尤其是对绿色蔬菜最为有效，但有些蔬菜的色素却会流失。像紫色花椰菜含有叶绿素（绿色）及花青素（紫色），其中花青素是水溶性的，所以水煮过的紫色花椰菜会变成绿色。赤甘蓝的反应则像石蕊试纸：把它放进碱水（加有石灰的自来水）中会变成蓝色，因此需要加点食用醋之类的含酸物，才能保有它原有的色彩。

3．蔬菜烹调方法与营养素的保护

烹煮蔬菜的主要目的，在于破坏它的淀粉质和纤维素，好让这些成分容易消化。利用加热的方式就可以达到这个目的，至于烹调方法则不拘。对大多数的蔬菜而言，理想的烹煮时间是越短越好，如此才能保存它们的特性、味道及新鲜。蒸、炖、焖对糖类和蛋白质起到部分水解作用，有助于消化吸收，但水溶性维生素特别是维生素C的损失较大，主要适用的菜类如萝卜、芋头、马铃薯、冬瓜等；炒是烹调蔬菜的常用方法，对蔬菜进行短时熟制的过程，营养损失比起煮、炖来讲小一些，此法大多用于一些快熟类的蔬菜如菠菜、蕹菜、苋菜、木耳菜、青椒、韭菜、芹菜等；炸或焙烤主要用于薯类食品，经油炸或焙烤的薯类维生素C的损失达20%以上，油脂含量升高。压力锅及微波炉也能保存蔬菜中的大多数养分。不管选用何种烹饪方法，一次做好的蔬菜最好全部食用完毕，如果重热，则营养损失更大。

总之，在烹饪的过程中应尽量保存蔬菜的营养，提高食用价值。在很多国家，多提倡鲜食或进行最少的加工，以使消费者从蔬菜中获得更多营养。

三、蔬菜的烹饪应用

果蔬类原料是烹饪原料的重要组成部分，广泛应用于烹饪菜点之中。

（一）果蔬类原料作菜肴的主辅用料

果蔬类原料在烹饪中被广泛应用，如山东菜中的“奶汤蒲菜”、淮扬菜中的“翡翠羹”、四川菜中的“开水白菜”、北京菜中的“玫瑰松”等均为具有特色的果蔬类菜肴。果蔬类原料作为配料，既可以与禽畜、水产品等动物性原料配伍制馔，又可以与豆制品等原料配合成菜，菜品丰富多彩，花样繁多。如“土豆烧鸡块”“竹笋炒肉丝”“雪梨鱼片”“双蘑菜心”“青椒百叶丝”“冬冬青”等。

（二）果蔬类原料作菜肴的调味用料

有些含有挥发油的果蔬类原料，既可以烹制成菜肴食用，又能在菜肴制作中起到去除异味、矫正菜肴风味的作用，如姜、蒜、辣椒、韭菜、芫荽等。

（三）果蔬类原料作糕点、小吃的制馅用料

许多果蔬类原料如青菜、萝卜、韭菜、荠菜等，经过切碎、调味等相应的加工后，可用来作为包子、水饺等面食、糕点、小吃的馅心原料，从而丰富了这些品种的口味。

（四）果蔬类原料作甜菜、果盘用料

果蔬类原料中的鲜果、干果、瓜果等原料，是制作风味甜菜的极佳原料。如“蜜汁凤梨”“枣泥酿枇杷”“拔丝霜莲”“玻璃桃仁”“蜜汁南瓜”“糖渍藕片”等，是宴席中甜菜的重要组成部分。

（五）果蔬类原料作食品雕刻用料

果蔬类原料中的瓜类、果类、块根、块茎类等，可利用它们的天然形状雕刻成各种花、鸟、鱼、虫等栩栩如生的动、植物造型，也可雕刻成各地的名胜古迹，还可雕刻成瓜盅、瓜灯等。

（六）果蔬类原料作菜点装饰、配色用料

由于果蔬类原料具有丰富的色彩，又有一定的硬度便于成形，所以可利用它们的这些特性，将之应用到菜肴的围边、点缀中；既可以通过果蔬类原料的合理搭配，使菜肴营养更全面，又可以使菜肴色、香、味、形俱佳而增进人们的食欲、烘托筵席的气氛。

任务二　常用蔬菜类与制品

一、根菜类蔬菜

根菜类蔬菜一般是植物膨大的肉质根。这种根为植物的变态根，属营养贮藏器官，富含大量的水分、碳水化合物、一定量的维生素和矿物质。根菜类又分为肉质直根和肉质块根，肉质直根由主根膨大而成，一株植物仅能形成一个肉质直根，如萝卜、芜菁、胡萝卜等；肉质块根由侧根膨大而成，外形上不规则。一株植物可以形成许多膨大的块根，豆薯、甘薯等属此类型。

根菜类蔬菜具有产量高、耐贮藏、适于加工腌制等特点，在北方冬、春季节蔬菜短缺时占有重要地位。根菜类蔬菜在加工时，有的无须去皮，如萝卜、胡萝卜、根用芥菜等；有的则需要去掉较厚的、具纤维的外皮，如牛蒡、豆薯、根甜菜等。

（一）萝卜

萝卜（Raphanus sativus L）又称莱菔、芦菔，是世界上古老的栽培蔬菜之一，在我国已有两三千年的栽培历史。萝卜品种多、用途广，能在各种季节栽培，产量高，又耐运输贮藏，可全年供应，为我国人民喜爱的重要蔬菜之一。

（1）品种特征　萝卜形状呈长、圆、扁圆、卵圆、纺锤、圆锥等（图3-28），皮色有红、绿、白、紫等；依用途可分为菜用、水果及加工腌制等类；依据品类主要分为中国萝卜（原产中国）和四季萝卜（原产于欧、亚温暖海岸）两大类。中国萝卜以大型萝卜为主，亚洲国家广泛栽培，优良品种如北京心里美、成都春不老、南京五月红等；四季萝卜以小型萝卜为主，适于生食和腌渍，欧美国家广泛栽培，中国有少量种植，如南京扬花萝卜、上海小红萝卜等。萝卜以个体大小均匀、无病虫害、外皮光滑，无糠心、黑心和抽薹现象，新鲜、脆嫩、无苦味者为佳。

图3-28　萝卜

（2）烹饪应用　明代李时珍评价萝卜："可生可熟，可菹可酱，可豉可醋，可糖可腊可饭，乃蔬中之最有利益者"，其实还可干可渍，可糟可熏，可蔬可果可药，应用甚广。在烹调中，萝卜可用于菜肴、面点、小吃。做菜肴，可用于冷盘、热炒、大菜、汤羹以至火锅类菜式；可与众多荤素原料相组合；适应各种烹调方法；适用多种味型，助味而不抢味，吸味而不乱味；宜于各种刀工，尤宜于食品雕刻，用于筵席装饰。制成馅料，可用于各种糕、饼、点心，也可刨丝制萝卜糕等。河南洛阳水席中的"牡丹燕菜"是以萝卜丝经处理后充代燕窝的名馔。

（3）营养价值　每100克萝卜含水分91.7克、蛋白质0.6克、糖类5.7克、钙49毫克、磷34毫克、铁0.5毫克、胡萝卜素0.02毫克、维生素C 30毫克，另含有锌、淀粉酶、葡萄糖、氧化酶、胆碱、芥子油、木素等多种成分。其中维生素C的含量比苹果、梨高出8～10倍。值得一提的是，在烹饪中多做下脚料的萝卜缨中所含的钙、磷和维生素A原、维生素C比萝卜本身的含量还多。

中医认为，萝卜味辛甘、性凉，有消食、顺气、醒酒、化痰、治喘、散淤、利尿、止渴和补虚等功效，生吃可以止渴消胀气，热食可以化痰助消化。萝卜所含芥子油和淀粉酶，有促进新陈代谢、促进食欲和帮助消化的作用。吃了油腻食物后，可以吃些生萝卜帮助消化。民间有"冬食萝卜夏食姜，一年四季保安康""上床萝卜下床姜，不用医生开药方"的说法。

（二）牛蒡

牛蒡（Arctium lappa）又称黑根、东洋萝卜，为菊科草本直根类植物，食用部位为肉质根。原产中国，公元940年左右传入日本，在日本栽培驯化出多个品种，具有清热解毒、消肿利咽、宣肺透疹、疏散风热、润肠通便等功效，因此被称作东洋参。20世纪80年代末由日本引种牛蒡，大部分出口，少量进入国内市场。牛蒡在我国民间很早就有药食两用的历史，近年来不少研究对牛蒡的食用价值和药用价值进行研发。

（1）品种特征　牛蒡根圆柱形（图3-29），长60～100厘米，直径3～4厘米，外皮粗糙，呈暗黑色；根肉灰白色，收迟易空心。中国引进栽培的牛蒡，按生育期长短可分为三种类型：早熟品种又名小牛蒡，中熟品种又叫中牛蒡，晚熟品种又叫大牛蒡。目前国内常用的品种有柳川理想（中国淮北地区栽培的主要品种，属大牛蒡类型）、渡边早生、地皇牛蒡等。

图3-29　牛蒡

（2）烹饪应用　牛蒡以其肥大的肉质根供人食用。刮去外皮，洗净后，再以沸水焯过或水浸过即可加工应用。可切成段、丝、丁等形状，常与荤、素等原料搭配食用，烹调上常用炒、炖、煮、蒸等成菜，又可供腌、酱制成小菜。牛蒡在日本、中国台湾、韩国作为高档食品十分盛行。日本的牛蒡菜式有煮黑根、猪肉黑根酱汤，台湾菜有炒牛蒡等。原根洗净留皮，晒干切片可沏茶，有养生作用。由于牛蒡具有较高的食用价值，其被开发出牛蒡零食、牛蒡茶、牛蒡酒、牛蒡粉等系列产品，在养生市场上占有一席之地。

（3）营养价值　每100克牛蒡中含水分约87克、蛋白质4.1～4.7克、糖类3.0～3.5克、脂肪0.1克、纤维素1.3～1.5克、胡萝卜素390毫克（所含胡萝卜素比胡萝卜高280倍）、维生素C 1.9毫克、钙240毫克、磷106毫克、铁7.6毫克，并含有其他多种营养素。

牛蒡根同牛蒡子一起被卫生部列入可用于保健食品原料的名单。我国《现代中药学大辞典》《中药大辞典》等国家权威药典中把牛蒡的药理作用概括为：①有促进生长作用；②含有抑制肿瘤生长的物质；③有抗菌和抗炎作用。经常食用牛蒡根有清除人体自由基、延缓人体衰老、润泽肌肤、防止三高、调节血糖和血脂的作用，适合糖尿病患者长期食用。牛蒡根中含有丰富的膳食纤维，膳食纤维具有吸附钠的作用，并且能随粪便排出体外，使体内钠的含量降低，从而达到降血压的目的。

其他根菜类品种有胡萝卜、芜菁、芜菁甘蓝、豆薯、根用芥菜、辣根（也称山葵）、甜菜根、块根芹、欧洲防风、婆罗门参等。

二、茎菜类蔬菜

茎菜类指以植物的嫩茎或变态茎作为主要食用部位的蔬菜，包括地上茎和地下茎。地上茎包括植物柔嫩的茎、芽和肉质化的茎，如芦笋、茭白等；地下茎类蔬菜生长于地面下，为变态的植物茎，根据食用部位的形态结构特点，又分为球茎（如芋）、块茎（如山药）、根状茎（如莲藕）、鳞茎或芽（如洋葱）。

（一）芦笋

芦笋（Asparagus officinalis）又称石刁柏、龙须菜，为百合科天门冬属多年生宿根草本植物。原产欧洲，19世纪末传入中国。目前，芦笋是我国主要创汇蔬菜，山东省曹县被国家农业部命名为“芦笋之乡”，曹县芦笋种植面积达20万亩，年产优质芦笋18万吨，占全国芦笋总产量的六分之一，是中国最大的绿色芦笋生产基地，其芦笋主要销往美国、日本、欧洲等国和中国香港。

（1）品种特征　芦笋以抽出的笋状嫩芽供食用（图3-30），按嫩茎抽生早晚分早、中、晚三类，早熟类型嫩茎多而细，晚熟类型茎少而粗。按颜色分绿色种和白色种，其中较瘦长的绿色种在英国称为“sprue”，而法国人、比利时人、意大利人及德国人比较喜欢白芦笋。中国栽培的优良品种有玛丽华盛顿、UC309、UC157、巨大新泽西等。

图3-30　芦笋

市面上的芦笋有多种颜色，如绿色、白色、紫色，其中以绿芦笋最为常见，紫芦笋营养价值最佳。一般来说，造成芦笋颜色差异的原因，除品种之外，还和日照、采收时间有一定关系。不同颜色的芦笋，其口感和营养价值也不一样。新鲜食用芦苇以笋尖挺韧且鳞片抱合紧凑，无开裂、锈斑等损伤者为佳。

（2）烹饪应用　芦笋具有味美醇香、脆嫩爽口、清淡开胃、食而不腻、具特有清香的特点。去外皮和根部，用沸水略烫即可用于烹调。在烹调应用中，可作主料单用，也可和其他原料配用；将其切成丝、片或丁后可炒、可拌、可汤，还可用于荤菜的垫底、围边等，是宴会上的稀珍菜肴。西餐中有黄油芦笋、沙拉芦笋等。因其质地柔嫩，不宜长时间加热烹调，在烹饪时不要将其苦涩之味除尽，因其苦涩味是一种特有的“苷”素，在炎夏盛暑食后，有保健强身之效。

（3）营养价值　每100克芦笋嫩茎含蛋白质3.4克、脂肪0.3克、糖类2.2克、胡萝卜素0.76毫克、烟酸1.8毫克、维生素B_1 0.24毫克、维生素B_2 0.36毫克、维生素C 51.0毫克、钾71.6毫克、钠20.2毫克、镁22.5毫克、铁54毫克。

芦笋是一种低热量且富含各种植物化学成分的高营养价值食材，含有丰富的抗氧化成分，如黄酮甙、异黄酮、含硫氨基酸和提高免疫力成分，如糖类免疫的激活剂。芦笋还含有一般蔬菜中所没有的芦丁甘露聚糖以及胆碱等成分，对人体血压和血脂具有调节作用。

（二）马铃薯

马铃薯（Solanum tuberosum）别名土豆、洋山芋等。原产于南美洲，约15世纪中期传入中国。马铃薯的可食部分为其块茎，它富含优质淀粉，主要作粮食、蔬菜和饲料，现在我国已成为世界上第一大马铃薯生产国。

（1）品种特征　马铃薯品种按薯块的颜色分为黄肉种和白肉种；按形状分为圆形、椭圆形、长筒形和卵形等；按消费用途分烹调菜用、食品加工用（用于炸薯片、薯条、薯泥）和加工淀粉用（淀粉含量要求大于16%）三类。观察蒸煮熟的马铃薯内部，如果细胞颗粒闪亮光泽，在口中有干面感的称为粉质马铃薯；反之，内部有透明感、食感湿而发黏的为黏质马铃薯（图3-31）。

图3-31　马铃薯

马铃薯的横切面由外及内为周皮、皮层、维管束环、外髓及内髓。内髓的细胞主要充填有淀粉，鲜薯淀粉颗粒被较厚细胞壁所包裹，以细胞淀粉形式存在，即使蒸煮熟化，只要不强力搅动，糊化了的淀粉还会包裹在原来的细胞中。因此烤（蒸煮）薯不仅给人以干面的口感，而且可以做成如豆沙那样的薯泥产品。

（2）烹饪应用　马铃薯由于营养全面、烹煮方便、味道平淡，可与各种调味料、香辛料调和，所以在包括俄罗斯、德国等欧洲及美洲国家，它是深受欢迎的主食。美国等马铃薯主产国鲜薯的70%以上用于加工马铃薯食品。我国华北及江淮流域多作蔬菜应用，东北、西北及西南高山地区粮菜兼用。

鲜食用马铃薯可供切块、丁、片、条、丝应用，也可制泥成菜；可作主料，也可配荤素各料；适于炒、烧、炸、煎、蒸、烤等各种烹调方法；也宜于各种味型。菜式如拔丝土豆、炒土豆丝、葱油土豆泥、土豆烧肉等。国外除蒸烤鲜马铃薯作主食外，还有咖喱饭、炖薯块、烧牛肉（要求耐煮的黏质种）以及沙拉凉拌菜、炸肉饼等用的薯泥（要求为干面的粉质种）。

（3）营养价值　马铃薯鲜块茎含水分79.5%左右、碳水化合物17.2%、蛋白质2.0%、脂肪0.2%。糖质几乎都是淀粉，有少量葡萄糖、蔗糖、果糖、戊聚糖、糊精。马铃薯蛋白质含量虽只有2%左右，但氨基酸组成比较合理，与其他来源的蛋白质比较，更容易被人和动物吸收。马铃薯中含有维生素C、维生素B_1、维生素B_2、烟酸等多种维生素，尤其是含有丰富的维生素C（0.23毫克/克，约为芹菜、生菜的4倍，和韭菜相当），且不易受热破坏，是可贵的全面营养食品。含钙虽不及甘薯，但含钾与之相当，作为预防高血压食品受到关注。因其营养丰富、养分平衡，在欧洲被称为第二面包作物。

三、叶菜类蔬菜

叶菜类蔬菜是指以植物肥嫩的叶作为食用对象的蔬菜。按其栽培特点分为普通叶菜、结球叶菜和香辛叶菜三种类型。普通叶菜以植物幼嫩的绿叶、叶柄或嫩茎供食用，生长期较短，成熟快，品种较多，形态、结构和风味各有特点，我国南方和北方都有种植；结球叶菜的叶片大而圆，叶柄肥宽，生长后期会形成包心紧实的叶球形状，收获期处于冬季的休眠状态，因而较耐贮藏，是我国冬季市场重要供应产品；香辛叶菜多为绿叶蔬菜，由于叶子和茎部含有特殊芳香气味，因而其常常被作为调味配料使用。

（一）大白菜

大白菜（Brassica pekinensis）又称结球白菜、黄芽菜、菘菜（图3-32），为十字花科芸薹的一个亚种，自古以来，一直是我国北方地区供应时间最长、食用最普遍的大众蔬菜，并被人们视为菜中佳品。民谣谚语如“冬日白菜美如笋”“百菜不如白菜”“白菜是个宝，赛过灵芝草”“立冬白菜赛羊肉”“鱼生火肉生痰，白菜萝卜保平安”等都是对白菜的赞美之词。

图3-32　大白菜

（1）品种特征　大白菜全国各地均有栽培，主产区为长江以北，山东、河北等地种植最多。一般9～11月上市。根据成熟期的不同，可分为三种类型：①早熟品种：结球不坚实，心叶顶部向外翻卷，每年中秋节前后上市，不耐贮藏；②中熟品种：抗寒、抗病的性能都很好，但耐贮性能略次于晚熟品种；③晚熟品种：菜叶大，菜棵高大粗壮，色泽浓绿，叶球剥开五六层仍带淡绿色，包头，水分较少，耐寒，耐贮藏。

大白菜的品质以心坚实，外形整齐，无老帮、黄叶和烂叶，不带须根和泥土，无病虫害和机械损伤者为佳。

（2）烹饪应用　大白菜鲜食，洁白鲜嫩、质细味美。用于主食可做面点的馅料或做菜饭、菜粥；用于菜肴可做凉菜、热菜、汤菜。适用的烹调方法除煸、炒、煮外，可生吃，以卷心叶包其他菜肴食用或切丝生拌；可汆、炝、熘、烧等，如开水白菜、醋熘白菜、蟹粉扒白菜等。大白菜本味鲜甘清美不抢味，故可调以任何味道。在刀工处理上，适用面也广，是中国烹饪中难得的理想原料。此外，白菜还可用于砂锅、火锅、涮锅。居家、筵席无不推崇。

大白菜深加工可腌、酱、糟、渍、泡等，主要产品有脱水大白菜、酸白菜、辣白菜、甜酸辣白菜、咸辣白菜和糖醋白菜等。

（3）营养价值　大白菜热量低，在蔬菜中属高维生素C食材，且富含硫胺素和膳食纤维，膳食纤维不仅可以促进肠道蠕动，预防便秘，还能避免肠道过多吸收油脂，起到预防肥胖作用。由于大白菜钠含量低，因而适合高血压患者食用。

（二）莼菜

莼菜（Brasenia schreberi）又称水案板、马蹄草、水荷叶等，为睡莲科莼菜属水生草本植物（图3-33）。原产中国，是江南的名菜，民间采取野生或半野生的食用或出售。在长江流域中下游地区的湖泊、河道、港汊、塘堰中都有分布，每年5～10月上市。除供国内市场外，还有少量瓶装出口。

图3-33　莼菜

（1）品种特征　目前在长江流域栽培的莼菜主要有以下几个优良品种：①西湖红叶莼菜：属杭州特产蔬菜，叶正面深绿色，背面紫红色，叶片较小，生长势强，卷叶上胶质较厚，品质好；②太湖绿叶莼菜：原产于江苏太湖地区，叶正面绿色，背面边缘紫红色，中央淡变成绿色，卷叶绿色，其上胶质厚，加工后色泽美观、品质优良，为理想的加工品种；③利川红叶莼菜：原产湖北利川市，叶正面深绿色，叶背面鲜红色，主脉绿色，卷叶绿色，包有厚胶质，品质优良。莼菜以嫩叶自然卷曲，色泽暗红或绿色，无虫斑、不枯黄者为佳。

（2）烹饪应用　莼菜入烹，取其未舒展的嫩卷叶和嫩茎供用，以春夏之间产者为最佳，因其茎叶外包有一层黏液汁，除色绿、脆嫩、清香外，还具特有滑润感，吃口极为舒适。烹调时，可与鱼、鸡、火腿、虾、蟹、鲜贝、蘑菇、面筋、腐竹相配，其叶柔嫩而爽滑，碧绿清香。多用于制汤，如西湖莼菜汤、莼菜汆塘鳢片等；又可做羹，如三丝莼菜羹、莼菜鱼片羹等；还可用拌、炝、炒等法成菜。

（3）营养价值　莼菜嫩茎外附透明胶质，含多种氨基酸、多糖及维生素B_1、维生素B_2，莼菜嫩叶不仅含有丰富的蛋白质、多种氨基酸、各种糖类，还含有多种矿物质，尤其含有较多的锌。莼菜对锌具有很强的富集能力，吸收利用环境中锌的能力远远超过其他植物，是一种强集锌植物，而锌是人体所必需的一种微量元素，是人体内多种酶的组成元素，它参与机体内的各种新陈代谢，因此，锌被誉为“生命元素”。

四、花菜类蔬菜

花菜类蔬菜是以植物的花或幼嫩花序作为食用对象的蔬菜，该类蔬菜品种不多，但经济价值和食用价值较高。供食用的部位依蔬菜种类不同而异，有的种类以整个花序（花球）供食用，如花椰菜和西蓝花；有的种类以整朵花供食用，如霸王花；有的种类以花瓣为主要食用对象，如菊花；还有一些种类以肥嫩的总苞片（花序外围的变态叶）为食用对象，如朝鲜蓟。

（一）菜花

菜花（Brassica oleracea var botry-tis）又称花菜、花椰菜，为甘蓝演化而来的一个变种，以肉质球状花序为食用对象（图3–34）。演化中心为地中海东部沿岸，目前世界各地广泛栽种，我国在一些大城市周围栽培普遍，每年冬春季大量上市。

图3–34　菜花

（1）品种特征　菜花的供食用部分为幼嫩的花枝和花蕾发育成的花球，按收获季节可分为三种类型：①春菜花：花球一般近似圆形，花球球体小；②夏菜花：花球一般有圆形、扁形或半球形，花球较大；③秋菜花：花球一般近圆形或扁圆形，花球大，肉厚坚实。主要品种有福州60天、澄海早花、白峰、荷兰雪球、日本雪山、津选3198等品种。菜花的质量以花球鲜嫩、色泽洁白、肉厚而细嫩、坚实肥大、花柱细、无虫伤、不腐烂者为佳。

（2）烹饪应用　菜花鲜食，可将之摘成小块，洗净污物即可入烹。用炒、烩等法成菜，可扒、烧，沸水焯后也可拌、炝。可单独应用，也可与荤素各料配用，还可用于汤菜。加热时间短，吃口挺脆；加热时间长，口感绵软。居家烹制，可直接生料入烹；餐馆制作，常先经焯水或走油后再用。因其自身无显味，故适应任何味型，如鱼香、咖喱、酸辣、糖醋等均可。因其色泽洁白，成球块状，有时也用于菜肴配形、配色料。此外还可用于腌制、酱渍或作泡菜原料，或制成干菜花、速冻菜花等产品。

（3）营养价值　菜花每100克含水分92.6克、蛋白质2.4克、脂肪0.4克、糖类3克、钙18毫克、磷53毫克、铁0.7毫克、胡萝卜素0.08毫克、维生素C 88毫克以及维生素A、维生素B_1、维生素B_2、烟酸、硒、芳香异硫氰酸等。

菜花性味甘、平、无毒，有开胃消食、化滞消积的功效；菜花还有分解亚硝基胺的作用，是抗癌的蔬菜之一。菜花富含维生素C、膳食纤维，高钾低钠，具有很高的营养保健价值，其平均营养价值远超其他蔬菜。菜花含有多种吲哚衍生物和萝卜子素，具有抗癌的疗效。

（二）朝鲜蓟

朝鲜蓟（Cynara scolymus）又称洋蓟、法国百合、荷花百合等，为菊科蓟属多年生草本植物（图3-35），19世纪由法国传入我国上海。原产地中海沿岸，在欧洲地中海沿岸有悠久食用历史，早在2000多年前罗马人已食用此菜。目前以法国、意大利、西班牙栽培最多，已成为欧洲许多国家的高档菜蔬。我国主要在上海、浙江、湖南、云南等地有少量栽培，台湾有较大面积种植。目前世界上朝鲜蓟罐头年需求量10万吨以上。

图3-35　朝鲜蓟

（1）品种特征　朝鲜蓟以肥大而嫩的花序托和肉质鳞片状的花苞供食用，一般在花蕾（花序）充分长大将要开放时采收。按苞片颜色可分为紫色、绿色、紫绿相间三种类型；按蓓蕾形状可分为鸡心形、球形、平顶圆形三种。朝鲜蓟的品质以花蕾球形、肉质鳞片大而紧、撕裂整齐、色泽鲜绿、有香味者为佳。

（2）烹饪应用　朝鲜蓟食用方法较多，可切片后作水果生食，有似板栗的宜人清香，回味无穷；可在沸水内煮熟，取下花苞、花托改刀后，选用辣椒酱、番茄沙司等调味品拌和食用；可炒食；可切片后挂全蛋糊，油炸后蘸椒盐或胡椒粉食用；处理后的花托放置由奶油、鸡蛋、火腿、肉丁调成的馅，经烤箱烤制后食用，味香宜人，香甜可口；也可腌制、制酱、做汤等。西餐多用其制作开胃菜、沙拉、酿馅，此外还可用来制作罐头、饮料和酒。

朝鲜蓟食前需先在清水中煮25～45分钟，待苞片易于剥落时取出，分离苞片、花托，切成所需形状，烹制菜肴。若烹调时加入橄榄油、柠檬汁、大蒜、辣椒、盐等调味品，则具有独特的清香味。烹制时要注意朝鲜蓟切口易变黑，烹制前需进行加工处理或切后用柠檬汁或白醋拌匀；以防褐变。

（3）营养价值　朝鲜蓟的花蕾营养丰富，每100克食用部分含水分86.5%、蛋白质2.8克、脂肪0.2克、碳水化合物9.9克、维生素A 160毫克、维生素B_1 0.06毫克、维生素B_2 0.08毫克、维生素C 11毫克、钙51毫克、磷69毫克、铁1.1毫克。

药理学研究证明，鲜朝鲜蓟叶片内的菜蓟素、天冬酰胺、黄酮类化合物等可增强人体胆汁分泌，促进氨基酸代谢，增强肝、肾功能，对治疗慢性肝炎、降低胆固醇有辅助作用，医药上已利用茎叶加工成助消化片剂和开胃酒。近期研究表明朝鲜蓟可用来防治心血管疾病，其提取物有降血脂和抗氧化效果。

其他花菜类品种有：西蓝花（又称绿花菜、青花菜）、黄花菜（见本章蔬菜制品）、霸王花、金银花、食用菊等。

五、果菜类蔬菜

果菜类蔬菜是指以植物的果实或幼嫩的种子作为主要供食部位的蔬菜，主要类型有瓠果、浆果和荚果。

瓠果指瓜类蔬菜，是葫芦科植物中以瓠果供食的栽培种群，果实成熟时，果皮肉质肥厚，是食用的主要部分，如南瓜、冬瓜等。目前世界上广为栽培的瓜类蔬菜有：黄瓜、西葫芦和南瓜等；浆果指茄果类蔬菜，是茄科植物中以浆果供食的栽培种群，其外果皮薄，中果皮、内果皮和胎座均肉质多汁（浆状），是食用的主要对象。目前世界上普遍栽培的茄果类蔬菜有番茄、茄子、辣椒等；荚果指豆类蔬菜，是豆科植物中以嫩豆荚或嫩豆粒供食的栽培种群，果实的果皮在幼嫩时肉质，可供蔬食；当果皮成熟后则干燥开裂，不可食用。

（一）冬瓜

冬瓜（Beninasa hispida）又称白冬瓜、枕瓜等，为葫芦科植物冬瓜的果实（图3-36）。冬瓜起源于中国和印度，是盛暑季节的重要蔬菜之一，对调节蔬菜淡季供应有重要作用。我国各地均有栽培。

图3-36　冬瓜

（1）品种特征　冬瓜果实圆、扁圆、长圆筒形。种子白色、扁平。嫩瓜绿色或间有淡绿花斑，密生刺毛，老熟瓜刺毛脱落。多数品种表面有白粉，肉厚白色，其肉质细嫩、味清淡。冬瓜的品种按果实的大小可分为小果型和大果型两类；按果皮白粉的有无分为粉皮种和青皮种。优良品种如北京一串铃、四川五叶子、南京早冬瓜、广东青皮冬瓜、上海白色冬瓜等。

冬瓜的质量以发育充分，肉质结实，肉厚，心室小，皮色青绿，形状端正，外表无斑点和外伤，皮不软者为佳。

（2）烹饪应用　冬瓜宜老不宜嫩，因其味清淡，本身无显味，多烧、煮、熘、烩、炖、蒸，或做汤、羹，吃口柔润而腴软。单用甚少，须借助其他料之味或高汤。烹制宜重油，大多配入荤、素各料成菜，常用于筵席。一般切成厚片或块、丁入烹，也可先蒸后刮取瓜蓉或先压泥蒸熟，配料成菜，调味以清淡为主，偶可用浓口重味，一般不可用酱油调味。冬瓜去皮及皮下青筋后，可得纯净白色瓜肉，经焯水或过油后，即成半透明体，晶莹如玉，视感柔润舒适，以之配入高档菜肴可起衬托作用。也可批成薄片，焯水后做卷料。外皮可雕刻图案、花纹及吉祥词语做成冬瓜盅，用于筵席。冬瓜盅咸品、甜品均可，烩菜、汤菜皆行。所装之料须注意与冬瓜同步成熟，因冬瓜蒸制过久不但变色难看，而且容易疲坍，故可纯用热料，也可生熟同用，倘用焖制法，始可全用生料。

（3）营养价值　每100克冬瓜含蛋白质0.4克、糖类2.4克、灰分1.1克、钙19毫克、磷12毫克、铁0.3毫克、胡萝卜素0.04毫克、维生素C 16毫克、硫胺素0.01毫克、钾135毫克、钠9.5毫克，此外，还含有维生素B_2、烟酸、丙醇二酸等。

中医认为冬瓜味甘淡、性凉，可以清热利水、生津止渴、润肺化痰、解暑，主治水肿、喘咳、暑热烦闷、疮疡臃肿等病症，在夏日服食尤为适宜。冬瓜含维生素C较多，且钾盐含量高，钠盐含量较低，适合高血压、肾脏病、浮肿病等患者食之，可达到消肿而不伤正气的作用。

（二）番茄

番茄（Lycopersicum esculentum）又称西红柿、洋柿子，为茄科番茄属植物的果实（图3-37）。番茄起源于南美洲的安第斯山脉，我国自20世纪初开始种植，现在全国各地均有种植。四季均有上市，以夏秋季较多。

图3-37　番茄

（1）品种特征　番茄为肉质多汁的浆果，肉质部分主要由胎座发育而成。果实有圆形、椭圆形和扁圆形，按色泽可分为红色、粉色及黄色三种类型。目前栽培的番茄有五个变种：栽培番茄、樱桃番茄、大叶番茄、梨形番茄和直立番茄。

番茄的质量以新鲜、颜色鲜艳、酸甜适口、肉肥厚、个大均匀端正、无畸形、无虫眼、无伤疤、不裂者为佳。

（2）烹饪应用　番茄色泽鲜红，口感酸甜、肉质柔软，生食生津止渴，补充维生素C，加热熟食开胃，可很好地补充番茄红素。常搭配的做法是西红柿炒鸡蛋，营养全面、做法简单。热菜很少单用，多配荤、素各料成菜。番茄也是配色和装饰的良好材料，也有的仅用番茄做盛器装入熟料即可供食。还可用于加工成番茄酱、番茄汁，是常用的调料。

（3）营养价值　每100克新鲜番茄中含灰分0.4克、钙8毫克、磷37毫克、铁0.4毫克、胡萝卜素0.31毫克、维生素B_1 0.03毫克、维生素B_2 0.02毫克、烟酸0.6毫克。番茄所含的糖类中，主要以葡萄糖和果糖为主。维生素C的含量是很可观的，据分析，500克番茄中维生素C含量52毫克，相当于1250克苹果、1500克香蕉和2200克梨的维生素C含量。番茄自身含有的酸性物质可很好地起到保护维生素C的作用，使得番茄在烹调加热过程中不易被破坏。番茄红素是一种抗氧化物质并能够保护前列腺，可以延缓衰老，预防心血管疾病。

任务三　果品原料概述

一、果品的概念及分类

果品即指高等植物所产的可直接生食的果实或可制熟食用的种子，以及它们的加工制品。一般包括鲜果、干果和果品制品三大类。果品来源于高等植物的繁殖器官——果实。现在用于烹饪中的果品有上百种之多，它们大多数属于高等植物中被子植物的果实或种子，少部分属于裸子植物的种子。

按我国商业经营的习惯，把果品分为鲜果、干果以及它们的加工制品三大类。果品原料的分类见表3-2。

（一）鲜果

鲜果也称“水果”，植物学中称为“肉果”，指新鲜、可食部分肉质化、柔嫩多汁或爽脆适口的植物果实，具有独特的果香和甜味。鲜果是果品中最多和最重要的一类，包括苹果、梨、柑橘、香蕉等70种左右。按上市季节又分为伏果和秋果。夏季采收的为伏果，如桃、杏、李、樱桃、伏苹果等，这些果品不耐贮藏；晚秋和初冬采收的为秋果，如梨、秋苹果、柿子、山楂、鲜枣等，这些果品较耐贮藏。

按果实形态构造特征，鲜果可分为仁果类、核果类、浆果类、柑橘类、瓠果类、复果类。

（二）干果

成熟后果皮干燥的果实叫干果，它有广义与狭义之分。广义的包括坚果、荚果（如各种豆类的果实）、颖果（如禾本科植物的果实薏米）、瘦果（如果皮木质化的葵花子）、蒴果（如脂麻科植物胡麻的种子芝麻）等；狭义者是果品中的一个大类，通常是指外有硬壳而水分少的果实（或植物种子），如板栗、榛子、核桃、杏仁等坚果，不包括鲜果的干制品。

（三）果制品

果制品是指将鲜果制成果坯后，干制、取汁或用糖煮制或腌渍而得的制品。按照加工方法的不同，常分为果干类，果脯、蜜饯类，果酱类，果汁类和糖水渍品（表3-4）。

表 3-4　果制品的分类

类别				实例
天然果品	单果	肉质果（鲜果）	仁果类	苹果、梨、枇杷、山楂、海棠果、钞果等
			核果类	桃、杏、李、杨梅、枣、樱桃等
			浆果类	葡萄、猕猴桃、柿子、石榴、香蕉、番木瓜、醋栗等
			柑橘类	柑、橘、甜橙、柚类、柠檬、金橘等
			瓠果类	西瓜、香瓜、哈密瓜、白兰瓜、甜瓜等
		干果	坚果类	核桃仁、松子仁、腰果、板栗、莲子、白果等
	复果（聚花果）			无花果、桑葚、菠萝、波罗蜜、面包果等
	聚合果			草莓
果制品	果干类			山楂干、葡萄干、香蕉干、椰丝和龙眼干等
	果脯、蜜饯类			苹果脯、杏脯、橘饼、冬瓜条、蜜饯樱桃等
	果酱类			浓稠的果酱、较浓稠的果泥、凝胶状的果冻等
	果汁类			原汁和人工汁两大类，果子露等
	糖水渍品			各种水果罐头

注：商业上干果包括坚果类和鲜果的干制品。在果品经营中还把杏仁、瓜子等也列入干果之内。枣以干枣为主要果品时，也有列入干果类的。

二、影响果品风味和质地的化学成分

果品中含丰富的营养物质，尤其是含丰富的维生素C和矿物质，黄色果品中还含有胡萝卜素。这些调节肌体代谢的物质，能维持体内的酸碱平衡。果品能提供丰富的膳食纤维以促进胃肠的蠕动，有助于人们对食物的消化吸收。

此外，果品中的化学成分对果品的质地和风味也有较大影响。

（一）水分

水分是果品的主要成分，不同的果品含水量的高低不同。一般鲜果含水量为73%~95%，占鲜果质量的2/3以上；干果含有20%的水分。新鲜水果鲜嫩多汁、质地柔软或脆嫩，都是由于细胞和细胞间质中含大量的水分。

含水量的高低是衡量果品质量好坏的一个重要的指标，鲜果含丰富的水分而显得新鲜饱满、色泽艳丽，一旦丧失水分，就表现出色泽发暗、萎蔫、皱缩等现象，甚至腐烂变质，从而降低或失去食用价值，影响菜点的质量。也因为鲜果水分含量高，所以较干果难以保存。干果如果吸水变潮，则容易霉烂变质。

（二）碳水化合物

在果品中存在的碳水化合物依其部位和功能不同，可分为两类：一是营养成分，包括淀粉、双糖和单糖等，这些成分主要影响果品的风味；二是细胞构成成分，包括纤维素、半纤维素和果胶质等，它们主要影响果品的质地。

1．淀粉

淀粉主要存在于植物的果实、块根和块茎中，并以淀粉粒的形式存在于细胞中。有些鲜果和干果也含有丰富的淀粉，如香蕉、苹果、板栗和莲子等。

未成熟的果品淀粉含量较多，但成熟时，由于淀粉酶的作用，淀粉转化为单糖，例如香蕉在后熟过程中，淀粉含量由26%降为4%，而单糖（葡萄糖）则由1%增至19.5%，表现出甜味逐渐增强。而淀粉含量不高的果品（桃、杏、柑橘等）成熟时已不含淀粉，故后熟期糖量不会增高，而且不同种类的果品淀粉转化量的大小也不同。

2．纤维素和半纤维素

纤维素和半纤维素是构成植物细胞壁的主要成分，且随细胞的生长而加厚（即含量增多），其尤其是在机械组织和输导组织中含量高。砂梨中所含的石细胞即为机械组织的一类，它的存在影响着梨的品质，使其食用时有一种砂粒感。虽然纤维素和半纤维素可以增强果品的耐贮性，但从食用品质来讲，纤维素和半纤维素少，质地才细嫩；反之，质地则粗硬多渣。

3．果胶物质

果胶物质存在于将植物细胞相连起来的中胶层中，尤其以植物的果实、块根和块茎等器官中含量高。

原果胶多存在于未成熟的果实的中胶层中，与纤维素和半纤维素结合在一起，具有一定的黏着性而不溶于水，所以未成熟的果实显得脆硬。随着果实的成熟，原果胶在果胶酶的作用下分解为果胶，果胶易溶于水且具有黏性，逐渐渗入细胞内，使细胞连接松弛，果实质地变软。成熟果实向过熟期变化时，果胶在果胶酶的作用下转变为果胶酸，果胶酸无黏着性，不溶于水，因此，果实呈软烂状态。

果胶加适量的糖、酸可形成凝胶。果冻、果酱就是利用这种性质加工而成。果实的种类不同，果胶的含量和性质也不同。苹果、柑橘和山楂等果品所含果胶多而且凝胶力大，因为凝胶力的大小与果胶物质的相对分子质量的高低及甲氧基的含量呈正比关系。

4．单糖和双糖

果实中含丰富的单糖和双糖，主要是葡萄糖、果糖和蔗糖。个别种类还含有阿拉伯糖、甘露糖、山梨糖醇和甘露糖醇等。果实种类不同，所含三种主要糖的差别很大。梨果类以果糖为主，浆果类以葡萄糖和果糖为主，柑果类含蔗糖较多。由于所含糖的种类不同，果实的甜味风格便有了差异。

果实甜味的强弱，不仅取决于糖的种类和含量，在很大程度上受酸和单宁的影响。

当果实中糖和酸的量相等时，只感觉到酸味，只有当含糖量增加或酸量降低时才会感到甜味。所以果实中含糖和酸的比例决定了果实的甜度。一般糖酸比例为25：1时为酸甜味，38：1时为甜酸味，50：1时是纯甜味。

（三）有机酸

果实中含有机酸较多，主要是苹果酸、柠檬酸和酒石酸等，此外，有的含少量的草酸、苯甲酸和水杨酸等。它们多以游离状态存在，所以很多果品都有明显的酸味。果实中有机酸含量的多少，随品种和成熟期不同而有差异。梨果和核果中含较多的苹果酸，柑果中含柠檬酸较多，葡萄中含酒石酸较多。在同一果实中，一般近果皮的果肉中含酸较多，果实中部和近果核的果肉含酸较少。

有机酸与糖和单宁的组成比例不同，将形成果品独特的风味。有机酸有促进消化和保护维生素C的作用。

（四）芳香物质

果品的独特果香来自所含的各种不同的芳香物质。这些芳香物质多是呈油状的挥发性物质，故又称挥发油，由于含量少，又称“精油”，主要成分是醇、酯、醛、酮、烃、萜及烯等。如苹果中含0.0007%～0.0017%的精油，其成分是乙酸戊酯、己酸戊酯等；甜橙中含精油1.2%～2.1%，其成分是癸醛、柠檬醛、辛醇等；柠檬中含柠檬油1.5%～2.0%，其成分是柠檬醛、柠檬酸、辛醛、壬醛等。

有的果品的芳香物质最先不是以挥发油状态存在，而是以糖苷或氨基酸的形式存在，必须借助酶的作用进行分解，生成挥发油才有香气，如杏仁油等。

（五）单宁

单宁是一种多酚类化合物的总称，植物的各部位均含有单宁。在未成熟的果实中含量较高，口感偏涩，随着果实进一步成熟，单宁含量降低，改善口感。当果实中单宁含量很少时，会产生清凉口感，含量高时会产生让人不舒服的明显涩味，单宁和唾液中的蛋白质能发生反应，产生沉淀附着在口腔中，引起干涩。一般未成熟的果实单宁含量多高于成熟果实，所以多涩味，而且果肉易变褐。果实受损或切配时，在伤口或切口部分的单宁物质由于在酶的作用下，氧化成醌的黑褐色聚合物，从而使果肉褐变，影响果品的美观，显得其质量较低。

果实中还含有其他多种有机成分，它们都不同程度地影响着果实的风味和质地，所以必须掌握其性质和变化规律，达到对果品保鲜保质的目的，从而将高质量的原料用于烹饪之中。

三、果品的烹饪运用

虽然果品在烹饪中不如蔬菜应用那样广泛，但在烹饪中有其独特的运用特点。

（一）制作甜菜品

由于大多数果品类原料都是呈现甜酸、酸甜或纯甜味，而且带有独特的芳香气味。为突出其自身风味，多作甜菜品，以顺应其味，达到和谐统一的目的。大多数鲜果由于甜酸味浓，易软熟，所以是甜菜的主要选料，但味淡的鲜果或自身无显味的干果（果仁）除制作甜菜外，还可作咸味菜肴，且味型多样，虽然菜品不多，但各款菜式都很有特色。一般甜菜品常采用拔丝、挂霜、软炸、蜜汁、果羹、果冻、鲜熘和酿蒸等方法制成，如时令鲜果锅巴、琉璃桃仁、拔丝香蕉、网油枣泥卷、蜜汁桃脯、八宝酿梨、枇杷冻、什锦果羹、扒丝果味核桃枣以及雪花桃泥等。咸菜品多以炝炒、煨、炖、烧等方式成菜，如白果炖鸡、宫保鲜贝、蛋酥花仁、怪味桃仁、红枣煨肘等。

（二）用做菜肴的配料

果品除作主料外，也是广泛使用的配料之一，可以和多种动物性原料、植物性原料相配成菜。鲜果的香甜、干果的软糯或酥香赋予菜品特有的风味，而且使营养物质合理搭配，使菜品不仅有良好的色、香、味、型，更赋予菜肴较高的营养价值。如炒鲜桃仁丝瓜、板栗烧菜心、板栗烧鸡、奇妙桃仁鱼卷、松仁烧香菇、石榴熘鸡丁等菜品。

（三）用做配形料和配色料

果品类原料色泽丰富而形态各异，本着自然、美观、实用的原则，应就原料本身的色和形来创造菜肴的特色，所以果品常用于花式菜中，即常用于花色冷盘造型和配色以及热菜的点缀、围边等，还用于造型别致、风味独特的罐式菜、盅式菜和水果拼盘，如梨罐、橘罐、西瓜盅都是运用广泛的菜式。

（四）用做糕点、小吃的配料

糕点、小吃等面点制品花色品种的多样化，主要源于所使用的配料多样化。干果、果干以及果脯、蜜饯常用于其中，一般混合用或做馅心。如莲蓉酥、五仁月饼、葡萄干面包、红枣糕、枣泥卷、八宝饭、粽子、芝麻汤圆和松糕等。果品不仅提供了香甜或酥香的味感，而且也起到了丰富色泽的作用。有的果品也有滋补调养的功效，常用于做食疗保健粥。

任务四 常用果品原料与制品

一、常见鲜果品种

（一）苹果

仁果类又称梨果类，都属于蔷薇科果树的果实。果实是假果，食用部分是肉质的花托发育而成（图3–38）。其中经济价值最大的是苹果、梨、山楂等。

图3–38 苹果

苹果（Malus spp.）是蔷薇科落叶乔木苹果树的果实，也是世界上栽培地区和产量较大的果树之一，它和葡萄、柑橘、香蕉一起并称为“世界四大名果”。我国的苹果资源丰富，产量居世界第一，主要集中在渤海湾、黄土高原、黄河故道和西南冷凉高地四大产区，其中渤海湾产区和西北黄土高原是世界优质苹果生产的最大产区。

（1）品种特征 我国现有苹果400多个品种，商品量较多的有30余种。按原产地分为中国苹果和西洋苹果。中国苹果又称绵苹果，原产中国，肉质松软，品质较差，已逐渐淘汰，现栽培的主要品种都是由国外西洋苹果（原产欧洲及中亚细亚）选育而来，按成熟期可分为早熟种（如早捷、红夏、珊夏等）、中熟种（如金冠、红星等）、晚熟种（如国光、红富士、青香蕉等）。

（2）烹饪应用 苹果外形美观、香气浓郁、肉质细嫩、酸甜适口且营养丰富，是一种深受人们喜爱的大众水果。苹果主要用于鲜食，取清香、脆甜之本味。去皮、核后即可整只使用，或切成块、丁、条、片做果盘供直接食用。烹调多做甜菜，制法也多：整只苹果去核，酿上豆沙或枣泥等甜馅，上笼蒸至酥烂后浇甜汁，即成“瓤苹果”；将苹果切成滚刀块，拍粉挂糊油炸后，挂上熬好的糖浆，即成为金丝缕缕的“拔丝苹果”；将苹果蒸熟制泥，加其他果料及白糖、桂花经油炒即成为甜糯细软的“炒苹果泥”；将苹果切片，夹上山楂糕片或枣泥，然后挂上蛋泡糊经炸后即为外酥松里甜润的“高丽苹果”；将苹果切成小指甲片，配上松子米、白糖、甜桂花，加上清水烧透后勾芡，即为甘美糯烂的“苹果酪”；将苹果切成丁、块等，配上其他新鲜水果可做成“苹果甜羹”。苹果也是良好的配料，适合作“熘鸡丁”“熘鱼片”等酸甜味型热菜的配料。此外，还可制成果汁、果酒、果醋、罐头、果干、果脯、果泥、果糕、果酱等。

（3）营养价值 据测定，苹果每100克可食部含水分85.9克、蛋白质0.2克、脂肪0.2克、糖类13.5克、维生素B_1 0.06毫克、维生素B_2 0.02毫克、维生素C 4毫克、钙4毫克、磷12毫克、钾119毫克，此外，还含有其他一些维生素和矿物质。

苹果味甘、微酸、性凉，具有生津、润肺、开胃、解暑、醒酒、止泻等功效。现代医学认为，苹果对胃肠功能有双向调节作用，既能止泻，又可通便。苹果中含有鞣酸、果胶等成分，它们具有抑制和消除细菌毒素以及收敛的作用，因而能止泻。而苹果中的有机酸和纤维素有刺激、促进肠道蠕动的作用，因而可通便。苹果还能降血脂和胆固醇，因此十分适合高血压、高血脂、冠心病和动脉硬化等病人食用。民间有谚语“一日一苹果，医生远离我”，说明苹果具有特殊的保健功效。

（二）葡萄

浆果类果实形状较小，果肉成熟后呈浆状，故称为浆果，如葡萄、猕猴桃、柿等。其中葡萄与香蕉的经济价值最大，而龙眼、荔枝则是我国的珍贵果品。

葡萄（Vitis vinifera）因含易被人体吸收的葡萄糖而得名，是多年生落叶木质藤本攀缘植物葡萄科植物的果实，原产于黑海、地中海沿岸。在世界的果品生产中，葡萄种植面积和产量都居世界首位。葡萄是一种很古老的植物（图3-39），迄今已有5000多年的种植历史。中国古时在陇西、敦煌的山谷原野中就有野生的葡萄，但正式栽培是在汉朝张骞出使西域后引种传入的。现全国广有栽培，因西北、华北风土适宜，栽培最盛。

图3-39　葡萄

（1）品种特征　葡萄是一种繁殖迅速简便、适应性广，又可经济利用土地，有利于美化环境、改造自然的藤本果树。不同的葡萄在颜色、大小和甜度几方面均不同。浆果椭圆和圆形，果皮与果肉不易分离，色黑、红、紫、黄或绿，大多具有独特的香气。果味酸甜或纯甜，果肉柔软多汁。根据用途分为四个品种：①鲜食葡萄品种：如早玫瑰、山东早红、早玛瑙、玫瑰香、龙眼、吐鲁番红葡萄、巨峰、藤稔、黑奥林、白香蕉等。②酿酒葡萄品种：如雷司令、霞多丽·米勒、白羽、赤霞珠、黑比诺、佳利酿、法国兰、北醇等。③无核与制汁品种：如无核白、无核紫、大无核白、红脸无核、红宝石无核、金星无核、紫玫康、康可、康早、黑贝蒂等。④砧木品种：如山葡萄。

（2）烹饪应用　葡萄美味可口，除鲜食之外，是酿制果酒的优质原料，还可制成葡萄干、加工果汁、制成罐头等。烹调中主要用鲜葡萄和葡萄干以及罐头葡萄。鲜葡萄和罐头葡萄适用于拔丝、甜羹、油炸等烹调方法。由于葡萄柔软多汁，拔丝、油炸时要挂上一层糊，以保持其浆液不外溢。取鲜葡萄汁用于一些甜菜的汤汁，利用其天然的甜酸味和多彩的色泽取胜。葡萄干广泛用于甜点以及糕点中，除做馅心外，还兼有点缀装饰功效。“贵妃鸡翅”要用到葡萄酒，取其浓郁的葡萄香味。

（3）营养价值　葡萄是一种营养丰富的多汁浆果，含糖量为15%～30%，并且大部分是易被人体吸收的葡萄糖、果糖，少量是蔗糖和木糖，还含有蛋白质、有机酸（酒石酸、苹果酸、枸橼酸）、果胶、胡萝卜素、维生素A、维生素B_1、维生素B_2、十余种游离氨基酸、多种矿物质和花色素等。

（三）菠萝

菠萝（Ananas comosus）为凤梨科植物凤梨的果实，别名凤梨、番梨，是一种热带植物，原产于南美洲的巴西、巴拉圭的亚马孙河流域一带，后从巴西传入我国，主要产于广东、广西、云南、福建、海南和台湾等地，是我国岭南四大名果（菠萝、荔枝、香蕉、木瓜）之一。菠萝外形见图3-40。

（1）品种特征　菠萝外形为长圆形，有鱼鳞似的表皮，果肉呈淡黄色或白色，依品种不同而异，以黄色居多。菠萝果肉柔嫩、脆软、多汁，具有特殊香气，甜酸爽口，为人们喜爱的水果之一。根据菠萝果实、叶片和植株性状的差异等主要分为三个类型：①卡因类，果大，圆筒形，适宜制罐头，汁多，糖酸含量中等，香味较淡，品种有夏威夷、沙捞越、台湾无刺等；②皇后类，果小，卵圆形，汁少，含糖量高，香味浓郁，适宜鲜食，品种有神湾、金皇后等；③西班牙类，果实呈球形，果肉纤维较多，汁少，含酸量高，香味浓，主要品种有红西班牙、有刺土种等。

图3-40　菠萝

（2）烹饪应用　菠萝入馔需先去皮，用刀先削去果面凸出部分，再顺果眼的排列，逐行挖除内陷部分。可直接切片、块装盘鲜食；可做拔丝菠萝、蜜汁菠萝、菠萝酪等甜菜、甜羹；也可切块、条、片等做酸甜味型菜肴的配料，如制作菠萝咕咾肉、子萝鸭片、菠萝鱼片；用菠萝汁调制菊花鱼、松鼠鱼，果味浓郁；可做点心“八宝菠萝饭”“菠萝凉糕”等；还可用菠萝做容器盛装菜肴。西餐中常用来制作菠萝布丁、菠萝馅饼，或将其与肉一起烹煮，可以使肉类变得软嫩。

（3）营养价值　菠萝每100克可食部分中含水分88.4克、糖类9.5克、蛋白质0.5克、脂肪0.1克、膳食纤维1.3克、钙12毫克、磷9毫克、铁0.6毫克、胡萝卜素0.02毫克、维生素C 18毫克、维生素B_1 0.04毫克、维生素B_2 0.02毫克、烟酸0.2毫克，另外还含多种有机酸及菠萝蛋白酶等。

现代研究表明，菠萝中所含的芳香成分可促进唾液分泌，增加食欲；所含的膳食纤维可促进肠道蠕动，防止肠道病变；而菠萝蛋白酶则可分解蛋白质，从而具有消食止泻和利尿作用。同时菠萝蛋白酶还可加速溶解纤维蛋白和蛋白凝块，降低血液黏度，具有抗血栓作用，对心脑血管疾病有一定的辅助治疗效果。但需注意的是，由于菠萝中含有蛋白酶，有人对此酶有过敏反应，因此，最好在食用前将菠萝肉用淡盐水浸泡，可以破坏菠萝中的致过敏成分。

（四）甜橙

甜橙（Cirus sinensis）又名黄果、金球、广柑等，原产我国东南部，是我国主要柑橘类栽培品种之一，也是世界上栽培最多的柑橘类水果（图3-41）。在世界柑橘生产中，甜橙占的比例最大，年产量约占橘类总产量的2/3。我国主要产于广东、湖北、湖南、福建、四川等地。

图3-41　甜橙

（1）品种特征　甜橙果实比橘大，圆形或长圆形，果皮橙红或橙黄色，紧密光滑，不易剥离，囊瓣也不易剥离，肉质细嫩，多汁化渣，味浓芳香，酸甜适口，品质优良，大多品种耐贮藏。在柑橘类中，甜橙品种最丰富，全世界品种达400个以上。依季节可分为冬橙和夏橙，依果实性状可分为四个类型：①普通甜橙，是甜橙中数量最多的种类，也是中国甜橙的主栽品种。②糖橙（无酸甜橙）。③脐橙，果顶有孔如脐，内有小果瓤囊露出。④血橙，果面红色，果肉赤红色或橙色而有赤红色斑条。著名品种有新会橙、潮叶甜橙、雪柑、冰糖橙、锦橙、伏令夏橙等。

（2）烹饪应用　甜橙一般作为水果鲜食，也可用于制作菜肴、面点、小吃；还可作为菜肴盛器，如制作“香橙鸭子”之类；可用作装饰料；又可用作酸味调味料。宋代对橙在烹调中应用的认识已很广泛，《山家清供》中载有“蟹酿橙”“橙玉生”“持螯供”等名馔，“蟹酿橙”是以橙作盛器，“橙玉生”是取橙肉捣烂拌雪梨而成，“持螯供”是以酸橙汁调食蟹肉。用于菜肴，多用来做甜菜。在西式烹饪中，甜橙果肉常被应用与沙拉中，可以很好地起到开胃的效果，由于其颜色具有很好的观赏性又被用于菜肴装饰中，也可以使用模具切成想要的形状拿来当作沙拉或冰品的外壳，或是切片糖渍。

（3）营养价值　橙子鲜品食部每100克含水分87.4克、蛋白质0.8克、脂肪0.2克、碳水化合物10.5克、膳食纤维0.6克、胡萝卜素160微克、视黄醇当量27微克、硫胺素0.05毫克、核黄素0.04毫克、烟酸0.3毫克、抗坏血酸33毫克、钾159毫克、钙20毫克、镁14毫克、磷22毫克。

中医认为甜橙味辛微苦，性微温，可破气消积、化痰散痞。橙子主要含橙皮苷、柚皮芸香苷、异樱花素-7-芦丁糖苷、柚皮苷等黄酮苷类，那可汀等生物碱，内酯、有机酸、挥发油等，有抗炎、抗菌、抗病毒、抗变态反应、抗氧化等作用。

（五）西瓜

西瓜（Cirullus lanatus）为葫芦科一年生草本蔓生植物的果实（图3-42），又名水瓜、夏瓜、寒瓜等。原产非洲南部，唐、五代时引入契丹，后由新疆一带引种到内地。因其从西方传入，故名西瓜。现除少数寒冷地区外，我国南北各地都有栽培，总产量居世界首位，品种之多也为世界之最。

图3-42　西瓜

（1）品种特征　西瓜按用途一般可分为两大类，即食用西瓜和子用西瓜。食用西瓜指作为水果直接生食的西瓜。果实大，果肉含糖量高，汁多味甜。这类西瓜品种很多，瓜形上有圆形、椭圆形、筒形（枕形）等；瓜皮颜色有白皮、黑皮、花皮、豆青、黄皮五类；瓜瓤色泽有红瓤、白瓤、黄瓤之分；瓜子颜色有黑子、白子、褐子等；从有无子分为无子瓜、有子瓜。名品有北京大兴西瓜、江苏东台西瓜、河南汴梁西瓜、辽宁小梁山西瓜、湖北宜城流水西瓜、山东昌乐西瓜等，都以皮薄、汁多、糖分高、人口爽脆而驰名中外。子用西瓜果实较小，果肉味淡不甜，果实中种子既多又大，我国江苏、内蒙古、甘肃等地均有栽培。

（2）烹饪应用　西瓜除鲜食外，也可入馔。可整用，也可分成瓤、皮用。整用西瓜多做盅式菜，如西瓜盅、西瓜鸡、西瓜排骨、什锦西瓜盅、时果西瓜盅及孔府菜中的双凤归巢等，多与食雕结合，在瓜皮外雕成各式图案或吉祥花纹，赏心悦目。西瓜瓤可切块挂糊炸成“炸西瓜”或“拔丝西瓜”，以瓜瓤搅汁加琼脂制成水晶状块而成“冰糖水晶西瓜”，还可制成“西瓜酱（甜）”“西瓜冻”“西瓜汁”等。西瓜皮刮净瓤层与表皮蜡质层，即可供用，可切成块、丁、条、片、丝等，配荤素各料，用拌、炝、炒、爆、烧、烩等法成菜，剁碎也能做馅料，可腌、酱、渍、泡制成小菜，或做瓜干、蜜饯。西瓜雕刻已常见应用，制作精致者具有较高艺术欣赏价值，可美化菜品、活跃气氛。扬州、浙江平湖等地的西瓜灯，名重于世，深受人们喜爱。2006年，北京大兴区举办第十八届西瓜节期间，东方绿洲生态园根据西瓜的不同部位（如西瓜皮、瓜子、瓜瓤、瓜叶）以及不同品种和形态各异的西瓜创制出精美的“西瓜宴”。菜肴有西瓜盅、西瓜羹、三色西瓜卷、香枣菊花醉西瓜、冰镇北极贝（西瓜容器）、绣球西瓜、鲜虾西瓜酪、拔丝西瓜、西瓜马蹄糕、西瓜春卷、鸳鸯西瓜粥等。

（3）营养价值　西瓜汁多味甜、营养丰富，拥有“夏季瓜果之王”的美称。西瓜果实水分含量一般在94%以上，除不含脂肪外，几乎含有所有的营养素，包括维生素（维生素A、B族维生素、维生素C、烟酸、胡萝卜素等）、糖类（葡萄糖、果糖、蔗糖等）、氨基酸（α-氨基丁酸、β-丙氨酸、谷氨酸、精氨酸等）、有机酸（苹果酸、丙酸）和矿物质（钾、铁、钙、磷）。因此炎夏吃西瓜，不仅可消暑、清热、解渴，还可补充营养素。

现代研究认为西瓜营养丰富，对人体也具有很好的保健作用。西瓜水分含量高，进入人体后，有稀释器官黏液、利于机体代谢、加快废物排出的作用；适量的糖能利尿；适量的钾盐能消除肾脏水肿；西瓜中的配糖体还有降低血压的作用。

二、常见干果品种

（一）板栗

板栗（Castanea mollissima）又名毛栗、栗子（图3-43），为山毛榉科板栗属植物的种仁，我国原产干果之一，主产于北方，以河北、山东、河南、湖北、湖南等省较多。我国板栗质量优良，在国际上享有很高的声誉，是重要的出口果品。

图3-43　板栗

（1）品种特征　我国南北各地的板栗品种就有三百多种，北方栗果较小，每千克120粒左右，种皮易剥离，肉质细腻，具糯性，蛋白质和糖的含量较高，淀粉含量较低，适于炒食，著名品种有河北的良乡栗、山东郯城的大油栗等；南方栗果较大，每千克60粒左右，种皮稍难剥离，果肉含糖较低，淀粉含量较高，肉质偏粳性，适于烹制菜肴，著名品种有苏州洞庭板栗、浙江上虞板栗、魁栗等。

（2）烹饪应用　板栗的种子富含淀粉，芳香浓郁，可生食，多用于烹饪，可做菜肴、主食、糕点、小吃。一般取栗肉整用，最宜于烧、焖，特别是炖鸡鸭时，加几粒栗子，风味更加隽永。菜肴如栗子烧大葱、栗子烧白菜、黄焖栗子鸡、桂花栗子羹、板栗烧肉等；将板栗蒸熟后压泥，可制成广西桂林的栗子盒，即以栗泥制皮，包馅煎制而成；用做主食，可将栗肉切粒，伴米煮饭熬粥，蒸食也可代粮。用做糕点，将栗肉制成泥后，添加配料制各式栗子糕，还可制泥后做栗蓉月饼的馅心；清宫著名点心小窝头，即以栗子粉拌面粉加冰糖制成。用做小吃、糖炒栗子历史悠久，风行南北，并已销往海外。板栗还可加工成栗脯、栗糕、栗酱、栗酒和栗粉等。

（3）营养价值　板栗含蛋白质5.7%～10.7%、脂肪2%～7.4%、糖及淀粉51%～60%、维生素A、视黄醇及钾、钙、磷丰富，新鲜栗果所产生的热量约为777.5焦/100克，与大米、面粉相近，是很好的粮食代用品，故有“铁杆庄稼”“木本粮食”之称。

中医认为，板栗果肉性甘、味温，能养胃健脾、壮腰补肾、活血止血，适用于脾胃虚寒引起的慢性腹泻，肾虚所导致的腰膝酸软、腰腿不利、小便频繁及外伤骨折、淤血肿痛、皮肤生疮和筋骨痛等症。现代医学研究认为，板栗富含不饱和脂肪酸和多种维生素，对高血压、冠心病和动脉硬化等疾病有较好的预防和治疗作用。

（二）核桃

核桃（Juglans regia），为胡桃科落叶乔木胡桃的果实，又称胡桃、桃仁等（图3-44），原产于亚洲西部的伊朗，汉张骞出使西域时传入我国，现今已分布我国各地，以云南、山西、陕西、河北、贵州等省产量较大。核桃可食部分为除去果壳后的种仁，即核桃仁。核桃仁营养丰富，在干果之中享有“干果之王”的美誉，是人们喜食的保健食品之一。

图3-44　核桃

（1）品种特征　核桃科核桃属共有20多个种，我国栽培的主要有普通核桃和铁核桃两种，又按结果早迟分为早实核桃和晚实核桃，每一类中又包括许多品种。其优良品种有山西汾州光皮绵核桃、河北石门卢龙薄皮核桃、山东泰安鸡爪绵核桃、新疆库车纸皮核桃、陕西扶风隔年核桃、云南漾鼻泡核桃、贵州毕节串核桃、河南济源绵核桃、湖北兴山北斗核桃等，各有特色，共同特点是圆整而大、肉饱壳薄、取仁容易，出仁率达50%以上，含油率60%以上。

（2）烹饪应用　烹调时取鲜或干核桃仁供用。干桃仁经温水浸泡去皮后即可进行烹制加工。可做冷盘，常见的是油炸或挂霜，甜香酥脆。核桃仁用糖汁粘在一起堆成假山石，可作为花色冷盘中的假山装饰，既可食又美观。热菜中核桃仁多充当配角，适用于炸、炒、蒸、炖等多种烹调方法。菜肴如炸芝麻桃仁鸡、桃仁虾排、核桃丸子、桃仁鸡丁等；核桃仁炒热后碾成末，可做成雪花核桃泥、核桃酪等名菜，也可作为糊状食品的主料或配料；江苏盐城的名点“藕粉圆子”的馅心中便少不了核桃仁。此外，核桃仁在糕点制作中也有其重要的地位。核桃仁还可作为冬令滋补食物，有很好的滋补功效。

（3）营养价值　核桃仁营养价值比较高，据测定，每100克核桃仁（干）中含脂肪约58.8毫克，其脂肪酸中主要为亚油酸（71%）、亚麻酸（12%）等不饱和脂肪酸；含蛋白质14.9毫克，并且为优质蛋白质；含糖类19.1毫克；富含多种矿物质包括钙、磷、铁、钾、镁等；此外还富含维生素A、胡萝卜素、维生素B_2、维生素B_1、维生素E等及磷脂、鞣质等营养物质。

核桃仁中通常含有60%以上的油脂，具有大量的亚油酸和亚麻酸，其中亚麻酸的含量要远远超过其他种类的植物油，是人体获得脂肪酸的重要来源。同时，核桃油中还含有多种黄酮、维生素E和铁等维生素和矿物元素，可使细胞免受自由基的氧化损害，是医学界公认的抗衰老物质，因而核桃有“长寿果”之称，是一种非常重要的营养油。当前，很多发达国家已经将核桃油作为高级食用油。常食有益于脑的营养补充，有健脑益智作用。

任务五　菌、藻类分类与烹饪应用

一、食用孢子植物的分类

孢子植物是藻类、菌类、地衣、苔藓和蕨类植物的总称。在这些孢子植物中，供食用的有食用藻类、食用菌类、食用地衣类和食用蕨类。

（一）食用藻类

1．藻类植物的特点

（1）藻类植物是一类含有叶绿素和其他辅助色素、能进行光合作用的低等自养植物。

（2）植物体由单细胞、群体细胞或多细胞组成。

（3）无根、茎、叶的分化，构造简单。

2．藻类的营养成分

（1）主要为糖类，占35%～60%，大多为具有特殊黏性的多糖类，一般难以消化，但具一定的医疗作用。

（2）含有蛋白质，褐藻中含量为6%～12%，紫菜中最高，达39%，但营养价值不高。

（3）含有丰富的胡萝卜素、一定量的B族维生素以及钾、钠、钙、镁、铁等无机盐。海产藻类所含的丰富的碘，是人体摄取碘的重要来源。

食用藻类的品种：海带、紫菜、石花菜、葛仙米、石莼、浒苔、江蓠、昆布等。

（二）食用菌类

食用菌类是指将肥大子实体作为蔬菜供人类食用的某些真菌。已知的约有2000种，广泛被食用的约30种。

食用菌类的形态和结构：各种菌菇的形状不尽相同，但均由吸收营养的菌丝体和繁殖后代的子实体两部分组成。供食用的就是子实体。子实体常为伞状，包括菌盖、菌柄两个基本组成部分，有些种类还有菌膜、菌环等。此外，还有耳状、头状、花状等形状的子实体。食用菌类颜色繁多、质地多样，如胶质、革质、肉质、海绵质、软骨质、木栓质等。

我国有蘑菇近400种，其中毒蘑菇大约有100种，我国每年都有误食毒菇中毒的案例，因此在野外学会如何辨别毒蘑菇很重要。毒菇多颜色艳丽，伞盖和伞柄上常有斑点，并常有黏液状物质附着，表皮容易脱落，破损处有乳汁流出，而且很快变色，外形丑陋；可食蘑菇颜色大多为白色或棕黑色，有时为金黄色，肉质厚软，表皮干滑并带有丝光。

主要品种：木耳、银耳、香菇、侧耳、蘑菇、金针菇、草菇、竹荪、猴头菌、口蘑、羊肚菌、鸡纵、牛肝菌、榛蘑、鸡油菌、松茸、冬虫夏草等。

（三）食用地衣（Edible Lichen）

地衣是真菌和藻类共生的结合体。藻类制造有机物，而真菌吸收水分并包被藻体，两者以不同的互利方式相结合。少数可供食用，并可作为高山和极地兽类的食料。有些可供药用、工业（染料、香料、试剂）用。

（四）食用蕨类（Edible Ferm）

蕨类植物属于高等植物中较低级的一个类群。现生存的大多为草本植物，少数为木本植物。与低等植物相比，蕨类植物的主要特征是具有发育良好的孢子体和维管系统，孢子体有根、茎、叶之分；无花，通过孢子繁殖。蕨类植物分为石松纲、水韭纲、松叶蕨纲和真蕨纲。约有12000种；我国约有2600种，多分布于长江以南各地。

二、常见食用菌与烹饪应用

（一）香菇

别名花菇、香蕈、香信、香菌、冬菇、香菰，见图3-45。为侧耳科植物。香菇生长在阔叶树的倒木上，子实体表面褐色，状如小伞，菌肉肥厚，中间厚度可达1厘米，柔软而有韧性，香味浓郁，营养丰富，为名贵的食用菌。

图3-45　香菇

我国是香菇的故乡，生产食用香菇已有4000多年的历史，原多为野生采食，现在普遍食用人工栽培香菇。香菇按生长季节可分为冬菇、秋菇、春菇；按外形和质量可分为花菇、厚菇、薄菇。每种又可分为大菇、中菇、菇丁。花菇菌盖上有花瓣状的黄白色裂纹，菌盖完整，肥厚，边缘内卷，菌柄短，菌褶色白，质鲜嫩，香气足。厚菇菌盖比花菇大，菌盖形圆，呈紫褐色，菌褶密，黄白色，香气浓。薄菇肉质较老，边缘不内卷，菌褶粗疏，色深。一般以中花菇质量最优，其菌伞半球形，菇边往里卷，呈霜白色或茶色，肉质厚实，伞面花纹明显，呈菊形，香气最为浓郁。香菇主要产于我国南方一带，如广东、广西、福建、江西等省，其中福建生产的香菇品质极好。

香菇中氨基酸含量丰富，煲汤别有风味，而且含有多种维生素和矿物质，香菇多糖可以增强人体的免疫力，并对癌症有抑制作用，经常食用对人体非常有益。

香菇是一种高档原料，以干品居多，烹饪中应用非常广泛，荤素皆可搭配，适用于烧、炒、熘、烩、炖、拌、炸、煎等多种烹调方法，也可用于面点的馅料中，如“香菇肉饼”“香菇包子”。香菇也可以用于制香菇酱油和菌油。

（二）平菇

平菇又称为糙皮侧耳、蚝菇、黑牡丹菇、秀珍菇。不同地区人们对平菇色泽的喜好不同，因此栽培者选择品种时常把子实体色泽放在第一位。按子实体的色泽，平菇可分为深色种（黑色种）、浅色种、乳白色种和白色种四大品种类型（图3–46）。

图3–46　平菇

平菇富含膳食纤维，每100克含有2克膳食纤维，在预防肥胖和促进肠道蠕动方面能起到很好的健康作用，其性平、味甘，具有补虚、抗癌的功效，能改善人体新陈代谢，增强体质，调节植物神经。平菇含有多糖体，对肿瘤细胞有很强的抑制作用，且具有免疫特性。平菇还有追风散寒、舒筋活络的作用，可治腰腿疼痛、手足麻木、经络不适等症。此外，平菇对肝炎、慢性胃炎、胃及十二指肠溃疡、软骨病、高血压等都有疗效，对降低血胆固醇和防治尿道结石也有一定效果，对女性更年期综合征可起到调理作用。

平菇在烹调中多整用，适宜拌、炝、炒、扒、烩及制汤等。做主料可制作炝平菇、炒平菇、白扒平菇、海米烧平菇等，其口味以咸鲜味为多。

（三）金针菇

金针菇，又称金针蘑、金钱菇、冬菇、冻菌，为口蘑科毛柄金钱菌的变形体。子实体菌盖2～5厘米，幼时半球形，后渐平展，菌盖薄，黄褐色，表面黏滑。菌柄相连，簇生状。因其干品似金针菜，故称金针菇（图3–47）。全国均有生产栽培，并不断有新的选育品种出现。

图3–47　金针菇

人工栽培的金针菇类型，按出菇的快慢、迟早分为早生型和晚生型；按发生的温度可分为低温型和偏高温型；按子实体发生的多少可以分为细密型（多柄）和粗稀型（少柄）。

金针菇营养十分丰富、每100克鲜品中含蛋白质2.4克、脂肪0.4克、膳食纤维高达2.7克，矿物质含量高，尤其是促进青少年生长发育的赖氨酸含量很多，含锌量也较多，高钾低钠，是一种健康食品。它与其他食用菌一样，也有抑制癌症发生的作用。

烹调应用上，金针菇在烹调中刀工成形较少，作主料适宜拌、炝、炒、烩等烹调方法，可制作拌金针菇、炝金针菇、金针菇炒肉丝。

（四）木耳

别名：黑木耳、黑菜。

品种：按质量指标可分为3级。

一级：耳片黑褐色，有光感，背面灰色。不允许有拳耳、流耳、流失耳、蛀虫耳和霉烂耳。朵片完整，不能通过直径2厘米的筛眼。含水量不能超过14%，干湿比为1∶15以上，耳片厚度1毫米以上，杂质不超过0.3%。

二级：耳片黑褐色，背暗灰色。不允许有拳耳、流耳、流失耳、虫蛀耳和霉烂耳。朵片完整，不能通过直径1厘米的筛眼。含水量不超过14%，干湿比为1∶14以上，耳片厚度为

0.7毫米以上，杂质不超过0.5%。

三级：耳片光泽多为黑褐色或浅棕色。拳耳不超过1%，流耳不超过0.5%。不允许有流失耳、虫蛀耳和霉烂耳。朵小或成碎片，不能通过直径0.4厘米的筛眼。含水量不超过14%，干湿比为1∶12以上，杂质不超过1%。

营养：黑木耳含蛋白质、脂肪、多糖和钙、磷、铁等元素以及胡萝卜素、维生素B_1、维生素B_2、烟酸等，还含磷脂、固醇等营养素。木耳营养丰富，被誉为“菌中之冠”。每100克木耳中，水分占93%，另含蛋白质0.5克、碳水化合物7克，能提供104.7千焦的热量。木耳能帮助消化系统将无法消化的异物溶解，能有效预防缺铁性贫血、血栓、动脉硬化和冠心病，还具有防癌作用。木耳具有治疗溃烂诸疮和血崩的药理作用。

烹调应用：木耳刀工成形较少，可作主料，适宜拌、炝等烹调方法；作辅料较多，比如炒木樨肉、木耳炒鱼片等。木耳具有天然的黑色，是某些菜肴黑色装饰点缀的原材料，如图3-48。

图3-48　木耳

三、常见食用藻与烹饪应用

（一）紫菜

紫菜是海中互生藻类的统称，又称紫英，为红藻类红毛菜科植物。紫菜藻体呈薄膜叶片状，圆形，淡褐色或碘褐色，高10～15厘米，宽20～25厘米，叶片呈波状褶皱，干品为红褐色。紫菜主要分布在我国沿海地区，大连、山东、福建等海域均有养殖基地，以福建省霞浦县出产的紫菜质量为优，口感滑嫩带有特殊爽口，因此霞浦被誉为“紫菜之乡”。霞浦海岸线漫长，水质良好，气候湿润暖和，拥有得天独厚的自然环境，皆适于紫菜生长。

紫菜中蛋白质含量丰富，每100克可达27克，含钙264毫克、镁105毫克、铁32毫克、碘1.8毫克、脂肪含量低至1.1克，是一种营养丰富的食用藻类。它的蛋白质含量超过鸡蛋和牛奶，维生素A的含量是牛奶的67倍，是鸡蛋的20倍，而且多食用类醇，其中所含的甘露醇还可以起到利尿作用。

紫菜在烹饪中主要用氽烫、煲汤等方式加工成菜，也可用于面饼馅料制作，还可以蒸、炸、炝、拌。紫菜的质量以表面光滑滋润、紫色有光泽、片薄、质干味鲜、无杂质者为好。若购买的紫菜呈蓝色或贮藏后变蓝，应弃之不用，食用会引起中毒。食用前用清水泡发，并换1～2次水以清除污染、毒素，见图3-49。

（二）海带

海带主要分为干性和湿性两种，干性耐存放，食用前要经过浸水泡发。海带主要聚集生长在太平洋西北部，以日本海域分布最广，物产丰富，因此海带是日本常吃食物。于1927年开始，我国从日本引种海带，并在我国大连海域培植成功，推广至全国海域。

海带现是我国食用量最大的海藻类产品，具有很高的食用价值，同时具有一定药用价值。海带热量低，矿物质含量丰富，每100克新鲜海带中含碘114微克，在土质贫碘地区推广

图3-49　紫菜

食用海带可有效预防地方性克汀病。研究发现，海带具有消肿利尿、降血脂、降血糖、调抗凝血、抗肿瘤、排铅解毒和抗氧化等多种生物功能。

海带在烹调中可切段成条状或成细丝状，主要用汆烫、凉拌、煲汤等方式加工成菜。常制作的成菜有“凉拌海带”“海带烧豆腐”“海带炖排骨”等，是一种大众化的原料。见图3-50。

图3-50　海带

（三）裙带菜

裙带菜又称海芥菜，为褐藻类翅藻科植物，藻体庞大，褐色，高1～4米，直径50～80厘米，分为固着器、柄部和叶片，叶片从中部分裂成多个羽状条片。裙带菜产于浙江、辽宁和山东。由于辽宁旅顺所处地理位置优越，适合裙带菜生长繁殖，其出产的裙带菜品质最佳，被誉为“天然螺旋藻”。

裙带菜营养价值丰富，同时被称为聪明菜、美容菜、健康菜、绿色海参，裙带菜含有人体需要的氨基酸高达18种，裙带菜热量低，每100克仅含45千卡热量，钙含量却高达150毫克，镁含量高达107毫克，其含碘量也比海带多，加上富含氨基酸、膳食纤维等，是一种理想的减肥天然产品，受到许多爱美人士追捧，也是日本人餐桌上不可缺少的菜肴。

裙带菜营养成分与海带相近，烹饪使用方法也与海带相近，可以炝、拌、腌、烧、制汤。在烹饪料理裙带菜时需要注意，裙带菜黏液中的成分具有溶解于水的性质，在清洗过程中不注意容易流失这些营养物质。因此，在洗涤时如果是盐渍裙带菜和灰干裙带菜，只需轻轻地洗掉盐分和杂物即可；如果是干燥裙带菜，则最好是连浸泡过的水也一起食用，但若需要调味则要注意盐的用量。如果将其他海鲜肉类产品同裙带菜一起食用，可以提高人体对裙带菜的吸收及发挥裙带菜的营养价值，见图3-51。

图3-51　裙带菜

实践活动

项目1：稀特蔬菜的形态观察

实训目的：

认识常见稀特蔬菜品种的形态特征，了解其营养价值及烹饪运用。

实训内容：

1　知识准备

稀特蔬菜是指在一定地区、一定时期内生产面积较小，人们不大认识，消费不多，比较名贵、优质、少见、特殊的一类蔬菜。由于具有风味独特、外形新奇、营养丰富以及特殊的营养药用保健功效等特点，一时成为消费时尚。稀特蔬菜包括如下品种：

叶菜类：孢子甘蓝、羽衣甘蓝、球茎茴香、番杏、菊苣、紫背天葵、紫苏、菊花脑、荠菜、苦苣、京水菜、蕨菜、落葵、冬寒菜、乌塌菜、香芹菜、紫菜薹、马兰、罗勒等。

根菜类：芦笋、牛蒡、根芹菜、根甜菜、美洲防风、山葵菜、婆罗门参、辣根、鱼腥草、朝鲜蓟、黄秋葵、樱桃萝卜。

果菜类：微型黄瓜、金丝瓜、蛇瓜、彩色甜椒、四棱豆、荷兰豆、樱桃番茄。

其他稀特蔬菜：香椿、玉米笋、黄秋葵、百合、芦荟。

2　初步认识

教师准备部分稀特蔬菜相关的素材，通过幻灯观察稀特蔬菜品种的图片、照片或视频，建立感性认识。

3　网络调查

可利用课外时间进行网络调查稀特蔬菜情况，网站有http://veg.agronet.com.cn/（中国蔬菜网）、http://www.infoveg.com/（中华蔬菜信息网）和http://www.guoshu.Jinnong.cn/（中华水果蔬菜网）。

4　市场调查

安排学生利用课外时间去本地的超市或菜场进行稀特蔬菜的调查，了解稀特蔬菜的商品流通情况。

实训要求：

（1）完成“稀特蔬菜的商品流通调查表”，内容包括：品种名称、产地、价格、食用性状等。

（2）每位学生选择任一稀特蔬菜品种，从种类特征、烹饪应用、营养价值等方面进行阐述，也可制作成PPT，再进行交流。

项目2：果品的形态观察及市场调查

实训目的：

了解常见果品的形态特征及供食部位，掌握本地市场果品情况。实训内容：

（1）实验材料：橘、甜瓜、葡萄、菠萝、草莓、苹果、杏等（随季节的不同可调整种类），解剖刀。

（2）实验步骤

①将橘、甜瓜、苹果横切为两半，观察切面的各部分，注意供食部位。

②观察菠萝、草莓的外观形态，然后纵切为两半，注意供食部位。

③将葡萄、杏纵切为两半，观察内部结构及供食的部位。

（3）安排学生利用课外时间去本地的超市或菜场进行水果流通情况的调查。当季没有的水果可利用课外时间进行网络调查。

实训要求：

（1）绘出各种果实的切面图，注明各部分及供食部位。

（2）每位学生选择任一本教材中未讲授的水果品种，从种类特征、烹饪应用、营养价值等方面进行阐述，也可制作成PPT再进行交流。

巩固练习

一、简答题

1．试述蔬菜的营养特点及其在烹饪运用中的作用？

2．蔬菜依据食用器官可分为几大类？举例说明。

3．如何检验蔬菜的品质？

4. 什么是反季节水果？

5. 反季节水果和催熟的水果是一回事儿吗？

6. 如何识别用大量的乙烯或其他化学物质催熟的水果？

7. 如何评价木耳的营养价值？

8. 简述紫菜的营养价值和烹饪运用。

二、案例分析题

世界卫生组织公布的最佳蔬菜榜

2003年，世界卫生组织公布了一份经过近三年时间研究得出的最佳食品榜，为：红薯既是维生素的“富矿”，又是抗癌能手，居所有蔬菜之首，其次是芦笋、圆白菜、菜花、芹菜、茄子、胡萝卜、荠菜、金针菇、雪里蕻、大白菜。

请根据以上信息，分析以下问题：

（1）20世纪70年代以来，医学科学研究认为多吃十字花科蔬菜可以减少癌症的发病率，上述最佳蔬菜中属于十字花科的有哪些？

（2）教材未介绍的最佳蔬菜有圆白菜、芹菜、茄子、胡萝卜、荠菜，任选一例，分析其营养价值和烹饪利用方法。

延展阅读

山野菜在我国种类多、分布广，人们历来有采食山野菜的习惯。在长期的实践中，发现并食用的野菜多达几百种，常见的也有100多种，多生长在田间、田埂、路旁、沟边或林木之下。山野菜种类多，全株可食用的野菜有蒲公英、苦菜、猪毛菜、鱼腥草、马齿苋、芥菜等；以食用嫩叶为主的有藿香、蕨类、刺五加、北五味子等；食用花朵的有百合花、野黄花、霸王花、鸡冠花及一些豆科、菊科植物的花；食用果实的有酸浆、薏苡、苦荞、芡实、菱角等；还有食根的品种，如蕨菜、桔梗、野葛、马棘等的根。

在回归自然的呼声中，由于山野菜天然无公害、营养价值高（其营养成分大多高于栽培蔬菜）、风味独特、吃法多样，且多具有一定的食疗价值，商品价值高，因而近几年其开发在升温，有的野菜因消费者需求的增加，也在逐步转向人工栽培，如蕺菜、马兰头、荠菜等。山野菜食用的方法多种多样，一般烹饪时多为凉拌、炒食、做汤等。

模块四　调辅类烹饪原料

学习目标

知识目标

1. 了解常用调料（调色、调味、调质）的产地、种类、特点及烹饪应用。
2. 掌握不同种类食用油的成分、特点及烹饪应用。
3. 熟悉常用食品添加剂的种类、特点及烹饪应用。

能力目标

1. 能识别和合理应用各种调辅类烹饪原料。
2. 能检验常见调辅类烹饪原料的品质。
3. 能够辨别不同的调辅类烹饪原料。
4. 根据调辅类烹饪原料的特点选择适合的加工烹调方法。

思政目标

1. 深刻理解食品安全的重要性。
2. 遵从食品从业人员的职业道德规范；
3. 了解食品检验的方法与标准流程。

教学重点

1. 熟悉知识点：各种调辅类原料的基本特点。
2. 理解知识点：各类调辅料品质优劣的区分。
3. 掌握知识点：根据不同菜肴的特点选择合适的调辅料和烹调方法。
4. 了解不同添加剂的合理使用方法。
5. 区分各类油脂的适用范围和使用方法。

项目八　调辅类烹饪原料

案例导入

学校西餐工艺专业首届烹饪大赛开赛在即，在老师的指导下同学们都在埋头设计自己的参赛作品。二班的王同学面对琳琅满目的调味料犯愁了，色香味形，对于新手来说最难的恐怕就是味道的拿捏了，而且多种不同性质的调料在不同的菜品中添加的顺序、分量都不同，有些调辅料是在某些特定的菜式中使用的，除了酸、甜、咸、辣外，有些调味料是增加色泽的，有的是增加香味的，这该如何准确掌握啊？

王同学面对的这个难题，也是所有学习烹饪专业的新手共要同面对的问题，下面就让我们来进入调味料的海洋去了解它们吧。

任务一　了解常用调料

调味原料

调味原料的概念：调味原料是指能给菜肴提供味道变化的物质。

调味原料的作用：调味原料在菜肴烹制中虽然用量较小，但对菜肴的风味却起着决定性作用。在菜肴烹调过程中，调味原料和菜肴中，主辅料所呈现的味道融合搭配，给菜肴带来了不同风味。

调味原料的分类：烹饪中用来调味的材料很多。通常是按味道类别不同分为单一型调味料和复合型调味料。单一型调味料按味别分为五大类：咸味、甜味、酸味、鲜味和香辛味。单一型口味的调料是调味的基础，只有在了解了其成分、风味、物理和化学特性等基本知识后才可以对其运用自如，给菜肴起到增味添彩的作用。

1．咸味调味品

咸味是一切味道的基础。它在调味中有着决定性的作用。咸味一般来自食用盐。烹调中，除少量面点外，不用盐的食品非常少。几乎大部分复合型调味料也都是在咸味的基础上调制的。

（1）食盐　食盐是以氯化钠为主要成分的普通盐。除海盐之外，还有井盐、矿盐、湖盐等种类，其中海盐为我国盐业的主要来源，约占我国盐业产量的60%，井盐和矿盐约占30%，湖盐约占10%（图4-1）。

图4-1　食盐

食盐的种类：粗盐、细盐、风味盐。

食盐的特点：白色立方结晶或结晶性粉末。

食盐在烹饪中的作用：

①盐为菜肴赋予了基本的咸味；

②盐的加入对酸和甜有综合和互补作用；

③烹调时加入盐可提高食品中蛋白质的水化效果；

④盐的加入可从根本上改变原材料的质感，延长保质期；

⑤盐也是传热的导体。

（2）酱油　制作酱油的主要原材料是黄豆，在中国历史上酱油可追溯到周朝。属于古代劳动人民在日常生活中的偶然发现。古代皇帝御用的调味品主要是酱油，是用肉腌制而成，大豆酿造技术的发明，推动了酱油的传播，不但风味相似且便宜，后被广为流传食用（图4-2）。早期随着宗教文化的传播，遍及世界各地，如朝鲜半岛、日本、东南亚一带。

图4-2　酱油

酱油的种类：纯粮酿造酱油、化学酱油。

酱油的特点：红褐色或棕褐色，鲜艳，有光泽，不发乌。

酱油在烹饪中的作用：酱油在菜肴的烹调中主要起到为菜肴增咸、提鲜、调色、增香、去腥解腻的作用，故酱油多用于凉菜调味和热菜的烧、烩、炖等烹调中。

图4-3　生抽

（3）生抽　生抽是随着烹调方法的发展在酱油的基础上演化而来的，制作生抽的原材料是以脱脂大豆、黑豆、小麦，经人工添加种曲和天然晾晒，然后发酵而成的，颜色比较淡，呈红褐色（图4-3）。

生抽的特点：色泽红润且呈透明状，鲜味突出，豆豉味浓郁，有不同于酱油的独特风味。

生抽在烹调中的作用：生抽主要用来调味增鲜，因其颜色较淡，所以一般的小炒和凉菜用得较多，不会改变菜品本身的色泽。

图4-4　老抽

（4）老抽　生抽是用黄豆和小麦发酵成熟，而后提取而成，而老抽是在生抽成品的基础上加入焦糖，经特殊添加工艺制成的颜色浓郁的酱油（图4-4）。

老抽在烹调中的作用：主要起到给肉类增色的作用，使成品达到色泽红润厚重的效果，尤其是做红烧或卤味时是必放调味品之一。

（5）鱼露　鱼露，是一种流行于闽、粤等地常见的调味品，以鱼虾为原料，经腌渍、发酵、熬制后得到的一种味道极为鲜美的液体，色泽为深棕色，略带有咸鲜味（图4-5）。

图4-5　鱼露

鱼露在烹饪中的作用：鱼露的烹调应用和酱油相同，具有提鲜、调味的作用。广泛用于海鲜类菜肴和特色风味的凉菜的制作，特别东南沿海及东南亚使用较多。

（6）甜面酱　甜面酱，又叫甜酱，是以面粉为主要原材料，经发酵制成的一种酱状调味品（图4-6）。其味道咸中带甜，酱香浓郁，主要用于制作酱爆和酱烧类菜肴，如“京酱肉丝”等，还可蘸食大葱、黄瓜、烤鸭等菜品。甜面酱以中国北方生产的最为佳。

图4-6　甜面酱

甜面酱特点：产品色泽金黄，口味甜咸。

（7）豆瓣酱　制作豆瓣酱主要材料有蚕豆、黄豆等，辅料有红辣椒、香油、食盐等，以四川郫县出产的最佳（图4-7）。

图4-7　豆瓣酱

豆瓣酱的种类：豆瓣酱分为郫县豆瓣酱、红油豆瓣酱和自制豆瓣酱。

豆瓣酱特点：豆瓣酱中，郫县豆瓣酱是最著名的，其特点是色香味俱佳，辣味重，鲜红油润，回味香甜，是川味调味品中的佳品，有“川菜之魂”之称。

2. 鲜味原料

（1）味精　主要成分为谷氨酸钠，是鲜味的重要调味料，最早由日本人从海带中提取，颜色微黄。后来随着技术发展，小麦中的面筋也成了制作味精的原料，呈半透明晶体状（图4-8）。淀粉和甜菜中所富含的谷氨酸钠也是制作味精的原料，味精还是通过化学的方法合成。

图4-8　味精

如果在烹调时加热过长时间或温度过高都使味会使味精变成焦谷氨酸钠，不但没了鲜味，还具有毒性，所以烹调时最好在菜肴临出锅前放入味精。

（2）鸡粉　鸡粉是由鸡肉、鸡骨等为基础原材料，先通过提纯，再添加味精（谷氨酸钠）、糖、盐、肌苷酸、鸡味香精、鸟苷酸等物质复合而成的具有鲜味、鸡肉味的复合增鲜的调味品，由于其味道鲜美、口感独特而被大众接受（图4-9）。世界主要生产鸡粉的国家有中国、德国、瑞士等。

（3）鸡精 味道鲜美，但不容易溶解，除做汤外最好先用水溶化使用。鸡精含盐，易吸收湿气，所以要做好密封，防止发霉变质（图4-10）。

①放醋的菜肴不能放味精，可以适量放鸡精；

②凉拌菜放鸡精比味精效果好；

③调馅料不宜加味精，适合加鸡精；

④调甜味不能加鸡精；

⑤炒肉类和本身带鲜味的食材时不需要加鸡精。

（4）蚝油 蚝油其实跟油没有关系，是一种调味品。是将蚝豉（牡蛎干）经过熬制、过滤、浓缩等工序后的产品，其营养丰富、味道鲜美（图4-11）。

蚝油的特点：纯正的蚝油滋味鲜美、蚝香味绵长，略黏稠，有较高营养价值。

蚝油在烹调中的作用：蚝油用途非常广泛，在烹调中主要起到给肉类、蔬菜、豆制品、菌类等提鲜的作用，还可以是火锅类食品的佐料。凡是有提鲜菜需求的菜肴均可用蚝油来调味。

3. 酸味原料

（1）白醋 醋在中国的酿造有南方和北方的不同，在南方制作醋的原料以大米为主，在北方则以小米、高粱为主。马铃薯、玉米、甘薯等也经常被代用为酿醋的原材料。经过蒸煮、糊化、液化及糖化等工序后，原材料中的淀粉转化为糖，再添加酵母使其发酵生成为乙醇，最后在醋酸菌的作用下使醋酸发酵，将乙醇再氧化而生成醋酸（图4-12）。

白醋的种类：纯粮酿造白醋、勾兑白醋。

白醋的特点：烹调的酸味辅料，色泽透亮、酸味醇厚，不对菜肴染色。

白醋在烹饪中的作用：在烹调中主要用于调和菜品的酸甜度，比如常用的酸甜汁，因其无色、透亮、开胃等特点在凉菜中使用也比较多。

（2）陈醋 陈醋在中国生产食用已经有3000多年历史，是中国发明的重要传统调味品之一。正品陈醋

图4-9 鸡粉

图4-10 鸡精

图4-11 蚝油

图4-12 白醋

沉淀少，耐储存，且不易变质。其中最出名的就是山西老陈醋（图4-13）。

图4-13　陈醋

陈醋的特点：优质的陈醋味道浓郁厚重，呈棕红或褐色，酸度适中，微带甜味，入口不刺激。

陈醋在烹调中的作用：陈醋在烹调中主要是调酸，通常用它来制作糖醋味的食品。具有解腻和增鲜增香的作用，能在烹调过程中减少原材料中维生素C的流失，还能使食品中的钙质溶解而易于被人体所吸收。烹调菜肴时放醋，不仅使菜肴开胃可口，去除腥膻味，还能保护其中的营养成分。

（3）大红浙醋　大红浙醋主要用大米酿造而成，因为颜色呈透明状的玫瑰色，口感适甜，且这种醋以前主要出产在江浙一带，故命名为“大红浙醋”（图4-14）。

图4-14　大红浙醋

浙醋的种类：纯粮酿造浙醋、勾兑浙醋。

浙醋的特点：颜色浅红具有酸爽、清甜、透亮等特点。

浙醋在烹调中的作用：可直接用于点蘸虾蟹、云吞、小笼包等，可以开胃增鲜。因酸甜可口也可以用于酸甜汁的调制，是凉拌菜的酸味来源。

4. 甜味原料

（1）冰糖　冰糖是将白砂糖经过炼制然后再结晶而成的，在蔗糖中按照比例加入蛋白质原料，再进行溶解和清洁处理后，最后结晶而获得的大颗粒结晶糖。冰糖分为单晶体和多晶体两种，状态呈透明或半透明状。

图4-15　冰糖

冰糖种类：

①单晶体冰糖；

②多晶体冰糖；

③保健冰糖。

冰糖特点：有白色、微黄、淡灰等色，品质纯正，状态稳定，不易变质。

冰糖在烹饪中的应用：冰糖可以增加甜度，还可搭配菊花、枸杞、山楂、红枣等保健茶饮用。冰糖还可以制作很多中式甜羹，如“冰糖雪梨”“冰糖燕窝”“冰糖银耳羹”等。

图4-16　红糖

（2）红糖　红糖是经甘蔗榨汁、过滤后再进行浓缩而形成的带蜜糖。按照结晶颗粒状态不同，又可分为红片糖和红糖粉等，因为红糖在制作过程中没有经过高度提炼，所以几乎保留了甘蔗汁中的全部营养成分，除了具备糖的甜味口感外，其含有的维生素与微量元素，如锰、铬、铁、锌等营养成分都比白砂糖要高出很多。

红糖在烹调中的应用：红糖的吃法也很多，最简单的一种就是冲水喝。加入银耳、枸杞、红枣、姜汁、桂圆等材料中，都有不同程度的保健养生功效。

5. 烹调用酒

（1）花雕酒　花雕酒属于黄酒，是中国的传统特产酒。

花雕酒的特点：花雕酒口感温润柔和，酒色呈淡黄清亮，酒香芬芳馥郁，酒味甘香醇厚。

花雕酒在烹调中的作用：对菜品起到去除腥味、增加芳香提鲜、使菜品气味提升、促进食欲及消化的作用。

图4-17　花雕酒

（2）米酒　米酒又叫酒酿或甜酒。古代叫“醴”。主要是用糯米酿制而成，是汉族传统饮食中的特产酒。

米酒特点：色泽醇厚、美味可口且营养丰富。

米酒在烹调中的应用：米酒在烹调中的应用十分广泛，几乎覆盖了每个菜系的大部分菜肴。

①饮用米酒香气浓郁，酒性温和，饮法多样，冬天可放在热水中烫热或隔火加温后饮用；夏天可与冷饮搭配作为汽酒饮用；

②米酒香味浓郁，富含大量氨基酸等物质，通常在烹调荤菜使用较多，如：姜母鸭、黄焖鸡、果味三杯鸡等菜肴在烹饪过程中加入适量米酒，不仅可以去腥味，还可以增加菜肴的美味。

图4-18　米酒

（3）二锅头白酒　“二锅头”顾名思义就是原材料在经过第二次烧制时的“锅头”酒，其具有口感纯正、无异味、浓度虽高却不烈、醇厚绵香的特点。

二锅头白酒在烹调中的应用：正宗二锅头除了饮用外还用于烹饪用酒，可作为肉类制品的调料。二锅头作为烹饪用酒，应用广泛，如：

①在烹调脂肪含量较高的肉类、鱼类时，加点二锅头，可去腥并使菜肴味鲜美而不腻；

②姜汁鸡蛋汤里也可加入正宗二锅头，使其味道更鲜美；

③菜肴醋放多了加点儿正宗二锅头，可减轻酸味。

调味原料的概念：调味原料就是指能够给食物提供和改善其味感的一类物质。

图4-19　二锅头白酒

调味原料的作用：虽然调味原料在烹调中用量不大，但作用却很重要，且应用广泛，变化较大。在烹调菜肴过程中，调味原料所呈现的味道和食品原材料本身所呈现的味道充分融合，共同形成了菜点的不同风味特色。

6. 常用香料

（1）生姜　生姜为热带多年生的草本植物，高度一般在50～90厘米不等。生性喜水、喜湿、喜热，叶形似芦草，原产于印度，是最早从亚洲传到欧洲的香料之一（图4–20）。

图4–20　生姜

生姜在烹饪中的作用：风味辛辣，有除腥、去臊、去臭的作用，因而是老百姓喜爱的调味佐料之一。

①生姜能除腥味，提热；

②增加鲜度能够健脾开胃，增进食欲；

③增加辛辣度。

（2）小葱　小葱原产于西伯利亚，在中国栽培历史悠久，且分布广泛，全国各地区都有种植，以山东、河北、河南等省为最多，品质最好（图4–21）。

小葱在烹中调的作用：增加香味、去异味，在烹调一些寒性大的食材时，可以多放葱，起到缓和脾胃的作用。

（3）大葱　大葱在烹调中的作用：大葱是一种常见的调味料，在煮荤腥食物的时候，它是不可或缺的，可以帮助去除异味，提升食物的香味（图4–22）。

①大葱之所以可以去除食物中的腥膻味，是因为里面富含的挥发油和辣素产生的刺激性气味起了作用；

②对人体消化液的分泌有刺激作用；

③增进食欲的作用。

图4–21　小葱

图4–22　大葱

（4）洋葱　洋葱的种类：洋葱分为白、红（紫）、黄三色（图4–23）。

洋葱在烹调中的作用：烹煮后有黄金般的色泽及丰富甜味，辛辣味强，适合炒烧或生菜沙拉。

①洋葱头还有利尿和杀菌作用；

②对治疗动脉粥样硬化也有好处；

图4-23　洋葱

③食用洋葱头，能有效地预防血栓。

（5）香茅　香茅在烹饪中的作用：主要被用于东南亚地区的菜肴烹调，常用来搭配鸡、鱼等荤腥食品。两者香味的复合，使得味蕾得到了极致的享受。与鸡精相比最大的不同是，香茅是纯天然调味品，不含人工合成物质，对人体无害（图4–24）。

图4-24　香茅

（6）八角　八角又名大料，香味浓烈，具有驱虫、健胃、祛寒及使神经兴奋等功效。除作调味品外，八角还是制作香水、牙膏、化妆品等工业产品的原料，在中医中也通常作驱风剂及兴奋剂使用（图4–25）。

八角在烹调中的作用：主要用于肉制品加工和烹制，它具有增加肉的香味，增进食欲的作用。

（7）桂皮　桂皮是肉桂的外皮，属樟科常绿乔木植物，其气味芳香，用途与茴香相似，通常在烹调肉类或有腥味的原料时使用，是五香粉的主要成分，也是最早被人类所食用的香料之一（图4–26）。

桂皮在烹调中的作用：桂皮香气馥郁，可在肉类菜肴烹调中起到祛腥解腻；增加菜品香味；促进人的食欲。桂皮还有助于预防或延缓因年老而引起的2型糖尿病。

（8）香叶　香叶又称月桂，桂冠树、甜月桂、月桂冠。

叶片为深绿色，椭圆形，气味芬芳，微辣（图4–27）。

香叶在烹调中的作用：在烹调中主要用于制汤、炖、卤、煮、烧、焖、海鲜去腥等。干叶亦可作罐头的矫味剂。

图4-25　八角

图4-26　桂皮

图4-27　香叶

(9)沙姜　沙姜和我们通常使用的姜在味道和气味上有很大的差别，它浓厚的药材香味主要来源于它所富含的挥发物质（图4-28）。

图4-28　沙姜

沙姜的种类：干沙姜、鲜沙姜。

沙姜的特点：沙姜属多年生低矮草本植物，根茎呈块状，单生或数枚连接，气味芳香。

沙姜在烹饪中的作用：与其他香料的功用一样，沙姜在烹饪中可去掉动物性原料的腥、臭、膻、臊等异味。

(10)草果　在中国云南、广西、贵州等地区是草果的主要产区，生长于海拔1000~1800米疏林下。

图4-29　草果

草果在烹调中的作用：草果在烹调中主要起到去腥除膻和增香的作用，常被用来烹制肉类，被称为“五香之一”。尤其在炖煮牛羊肉时，放点草果，既能使羊肉清香可口，又能去除膻味。

(11)豆蔻　豆蔻在烹调中的作用：肉豆蔻在烹调中的使用主要体现在食品佐剂——香料上。通过食品香料的作用，达到调味助香、祛异矫味、增进食欲、抑菌杀菌的目的（图4-30）。因此，肉豆蔻在中餐烹饪中常与其他辛香料混合，用于煮、卤、烧、汤等多样菜式中，特别是一些荤腥类、阴寒类的食品，如小龙虾等。

图4-30　豆蔻

白豆蔻气味苦中带香，其味辛凉微苦，在烹调时主要起到去除异味和增辛香的作用，四川火锅底料中一般都有白豆蔻。

(12)小茴香　小茴香为伞形科植物，原名小怀香，又称之为小茴香、茴香子、浑香等，嫩叶可作菜蔬食用，主产于中国西北和东北等地（图4-31）。

图4-31　小茴香

小茴香的主要成分是茴香脑、小茴香酮、茴香醛、蛋白质、脂肪、膳食纤维等。

小茴香在烹调中的作用：小茴香多作为香料加入鱼、肉、酱中，可以去腥味，增加香味。

(13)当归　当归原产亚洲西部，欧洲及北美各国都有栽培。在中国当归的主产区在甘肃东南部，以岷县产量最多，且质量最好，其次为陕西、湖北、云南、四川等省份（图4-32）。

图4-32　当归

当归的特点：呈根圆柱状，有多数肉质须根，颜色为黄棕色，富有浓郁香气。

当归在烹调中的作用：是最常用的中药之一，所以当归在烹饪当中主要起药理作用，药食同源。具有补血活血、调经止痛、润燥滑肠、抗癌、抗老防老、及免疫等功效。

（14）枸杞　枸杞的种类：中华枸杞，宁夏枸杞，黑枸杞等（图4–33）。

图4–33　枸杞

枸杞的特点：果实红色或在栽培类型中也有橙色，果皮肉质，多汁液。

枸杞在烹调中的作用：可以装饰菜品，由于枸杞中含有枸杞色素，在烹饪中也可以作为甜点的染色剂使用。由于枸杞中具有相当多的药用价值，在烹调中经常作为药膳的一部分。枸杞也可以榨油，用来炒菜。

（15）红枣　红枣的种类：红枣根据产地可分为山东枣、山西枣、河北枣、新疆枣、甘肃枣等。

图4–34　红枣

红枣的特点：果实硕大，果肉肥厚，果实为扁圆形，略带上宽下窄状。果实为黑红色或紫褐色，果肉白绿色，味道甘甜，营养丰富（图4–34）。

红枣在烹调中的作用：由于含糖量比较高，在烹调中经常用于甜品的制作。由于红枣也是一味滋补脾胃、养血安神、治病强身的良药，所以在烹饪中也经常出现在食谱上，作为药食同源中的一分子。

（16）胡椒　胡椒的产地：胡椒原产于东南亚，在唐代传入我国，现广植于热带地区。

图4–35　白胡椒

胡椒的种类：白胡椒、黑胡椒。

胡椒的特点：

①白胡椒：表面呈黄白色或淡黄色，表面平滑，顶端与底部间有多数浅色线状条纹（图4–35）。

②黑胡椒：黑胡椒的原产地为印度南部，另外在其他热带地区也都被广泛种植。熟透的黑胡椒呈现黑红色，包裹着一粒种子，晒干后的果实直径大约为5毫米（图4–36）。

图4–36　黑胡椒

胡椒在烹调中的作用：

①白胡椒具有去腥、解腻、助消化的作用，其辛香的气味有助于增进食欲。

②胡椒性温热，对胃寒引起的胃肠不适及腹泻等症状都有着较明显的缓解作用，并可促使身体发汗，

从而治疗风寒感冒；

③胡椒有很好的防腐抑菌的作用，菜肴放入胡椒可使其不易变质，而且它还可解鱼虾之毒；

④黑胡椒的辛辣味较白胡椒更强烈，香中带辣，祛腥提味，通常用来烹制内脏、海鲜类菜肴。

（17）花椒　花椒分为青花椒和红花椒两种。

花椒的特点：花椒是中国最具特色的香料品种，位列调料“十三香”之首。花椒油香味浓郁，是一种上好的食用油。花椒炒熟后香味方可溢出，其味香且麻（图4-37）。

图4-37　花椒

花椒在烹调中的作用：

①能增香解腻、增进食欲，卤味中适量地使用能产生特殊的味道——红花椒增麻味，青花椒增香味；

②花椒因其麻的口感著称，炒菜时，在热油中放几粒花椒，煸至香味后捞出，留油烹炒，香气扑鼻。腌制萝卜等蔬菜时放入花椒，味道更佳。

（18）辣椒　辣椒在明朝末年传入我国，原产于拉丁美洲的热带地区，原产国是墨西哥，现在辣椒在世界各地区都被广泛栽培。

图4-38　辣椒

辣椒的种类及特点：樱桃类的辣椒叶子都是中等大小的，其形状常呈圆形或者椭圆形，长得和樱桃一样。有红色的、黄色的、淡紫色的，别看它颜色丰富，长得像樱桃，它的辣味却一点也不低。一般生长在四川等地，例如五色椒、扣子椒等。

辣椒在烹调中的作用：辣椒色彩鲜艳，在烹调中一般用于辅料的搭配。因其具有杀菌和防腐的作用，所以在烹调中可以用来腌制肉类，干辣椒面可用于炼制红油。

实践活动

地理标志调辅类烹饪原料的调查

实践目的：

了解地理标志产品的概念及意义，掌握所在地区的地理标志产品原料。

实践内容：

知识准备

地理标志产品，在生长自然因素和人文因素上有其特殊性和唯一性，是指产自特定地域，所具有的质量、声誉或其他特性，本质上取决于该产地的自然因素和人文因素，经审核批准以地理名称进行命属性名的产品。

网络收集

通过网络收集本省、本市地理标志产品原料，网站有：中国地理标志网、国家地理标志网、全国农产品地理标志信息查询系统。

实践分工

学生分工完成“地理标志调辅类烹饪原料的调查表”，样表如下：

××省（市）地理标志调辅类烹饪原料的调查表

序号	学生姓名	分类	原料名称	具体产地	特点	备注
1		固体类				
2		液体类				

选择某一种地理标志产品原料，网络检索该调辅原料的特征、烹饪应用、营养特点等，制成ppt演示文稿，向班级其他同学讲解。

巩固练习

1. 什么是调辅烹饪原料?
2. 将调辅烹饪原料进行分类的意义是什么?
3. 根据调辅烹饪原料的来源，可以将它分为几类？分别是什么?
4. 根据调辅烹饪原料的生理生化特点，又可将它分为几类？分别是什么?
5. 调辅烹饪原料的品质鉴别方法有哪些?
6. 调辅烹饪原料常用的保藏方法有哪些?

延展阅读

味精的前世今生

味精的化学名称是谷氨酸钠，在过去很多年里，味精在西方社会是被抵触的，这主要是因为一些不明白味精制造工艺和化学成分的记者大肆宣传味精有害论的结果。曾经在西方社会中，人们普遍认为味精就是精神毒素，以致后来很多食品制造厂商都纷纷在自己的食品外包装上标明“此食品不含味精”的说明，这种被亚洲人食用了近百年的味精，难道就真的不健康吗?

味精最初是被一个叫池田菊苗的日本帝国大学化学教授发明的。他在喝了海带蔬菜汤后觉得鲜美无比，所以开始对海带进行研究。

一开始只是简单地对海带进行浸泡，再对浸泡过的水进行晾晒蒸发，得出一种白色粉末，经测试分析确定成分为“谷氨酸”，可谷氨酸鲜味并不不明显，“难道是盐起了作用?”池田想，随后又在谷氨酸中加入了盐（氯化钠），果然有了鲜美无比的味道，才得出谷氨酸钠。后来一些厂商将面筋酸水解后也能得到谷氨酸钠，成本比原来也降低了许多，后来逐步推向市场，被百姓所接受。

那么“味精有害”这种西方论调是从哪里来的呢? 这要追溯到二十世纪六十年代，美国旧金山的一名医生在中餐馆吃完饭后，立即感觉身体不适，在毫无证据的情况下就在媒体公开发文称，产生身体不舒服的原因是中餐厨师在菜肴里添加了大量味精，从此在西方媒体大肆宣传下，味精在西方世界里就成了不健康的代名词。

这件事情的转折是在1995年，美国食品药品管理局出资请人来研究味精对人体是否存在危害，受试验的人每天食用大量味精，而且逐步加大剂量，一个月后所有实验者均未出现不良反应。这次关于味精的实验结果被发表在2000年出版的《美国实验生理学杂志》上，称每人每天对味精的食用量不超过0.55克是安全的。从此味精有害的言论在西方也就不攻自破了。

总的来讲，在适当范围内食用味精，且烹调方法得当，不使味精长时间处在高温烹调的环境中，味精是可以放心食用的。

任务二　掌握不同种类食用油的成分、特点及烹饪应用

油脂

油脂的概念：油脂是大多数食物组成的重要部分，也是同样质量下产生能量最高的营养物质。

油脂的作用：油脂是西餐的主料之一，尽管现代追求健康提倡少油少糖，但是在西餐产品制作中油脂是必不可少的，油脂能增加食物的滋味，增进食欲，保证机体的正常生理功能。

油脂的分类：烹饪中油脂种类繁多，可分为两大类。一般是按形状不同分为固态油和液态油。液态油按原料分为：菜籽油、花生油、大豆油、橄榄油、芝麻油、玉米油、棉籽油、亚麻籽油等。液态油是以食用植物油料或植物原油为原料制成的食用油脂，我们只有对其的组成成分、风味特征、理化特性等知识有了较全面了解，才能正确地使用各类油脂，使其起到给菜点调味、矫味和定味的作用，以及给菜点增加色泽等方面的作用。固态油按原料分为：黄油、人造黄油、猪油、起酥油、鸡油等，可让菜肴呈现出滑嫩或酥脆的特点。在烹调过程中，用油脂作为传热媒介被广泛使用，由于其燃点较高，能加快烹调速度，缩短食物的烹调时长，可使原材料保持鲜嫩的口感。烹调时适当地加入油脂可以使菜肴呈现出各种不同的色泽。

（一）液态油

液态油主要呈现在植物油中，食用植物油中富含多种不饱和脂肪酸和脂溶性维生素，可以被皮肤所吸收，对皮肤有滋养作用，让皮肤更加细腻且富有光泽，促进人体血液循环和肌肤的新陈代谢，并且具有助减肥，减皱纹，抗衰老的作用。

1．菜籽油

菜籽油是我国主要食用植物油之一，其花为金花色，在我国大部分地区都有种植，目前我国菜籽产量居世界首位。由于人体对菜籽油的吸收率可达99%，因此机体才可以很好地吸收它所富含的亚油酸等不饱和脂肪酸及维生素E等营养成分，其对软化血管、延缓衰老也有一定功效。

图4-39　菜籽油

菜籽油的种类：油菜籽油、芸薹油、香菜油、高油酸菜籽油、双低菜籽油。

菜籽油的特点：一般呈深黄色或棕色。

菜籽油在烹饪中的作用：菜籽油提香而味美，并且营养价值高，其中不饱和脂肪酸以及维生素E等营养成分高；控制胆固醇摄入量的人可以放心食用，并含有一定的种子磷脂，对血管、神经、大脑的发育十分重要。

2. 花生油

花生油的种类：化学浸出花生油，冷热压榨花生油。

花生油在烹调中的作用：花生油十分容易被人体吸收，可降解胆固醇，对血管壁也有很好的保护作用，能防止血栓形成，因此有助于动脉硬化和冠心病的预防，是中老年人较为理想的食用油脂之一。花生油中富含的胆碱，还可改善大脑的记忆力，延缓脑功能的衰退。

图4-40 花生油

3. 大豆油　大豆油的种类：非转基因大豆油，转基因大豆油。

大豆油的特点：一般有淡黄、深褐色等。精炼过的大豆油含棕榈酸、油酸、硬脂酸、亚油酸、花生酸、亚麻酸。

大豆油在烹调中的作用：大豆油中富含大量的亚油酸，是人体所必需的脂肪酸。幼儿在缺乏亚油酸的状况下，皮肤会变得比较干燥，肌肤鳞屑会增厚，严重的会导致发育生长迟缓；老年人群如果缺乏亚油酸，会引起白内障及心脑血管疾病的发生。

图4-41 大豆油

4. 橄榄油

橄榄油的种类：橄榄油大致可分为初榨橄榄油、特级初榨橄榄油、橄榄果渣油。

橄榄油的特点：橄榄油的颜色是随着榨油机压力增加而变化的，可分为浅黄、黄绿、蓝绿、蓝黑等。颜色越深，橄榄油酸值就越高，当酸值大于3时，油味会变浓且带有刺激性，不宜食用。

橄榄油在烹调中的作用：橄榄油中含有丰富的不饱和脂肪酸。利于人体的消化吸收，因此营养价值较高。在烹调中经常作为凉菜、沙拉的汁酱制作来使用。

图4-42 橄榄油

5. 芝麻油

芝麻原产地在云贵高原地区，盛产于黄河中游和中下游的平原地带，如湖北、江苏、安徽、河南、湖南等省份，河南的芝麻产量目前位于全国之首。中国是世界上种植芝麻面积最大和产量最多的国家。

芝麻油的种类：小磨芝麻油、机制芝麻油、大槽芝麻油。

芝麻油的特点：红铜色，清澈，香味扑鼻，气味

图4-43 芝麻油

醇香。

芝麻油在烹调中的作用：芝麻油的用途很多。主要用来调制凉菜和调汤，部分中式面点也会在表面撒一层芝麻增加香味，如牛舌饼等。

6．玉米油

我国玉米主产区在东北地区，占全国玉米总产量的14%，其次是山东省和黑龙江省，均占全国玉米总产量的10%。

玉米油的种类：粟米油、玉米胚芽油。

玉米油的特点：清澈透明，气味清香，油烟点高，较适合快速烹炒的食物。

图4-44 玉米油

玉米油在烹调中的作用：能够在烹调时快速升温，高温煎炸食品时，稳定性比较好。主要用其来炸制食品和制作爆炒类菜肴，不改变菜肴基本颜色，还可使营养不流失。

7．棉籽油

棉籽的最大消费国是美国，不光用于榨油和播种，也作为动物饲料，在中国、巴基斯坦、墨西哥、埃及、印度和巴西也都有大量的种植。

棉籽油的种类：色拉油、食用油，氢化后作酥油、人造奶油。

棉籽油的特点：橙黄色、棕色。

图4-45 棉籽油

棉籽油在烹饪中的作用：用棉籽油生产磺化油、棉籽饼（粕）为原料酿造酱油。

8．亚麻籽油

在我国，亚麻籽主要产自北方，如长白山的松嫩平原以及黑龙江、内蒙古、宁夏六盘山区、张家口坝上张北以及内蒙古草原和东北少量种植。

亚麻籽油的种类：胡麻、亚麻籽、麻条籽。

亚麻籽油的特点：颜色红棕。

亚麻籽油在烹调中的作用：亚麻籽油可用于低温烹调，对菜肴起到增色又调鲜的作用，也可用于拌凉菜、拌沙拉。

图4-46 亚麻籽油

（二）固态油

室温下呈固态的油称为脂，猪油等动物性油在室温下呈固态脂。在烹制菜肴过程中，因脂肪可以毫无保留地渗透进原材料的组织内部，故而不但可改善菜肴的风味口感，而且对一些脂肪含量较低的菜肴在营养均衡方面有着较好的补充，从而提高了菜肴的热量，改善了菜肴的营养价值。

1．黄油

黄油早在3000年前就已经被牧民所食用。在古罗马和古希腊时期，它属于野蛮人的食品，只有高卢人和日耳曼人才会去食用它。

黄油的种类：从制作工艺来分黄油可以分为生黄油、超细白黄油、细质黄油。从口味来分还可以分为无盐、半盐和加盐的黄油以及植物性黄油（人造黄油）。

图4-47　黄油

黄油的特点：在常温下黄油呈浅黄色固体状，加热后为金黄色液体状，具有浓郁的奶香味。制作黄油的主要原材料是全脂牛奶，主要用于烘焙、西点及西餐热菜煎扒类食品中。

黄油在烹调中的作用：

①烘烤时产生的美拉德反应，可以让烘焙类食品的味道更加醇厚；

②黄油具有浓郁的奶香味，且入口即化，是面包涂抹的绝佳搭配；

③黄油在面团中具有改变面团黏性、锁住水分、增强面团延展性的作用。因为其很好的乳化性，故而使烘焙产品有了蓬松、柔软、绵密的特点；

④黄油在13～18℃时具有很强延展性，可以通过面团包裹和反复折叠，做成层次分明，口感酥脆的成品；

⑤黄油作用在面团中具有延缓淀粉老化和软化面团的作用；

⑥面团中一定量的黄油可以使面包质地柔软，促进饼干的成形和酥脆的口感；

⑦一定量的黄油有弱化面粉结构的作用，可以使得蛋糕蓬发更加完美。

2．人造黄油

人造黄油是指人工合成的黄油，一些餐厅用来涂抹面包或制作烘焙产品。然而由于它本身含有的反式脂肪酸会给人体带来害处，导致心脑血管疾病的诱发，所以逐渐被放弃使用。

图4-48　人造黄油

人造黄油的特点：人造黄油是从植物中提取，经添加适量的乳制品的香味、抗氧化剂、食盐和维生素等工序合成的。

人造黄油在烹调中的作用：

①产品特色：油脂细腻，香味较黄油更浓郁，具有良好的延展性和可塑性，方便操作；

②产品用途：可制作各式起酥类西点、起酥类面包。

3．猪油

品相较好的猪油色泽为乳白色，具有猪油的特殊香味，其质感润滑，很多人炒蔬菜倾向于使用猪油。

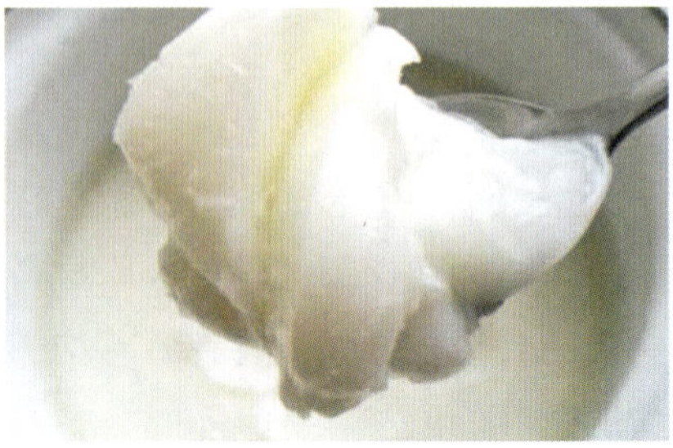

图4-49　猪油

猪油的种类：板油、肥油、水油、皮油。

猪油的特点：特殊的香味不可替代，可增进食欲。

猪油在烹调中的作用：中国人通常用猪油的方式一是炒菜，尤其是炒青菜萝卜等脂肪含量低的蔬菜，口感会更加鲜香；二是制作各式酥皮类点心，如蛋黄酥等。

4．起酥油

起酥油是酥类食品加工的重要原料，所以其作用更加突出，具有较强的可塑性、吸水性。

起酥油的种类：可分为动物性起酥油、植物性起酥油、混合型起酥油。

①植物性起酥油：主要成分是氢化植物油；

②动物性起酥油：主要是猪肥油；

③混合型起酥油：由动物脂肪与植物油或轻度氢化植物油混合组成。

图4-50　起酥油

起酥油的特点：酥化性较好，经搅拌后可使积增大，制出的食品疏松、柔软。

起酥油在烘焙中的作用：

①普通型起酥油：具有较强的可塑性，包含了起酥油的多种特征，主要用于烘焙；

②稳定型起酥油：氧化稳定性高，常用来制作曲奇等混酥类点心和煎炸类食品；

③高乳化型起酥油：乳化剂添加量非常大，常被用来制作酥类点心，可使制品层次分明，且口酥脆、不易老化。

5．鸡油

鸡油指的是鸡腹中的脂肪，特别柔软细嫩且其油脂很容易加温后溶出。

鸡油在烹调中的作用：香味较足，无一般油脂的油腻味，常被用于鲍翅、羹汤、烩菜的明油，东南亚餐中也常被用到，如海南鸡饭。

图4-51　鸡油

任务三　熟悉常用食品添加剂的种类、特点及烹饪应用

食品添加剂

食品添加剂的概念：食品添加剂是人工合成或者天然物质，主要是为了起到增加产品的色泽，香味以及防腐的作用。世界上每个国家对于食品添加剂的定义都不尽相同，世界粮农组织与世界卫生组织联合食品法规委员会将食品添加剂定义为：食品添加剂是一种有意识的，为改善食品的外观、风味及组织结构或延长贮存时间而添加的非营养物质。食品添加剂的作用：

（1）延长食物的保鲜时间，防止快速腐败变质；

（2）改善食品的外观及性质；

（3）有利于食品产业化加工操作，方便生产的机械化和连续性；

（4）满足特殊类群体需求，如方便糖尿病患者食用的无营养甜味剂；

（5）丰富和提高产品营养价值，如在酱油加工时加入铁元素，食盐中加入碘，这都属于食品营养强化剂。

常用食品添加剂包括防腐剂、发泡剂、面包改良剂、漂白剂、增稠剂、凝固剂、增味剂、酸味剂、消泡剂、甜味剂、着色剂、香料、着色剂、抗结剂、膨松剂、酶制、抗氧化剂、保鲜剂、乳化剂、营养强化剂。

（一）防腐剂

常见的防腐剂有乳酸、山梨酸钾、二氧化硫、苯甲酸钠等。主要用于果酱和蜜饯等的食品加工中。

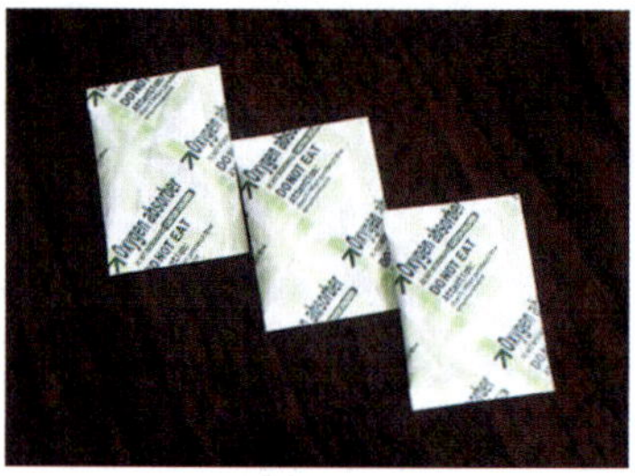

图4-52　防腐剂

（二）着色剂

常用的着色剂有各类油溶性色素、水溶性色素、色粉等。主要改变食品的外观，增强食欲。

（三）增稠剂和稳定剂

增稠剂和稳定剂可以从根本上改变冷饮的物理状态，使食品口感有着润滑细腻的口感。

图4-53　着色剂

（四）膨松剂

膨松剂可分为化学膨松剂和生物膨松剂，通常在糖果和巧克力中添加膨松剂，可促使糖体产生二氧化碳，起到膨松的作用。

（五）甜味剂

通常使用的人工合成甜味剂有糖精钠和甜蜜素等，主要是增加甜味。

（六）酸味剂

酸味剂主要用于部分饮料、糖果等，常采用柠檬酸、酒石酸、乳酸、苹果酸等酸味剂。

（七）增白剂

增白剂主要成分是过氧化苯甲酰，我国在允许在面粉中添加的最大剂量为0.06克/千克。过多的增白剂会破坏面粉的营养成分，也会对人的肝脏造成损害，在欧美等发达国家，过氧化苯甲酰已经被禁止作为食品添加剂使用。

图4-54　增稠剂和稳定剂

图4-55　膨松剂

图4-56　甜味剂

（八）抗氧化剂

抗氧化剂是防腐剂的近亲，主要用来延长食品的保质期。常用的有维生素C、异维C钠等。

图4-57　酸味剂

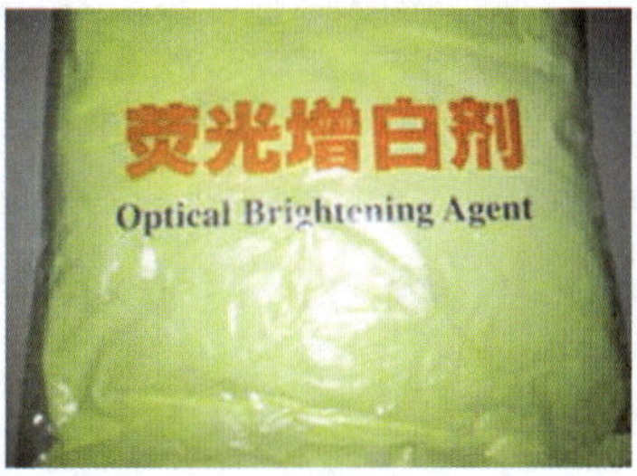

图4-58　增白剂

图4-59　抗氧化剂

实践活动

食品添加剂的调查

实践目的：

了解食品添加剂的概念、意义。

实践分工：

学生分工完成“食品添加剂的调查表”，样表如下：

食品添加剂的调查表

序号	学生姓名	分类	原料名称	具体产地	特点	备注
1		固体类				
2		液体类				
3		粉状类				

巩固练习

1. 什么是食品添加剂？
2. 将食品添加剂进行分类的意义是什么？
3. 根据食品添加剂的来源，可以将它分为几类？分别是什么？
4. 根据食品添加剂的生理生化特点，又可将它分为几类？分别是什么？
5. 食品添加剂的品质鉴别方法有哪些？
6. 食品添加剂常用的保藏方法有哪些？

延展阅读

黄油的饮食文化

黄油早在五六千年前的上古时代就被人们使用了，不过在那个时候它并不是被作为食品，而是被人们作为化妆品、药品和祭祀品，是生活在草原和寒冷北部的居民发明的。黄油在公元前1000年就开始被牧民食用。在古罗马和古希腊时期，黄油和牛奶一样，也是游牧民族的重要食品，高卢人和日耳曼人才会食用。

黄油从18世纪开始在餐桌上出现，当时是有人标榜自己有钱的一种标志。后来到了1879年，离心分离技术的发明才使得黄油大规模生产成为一种可能。再加上铁路运输和冷藏技术的出现，黄油才被运到了更多地方，逐渐开始取代传统的动物油脂。

19世纪末，由于食品造假猖獗，商人们将黄油和植物黄油混合后出售。到1924年，法国颁布了一项新的法令，明确地规定了黄油的品名和成分。

黄油在欧美国家

欧洲人使用黄油是从公元7世纪开始的，当时黄油在人们的心目中是神一样的存在，认为黄油是很洁净的食物，哪怕多看一眼都是亵渎神灵，所以在那个时候制作黄油的大都是盲人，甚至到了今天，欧洲有些地方依然有着星期日禁食黄油的古老习俗。

在欧洲的南部，人们通常食用植物油，黄油是非常昂贵和稀有的，是当时人们生活中的奢侈品。在欧洲北部黄油则是他们日常生活的必需品。所以在中世纪当黄油被列为禁品时，南部居民并不很在意，而给北方居民带来了麻烦，商人从此出看到了商机，将黄油进行倒卖。黄油的使用也成了划分南北居民的标志。

美国最早在1886年率先规定黄油标准，首先通过其风味定义黄油的级别；然后再通过外观、色泽、盐分的含量等特征来给黄油定级；级别用B、A、AA三个等级来划分。

在俄罗斯，庆祝黄油周一般被安排在斋戒日之前，第一天就进入了庆典的高潮部分，人们在做好的煎饼上涂抹上蜂蜜、鱼子酱和新鲜的黄油，涂抹的黄油越多，就表示在即将来临的夏天会拥有更多的阳光。

黄油在中国

早在唐朝，就有乳制品出现，从奶酒到稀奶油再到澄清的黄油，每一个加工阶段的升级就象征着灵魂的一次新的升华，如"澄清的黄油"这个阶段象征着佛教精神的最终理念。

在我国西藏，牦牛与人们的日常生活是息息相关的，牦牛自然而然地被置于藏文化的中心。"tsampa"（糌粑）是西藏人民的主要菜肴，主要方法是将茶和盐混合捣碎后与牦牛乳制成的黄油混合在一起，再加入焙烤过的大麦粉，食用时用手拌匀。

在西藏的拉萨传昭大法会上，第一个月的十五会达到活动的高潮，这一天也是传说中的"黄油灯日"。大街小巷都张灯结彩，用黄油装饰的各种动物栩栩如生，如各类花鸟鱼虫及藏区常见的大型动物。这样的活动一般要用半年去准备，它也是一种灵魂接受洗礼的方式，喇嘛们在这些美丽的灯具上寄托着人们免受疾病、饥饿及战争摧残的美好希望。

参考文献

［1］王志远．食物原料在烹饪过程中营养素的损失及控制措施［J］．食品安全导刊，2022（02）：122-124. DOI:10.16043/j.cnki.cfs.

［2］孙瀚文．探究食物原料在烹饪过程中营养素的损失及对策［J］．食品安全导刊，2021（31）：106-108．DOI:10.16043/j.cnki.cfs.

［3］张君芳．浅谈烹饪对原料营养的影响及对策［J］．农产品加工，2020（04）：72-76. DOI:10.16693/j.cnki.1671-9646（X）.

［4］张明明．烹饪原料知识营养与鉴选［J］．食品界，2019（08）：136.

［5］穆波．食糖在中餐烹饪中的应用探究［J］．现代食品，2018（05）：147-149．DOI:10.16736/j.cnki.cn41-1434/ts.

［6］杨进军．选择烹饪原料的三原则分析［J］．饮食科学，2018（04）：134.

［7］朱艳玲．浅谈烹饪原料的选择与学生健康［J］．食品安全导刊，2018（06）：52. DOI:10.16043/j.cnki.cfs.

［8］颜忠．饭店烹饪原料储存方法对菜品营养影响研究［J］．饮食科学，2017（04），104，123.

［9］陈金标．烹饪原料知识［M］．北京：中国轻工业出版社，2020.

［10］杨正华．烹饪原料知识［M］．北京：科学出版社，2012.

［11］王向阳．烹饪原料学［M］．3版．北京：高等教育出版社，2015.

［12］周晓燕．烹饪原料学［M］．北京：中国纺织出版社，2015.

［13］王永贤．完美牛肉［M］．北京：中国轻工业出版社，2019.

［14］哈罗德·马基．食物与厨艺［M］．邱文宝，译．北京：北京出版集团公司，2013.

［15］工业和信息化不消费品工业司．2020年度食品工业发展报告［M］．北京：中国轻工业出版社，2021.

［16］罗伯特·沃克．料理科学［M］．郑焕昇，译．台北：采宾出版集团，2019.

［17］孙传虎．烹饪原料学［M］．重庆：重庆大学出版社，2019.

［18］陈金标．烹饪原料［M］．北京：中国轻工业出版社，2019.

［19］郝志阔．烹饪原料［M］．2版．北京：中国质检出版社，2017.

［20］英国DK出版社．食材百科全书［M］．丛龙岩，译北京：中国轻工业出版社，2019.

［21］JUDY Ridgway．干酪鉴赏手册［M］．2版．林琳，译．上海：上海科学技术出版社，2011.

［22］JULIET H．World cheese book［M］．New York：DK Publishing，2009：87-135.

［23］STUART F．The science of cooking［M］．New York：DK Publishing，2017：120-125.

［24］Norma M．The cook’s book of ingredients［M］．London．DK Publishing，2010：380-405.

［25］WAYNE G．Professional cooking（8th edition）［M］．New Jersey：John Wiley & Sons，2015：791-800.

[26] Cheese.com [EB/OL]. https://www.cheese.com/
[27] 郑琳，贾润红. 食品营养与健康 [M]. 北京：科学出版社，2018.
[28] 王飞生，黄小明. 食品营养卫生与健康 [M]. 中国质检出版社，2016.
[29] 哈罗德 · 马基. 食物与厨艺 [M]. 蔡承志，译. 北京美术摄影出版社，2013.
[30] 酒井伸雄. 改变近代文明的六种植物 [M]. 张蕊，译. 重庆：重庆大学出版社，2018.
[31] 苏爱国. 烹饪原料与加工工艺 [M]. 重庆：重庆大学出版社，2015.
[32] 王克金. 烹饪原料与加工技术 [M]. 北京：北京师范大学出版社，2013.
[33] 王兰. 烹饪原料学 [M]. 南京：东南大学出版社，2015.
[34] 冯胜文. 烹饪原料学 [M]. 上海：复旦大学出版社，2011.
[35] 董道顺. 烹饪原料 [M]. 北京:中国人民大学出版社，2015
[36] 郑永华. 食品储藏保鲜 [M]. 北京：中国计量出版社，2006.
[37] 张培茵. 饮食营养与烹饪工艺卫生 [M]. 北京：科学出版社，2017.
[38] 郝志阔，刘鑫锋，陈福玉. 烹饪原料 [M]. 北京：中国质检出版社，2012.
[39] 陈新光. 烹饪概论 [M]. 北京：高等教育出版社，2010.